普通高等教育数学与物理类基础课程系列教材

高等数学(二)

(第3版)

主　编　董银丽　李星军
副主编　任翠萍　马明远　张新锋
参　编　徐　威　吴　睿

北京理工大学出版社
BEIJING INSTITUTE OF TECHNOLOGY PRESS

内容提要

本书主要介绍了多元微积分的内容，包括微分方程、多元微分学，多元函数积分、级数. 内容涵盖了高等数学的基本理论和算法，章节内容设计由浅入深逐步递进，注重与相邻学科内容的衔接，同时注重与实际应用的结合.

本书可作为经济与数据分析类专业、计算机类专业、信息工程类专业、建筑工程类专业、工商管理类专业的本科生学习用书，也可作为工程技术与工程管理培训、继续教育人员的学习参考用书.

图书在版编目（CIP）数据

高等数学. 二 / 董银丽，李星军主编 .—3 版. --北京：北京理工大学出版社，2023.6（2023.8 重印）

ISBN 978-7-5763-2465-5

Ⅰ. ①高…　Ⅱ. ①董… ②李…　Ⅲ. ①高等数学-教材　Ⅳ. ①O13

中国国家版本馆 CIP 数据核字（2023）第 105913 号

出版发行 / 北京理工大学出版社有限责任公司
社　　址 / 北京市海淀区中关村南大街 5 号
邮　　编 / 100081
电　　话 / （010）68914775（总编室）
（010）82562903（教材售后服务热线）
（010）68944723（其他图书服务热线）
网　　址 / http：//www. bitpress. com. cn
经　　销 / 全国各地新华书店
印　　刷 / 唐山富达印务有限公司
开　　本 / 787 毫米×1092 毫米　1/16
印　　张 / 11
字　　数 / 259 千字
版　　次 / 2023 年 6 月第 3 版　2023 年 8 月第 2 次印刷
定　　价 / 32.00 元

责任编辑 / 孟祥雪
文案编辑 / 孟祥雪
责任校对 / 刘亚男
责任印制 / 李志强

前言

《高等数学》分为一、二两册. 本书为二册，主要内容为微分方程、多元函数微积分学和级数，内容的广度与深度达到工科类本科数学基础课程教学基本要求，可作为高等学校本科高等数学课程的教材.

本书在第 2 版的基础上，内容设计注重与数学建模相融合，注重应用型案例的补充，对某些内容做了适当的精简介绍，习题配置进一步充实、丰富；通过本次修订，本书在内容上更加完善，能够更好地满足教学需求.

参加《高等数学》编写工作的有（按照章节编写次序介绍）：西安欧亚学院任翠萍、张新锋，负责编写第一章、第二章、第三章和第八章的内容；西安欧亚学院董银丽、徐威，负责编写第四章、第五章、第九章和第十章的内容；西安欧亚学院吴睿、马明远，负责编写第六章、第七章、第十一章和 MATLAB 的数学实验内容. 本书的编写得到了学院领导、分院领导和同事的支持与鼓励，在此表示感谢!

由于编者水平有限，书中存在的不足之处，希望广大读者批评指正.

本书与第 2 版相比较，在内容和习题两方面做了调整和修改，李星军老师参与了第 3 版教材的第九章、第十章相关内容的修订工作. 两位主编完成了教材的习题详解和课件的制作.

编　者

目　录

第七章　微 分 方 程

函数关系反映客观事物的规律性，在许多问题中，存在不能直接找出所需要的函数关系，但可以列出要找的函数与其导数（或微分）之间的关系式，这样的关系式就是微分方程(Differential Equations)．从微分方程中把待求函数解出来，就叫作微分方程的求解．本章先介绍微分方程的有关概念，然后着重讲解几类微分方程的求解方法，并介绍微分方程的一些简单应用．

第一节　微分方程的基本概念

【课前导读】

微分方程是伴随着微积分学一起发展起来的，本节主要介绍微分方程的基本概念，包括微分方程的类别划分和微分方程解的概念．

为了说明微分方程的有关概念，我们先看两个简单的例子．

例 1　一曲线通过点（1,2），且在该曲线上任一点 $M(x,y)$ 处的切线的斜率为 $2x$，求该曲线的方程．

解　设所求曲线的方程为 $y=f(x)$．根据导数的几何意义，可知未知函数 $y=f(x)$ 应满足关系式（称为微分方程）

$$\frac{\mathrm{d}y}{\mathrm{d}x}=2x. \tag{7.1.1}$$

此外，未知函数 $y=f(x)$ 还应满足下列条件：$x=1$ 时，$y=2$，简记为

$$y\big|_{x=1}=2. \tag{7.1.2}$$

把式（7.1.1）两端积分，得

$$y=\int 2x\mathrm{d}x,$$

即

$$y=x^2+C, \tag{7.1.3}$$

其中 C 是任意常数．

把条件“$x=1$ 时，$y=2$”代入式（7.1.3），得 $C=1$．

把 $C=1$ 代入式（7.1.3），得所求曲线方程

$$y=x^2+1. \tag{7.1.4}$$

例 2　列车在平直线路上以 20 m/s（相当于 72 km/h）的速度行驶，当制动时列车获得加速度$-0.4\ \mathrm{m/s^2}$．求开始制动后多长时间列车才能停住以及列车在这段时间里行驶了多少路程．

解　设列车在开始制动 t s 后时行驶了 s m．根据题意，反映制动阶段列车运动规律的函数 $s=s(t)$ 应满足关系式

$$\frac{d^2s}{dt^2}=-0.4. \tag{7.1.5}$$

此外，未知函数 $s=s(t)$ 还应满足下列条件：$t=0$ 时，$s=0$，$v=\frac{ds}{dt}=20$. 简记为

$$s\big|_{t=0}=0, s'\big|_{t=0}=20. \tag{7.1.6}$$

把式（7.1.5）两端积分一次，得

$$v=\frac{ds}{dt}=-0.4t+C_1; \tag{7.1.7}$$

再积分一次，得

$$s=-0.2t^2+C_1t+C_2, \tag{7.1.8}$$

这里 C_1，C_2 都是任意常数.

把条件 $v\big|_{t=0}=20$ 代入式（7.1.7），得 $C_1=20$；

把条件 $s\big|_{t=0}=0$ 代入式（7.1.8），得 $C_2=0$.

把 C_1，C_2 的值代入式（7.1.7）及式（7.1.8），得

$$v=-0.4t+20, \tag{7.1.9}$$

$$s=-0.2t^2+20t. \tag{7.1.10}$$

在式（7.1.9）中令 $v=0$，得到列车从开始制动到完全停住所需的时间

$$t=\frac{20}{0.4}=50(\mathrm{s}).$$

再把 $t=50$ 代入式（7.1.10），得到列车在制动阶段行驶的路程

$$s=-0.2\times 50^2+20\times 50=500(\mathrm{m}).$$

综合以上两个例子，我们介绍几个关于微分方程的基本概念.

1. 微分方程

定义 1 表示未知函数、未知函数导数（或微分）和自变量之间关系的方程称为**微分方程**.

例如，式（7.1.1），式（7.1.5）均可称为微分方程.

若微分方程中未知函数为一元函数，则这类微分方程称为**常微分方程**. 若微分方程中未知函数为多元函数，则这类微分方程称为**偏微分方程**. 本书仅讨论常微分方程，简称为微分方程.

2. 微分方程的阶

定义 2 微分方程中所出现的未知函数的最高阶导数的阶数，叫作微分方程的阶.

方程（7.1.1）为一阶微分方程，方程（7.1.5）为二阶微分方程. 再如，方程 $y\mathrm{d}x+x\mathrm{d}y=2$ 为一阶微分方程，$y''+xy'=3y^4$ 为二阶微分方程，$y^{(5)}+x^3y''=1$ 为 5 阶微分方程，$(y'')^2+2y'=0$ 为二阶微分方程.

n 阶微分方程的一般形式为

$$F(x,y,y',\cdots,y^{(n)})=0 \quad 或 \quad y^{(n)}=f(x,y,y',\cdots,y^{(n-1)}).$$

3. 微分方程的解

定义 3 满足微分方程的函数（把函数代入微分方程能使该方程成为恒等式）叫作该**微分方程的解**. 确切地说，设函数 $y=\varphi(x)$ 在区间 I 上有 n 阶连续导数，如果在区间 I 上，

$$F(x,\varphi(x),\varphi'(x),\cdots,\varphi^{(n)}(x))\equiv 0,$$

那么函数 $y=\varphi(x)$ 就叫作微分方程 $F(x,y,y',\cdots,y^{(n)})=0$ 在区间 I 上的解.

例如函数（7.1.3）和函数（7.1.4）都为方程（7.1.1）的解，函数（7.1.8）和函数（7.1.10）都为方程（7.1.5）的解.

（1）通解.

如果微分方程的解中含有任意常数，且任意常数的个数与微分方程的阶数相同，则这样的解叫作微分方程的通解.

（2）初始条件.

用于确定通解中任意常数的条件，称为初始条件．例如，当 $x=x_0$ 时，$y=y_0$，$y'=y'_0$. 一般写成 $y\big|_{x=x_0}=y_0$，$y'\big|_{x=x_0}=y'_0$.

（3）特解.

确定了通解中的任意常数以后，就得到微分方程的特解. 即不含任意常数的解.

根据通解和特解的定义，可知函数（7.1.3）为方程（7.1.1）的通解，函数（7.1.4）为方程（7.1.1）满足初始条件的特解；函数（7.1.8）为方程（7.1.5）的通解，函数（7.1.10）为方程（7.1.5）满足初始条件的特解.

（4）初值问题.

求微分方程满足初始条件的解的问题称为初值问题.

例如，求微分方程 $y'=f(x,y)$ 满足初始条件 $y\big|_{x=x_0}=y_0$ 的解的问题，记为

$$\begin{cases} y' = f(x,y), \\ y\big|_{x=x_0} = y_0. \end{cases} \tag{7.1.11}$$

4. 积分曲线

微分方程通解的图形是无数条曲线，称为积分曲线. 初值问题（7.1.11）的几何意义：求微分方程积分曲线中过点（x_0，y_0）的曲线.

例 3　验证：函数 $x=C_1\cos kt+C_2\sin kt$（$k\neq 0$）是微分方程 $\frac{\mathrm{d}^2x}{\mathrm{d}t^2}+k^2x=0$ 的通解.

解　求所给函数的导数：

$$\frac{\mathrm{d}x}{\mathrm{d}t}=-kC_1\sin kt+kC_2\cos kt,$$

$$\frac{\mathrm{d}^2x}{\mathrm{d}t^2}=-k^2C_1\cos kt-k^2C_2\sin kt=-k^2(C_1\cos kt+C_2\sin kt).$$

将 $\frac{\mathrm{d}^2x}{\mathrm{d}t^2}$ 及 x 的表达式代入所给方程，得

$$-k^2(C_1\cos kt+C_2\sin kt)+k^2(C_1\cos kt+C_2\sin kt)\equiv 0.$$

这表明函数 $x=C_1\cos kt+C_2\sin kt$ 满足方程 $\frac{\mathrm{d}^2x}{\mathrm{d}t^2}+k^2x=0$，因此所给函数是所给方程的通解.

例 4　已知函数 $x=C_1\cos kt+C_2\sin kt$（$k\neq 0$）是微分方程 $\frac{\mathrm{d}^2x}{\mathrm{d}t^2}+k^2x=0$ 的通解，求满足初始条件 $x\big|_{t=0}=A$，$\frac{\mathrm{d}x}{\mathrm{d}t}\Big|_{t=0}=0$ 的特解.

解　由条件 $x\big|_{t=0}=A$ 及 $x=C_1\cos kt+C_2\sin kt$，得 $C_1=A$，再由条件 $x'\big|_{t=0}=0$ 及 $x'(t)=-kC_1\sin kt+kC_2\cos kt$，得 $C_2=0$.

把 C_1、C_2 的值代入 $x=C_1\cos kt+C_2\sin kt$ 中，得

$$x=A\cos kt.$$

习题 7-1

1. 指出下列微分方程的阶数：

(1) $(y')^2+2yy'=3x$；　　(2) $y''+(y')^3=2x-y$；

(3) $(x^2+y^2)dx+2xydy=0$；　　(4) $y'''+(y')^2=0$.

2. 下列各题中，所给函数是否为微分方程的通解，为什么?

(1) $y'=2xy$，$y=e^{x^2}$；　　(2) $y'=2xy$，$y=Ce^{x^2}$；

(3) $y''+y=0$，$y=C\cos x$；　　(4) $y''+y'=1$，$y=C_1+C_2e^{-x}+x$.

3. 在下列各题中，验证所给函数为微分方程的特解：

(1) $x^2y'=y$，$y\big|_{x=1}=1$，$y=e^{1-\frac{1}{x}}$；　　(2) $xy'=2y$，$y\big|_{x=1}=5$，$y=5x^2$；

(3) $y''-2y'+y=0$，$y\big|_{x=0}=2$，$y'\big|_{x=0}=1$，$y=(2-x)e^x$.

4. 已知微分方程 $y'=2y$，(1) 验证 $y=Ce^{2x}$ 为微分方程的通解；(2) 求满足初始条件$y\big|_{x=0}=3$ 的特解.

5. 依据电路的基尔霍夫第二定律：在闭合回路中，所有支路上的电压的代数和为零．给出当开关 k 闭合后，R-L电路（见图 7-1-1）中电流 I 满足的微分方程．设 $t=0$ 时，电路中没有电流.

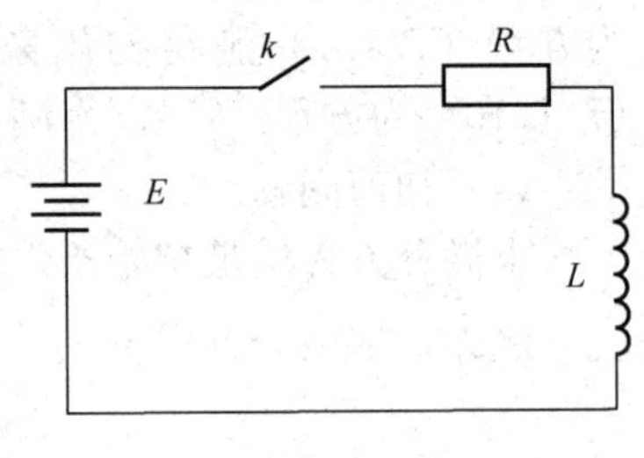

图 7-1-1

第二节　一阶可分离变量的微分方程

【课前导读】

微分方程的类型是多种多样的，它们的解法也各不相同．从本节开始，我们将根据微分方程的不同类型给出相应的解法. 本节我们将介绍可分离变量微分方程以及一些可以化为这类方程形式的微分方程，如齐次方程等.

一、可分离变量的微分方程

第一节例 1 中，一阶微分方程：$\frac{dy}{dx}=2x$，可写为

$$dy=2xdx,$$

把上式两边积分，得到微分方程的通解：$y=x^2+C$.

一般地，若微分方程能写成

$$g(y)dy=f(x)dx, \tag{7.2.1}$$

的形式，则原方程称为**可分离变量的微分方程**.

设函数 $y=\varphi(x)$ 是方程（7.2.1）的解，代入方程（7.2.1）得

$$g[\varphi(x)]\varphi'(x)dx=f(x)dx.$$

对上式两边积分，得

$$\int g(y)dy=\int f(x)dx.$$

设 $G(y)$ 和 $F(x)$ 分别为 $g(y)$ 和 $f(x)$ 的原函数，于是有

$$G(y)=F(x)+C. \tag{7.2.2}$$

总结上述过程，可得可分离变量方程的求解方法.

可分离变量的微分方程的解法：

第一步：分离变量，将方程写成 $g(y)\mathrm{d}y=f(x)\mathrm{d}x$ 的形式；

第二步：两端积分，$\int g(y)\mathrm{d}y=\int f(x)\mathrm{d}x$，积分后得 $G(y)=F(x)+C$；

第三步：求出由 $G(y)=F(x)+C$ 所确定的隐函数 $y=\varphi(x)$.

$G(y)=F(x)+C$，$y=\varphi(x)$ 都是方程的通解，其中 $G(y)=F(x)+C$ 称为隐式通解.

例 1　求微分方程 $\dfrac{\mathrm{d}y}{\mathrm{d}x}=2xy$ 的通解.

解　此方程为可分离变量方程，分离变量后得

$$\frac{1}{y}\mathrm{d}y=2x\mathrm{d}x,$$

两端积分，得

$$\int\frac{1}{y}\mathrm{d}y=\int 2x\mathrm{d}x,$$

即

$$\ln|y|=x^2+C_1,$$

从而

$$y=\pm\mathrm{e}^{x^2+C_1}=\pm\mathrm{e}^{C_1}\mathrm{e}^{x^2}.$$

因为 $\pm\mathrm{e}^{C_1}$ 是任意非零常数，又 $y=0$ 也是方程的解，所以可得所给方程的通解为 $y=C\mathrm{e}^{x^2}$，其中 C 为任意常数.

例 2　铀的衰变速度与当时未衰变的铀原子的含量 M 成正比. 已知 $t=0$ 时铀的含量为 M_0，求在衰变过程中未衰变的铀原子含量 $M(t)$ 随时间 t 变化的规律.

解　未衰变的铀原子的衰变速度是 $M(t)$ 对时间 t 的导数 $\dfrac{\mathrm{d}M}{\mathrm{d}t}$. 由于铀的衰变速度与其含量成正比，故得微分方程

$$\frac{\mathrm{d}M}{\mathrm{d}t}=-\lambda M,$$

其中 λ（$\lambda>0$）是常数，λ 前的负号表示当 t 增加时 M 单调减少，即 $\dfrac{\mathrm{d}M}{\mathrm{d}t}<0$.

由题意，初始条件为 $M|_{t=0}=M_0$. 将方程分离变量得

$$\frac{\mathrm{d}M}{M}=-\lambda\mathrm{d}t,$$

两端积分，得

$$\int\frac{\mathrm{d}M}{M}=\int(-\lambda)\mathrm{d}t,$$

可得 $\ln M=-\lambda t+\ln C$，即 $M=C\mathrm{e}^{-\lambda t}$. 由初始条件，得 $M_0=C\mathrm{e}^0=C$，所以铀含量 $M(t)$ 随时间 t 变化的规律为

$$M=M_0\mathrm{e}^{-\lambda t}.$$

例 3　设降落伞从跳伞塔下落后，所受空气阻力与速度成正比，并设降落伞离开跳伞塔时速度为零. 求降落伞下落速度与时间的函数关系.

解　设降落伞下落速度为 $v(t)$. 降落伞所受外力为 $F=mg-kv$（k 为比例系数）. 根据

牛顿第二运动定律 $F=ma$，得函数 $v(t)$ 应满足的方程为

$$m\frac{\mathrm{d}v}{\mathrm{d}t}=mg-kv,$$

初始条件为 $v\big|_{t=0}=0$. 方程分离变量，得 $\frac{\mathrm{d}v}{mg-kv}=\frac{\mathrm{d}t}{m}$,

两端积分，得

$$\int\frac{\mathrm{d}v}{mg-kv}=\int\frac{\mathrm{d}t}{m},$$

$$-\frac{1}{k}\ln(mg-kv)=\frac{t}{m}+C_1,$$

即

$$v=\frac{mg}{k}+C\mathrm{e}^{-\frac{k}{m}t}\ \left(C=-\frac{\mathrm{e}^{-kC_1}}{k}\right).$$

将初始条件 $v\big|_{t=0}=0$ 代入通解得 $C=-\frac{mg}{k}$，于是，降落伞下落速度与时间的函数关系为 $v=\frac{mg}{k}\left(1-\mathrm{e}^{-\frac{k}{m}t}\right)$.

二、齐次方程

如果一阶微分方程 $\frac{\mathrm{d}y}{\mathrm{d}x}=f(x,y)$ 中的函数 $f(x,y)$ 可写成 $\frac{y}{x}$ 的函数，即 $f(x,y)=\varphi\left(\frac{y}{x}\right)$，则称该方程为**齐次方程**.

齐次方程的解法：

在齐次方程 $\frac{\mathrm{d}y}{\mathrm{d}x}=\varphi\left(\frac{y}{x}\right)$ 中，令 $u=\frac{y}{x}$，则 $y=ux$，$\frac{\mathrm{d}y}{\mathrm{d}x}=u+x\frac{\mathrm{d}u}{\mathrm{d}x}$，代入齐次方程可得

$$u+x\frac{\mathrm{d}u}{\mathrm{d}x}=\varphi(u),$$

分离变量，得

$$\frac{\mathrm{d}u}{\varphi(u)-u}=\frac{\mathrm{d}x}{x},$$

两端积分，得

$$\int\frac{\mathrm{d}u}{\varphi(u)-u}=\int\frac{\mathrm{d}x}{x}.$$

求出积分后，再用 $\frac{y}{x}$ 代替 u，便得所给齐次方程的通解.

例 4 求齐次微分方程 $\frac{\mathrm{d}y}{\mathrm{d}x}=\frac{y}{x}+\frac{x}{3y}$ 的通解.

解 令 $u=\frac{y}{x}$，则 $y=ux$，$\frac{\mathrm{d}y}{\mathrm{d}x}=u+x\frac{\mathrm{d}u}{\mathrm{d}x}$，代入齐次方程可得

$$u+x\frac{\mathrm{d}u}{\mathrm{d}x}=u+\frac{1}{3u},$$

即

$$x\frac{\mathrm{d}u}{\mathrm{d}x}=\frac{1}{3u},$$

分离变量，得
$$3u\mathrm{d}u=\frac{1}{x}\mathrm{d}x,$$

两端积分，得
$$\frac{3}{2}u^2=\ln|x|+C,$$

把 $u=\frac{y}{x}$ 代入上式，得所给方程的通解为 $y^2=\frac{2}{3}x^2(\ln|x|+C)$.

例 5　求方程 $y^2+x^2\frac{\mathrm{d}y}{\mathrm{d}x}=xy\frac{\mathrm{d}y}{\mathrm{d}x}$ 的通解.

解　原方程可写成

$$\frac{\mathrm{d}y}{\mathrm{d}x}=\frac{y^2}{xy-x^2}=\frac{\left(\frac{y}{x}\right)^2}{\frac{y}{x}-1},\tag{7.2.3}$$

因此原方程是齐次方程. 令 $\frac{y}{x}=u$，则

$$y=ux,\quad \frac{\mathrm{d}y}{\mathrm{d}x}=u+x\frac{\mathrm{d}u}{\mathrm{d}x},$$

代入方程（7.2.3），得

$$u+x\frac{\mathrm{d}u}{\mathrm{d}x}=\frac{u^2}{u-1},$$

即
$$x\frac{\mathrm{d}u}{\mathrm{d}x}=\frac{u}{u-1},$$

分离变量，得
$$\left(1-\frac{1}{u}\right)\mathrm{d}u=\frac{\mathrm{d}x}{x},$$

两端积分，得 $u-\ln|u|+C=\ln|x|$，整理为 $\ln|xu|=u+C$.

以 $\frac{y}{x}$ 代上式中的 u，便得所给方程的通解为

$$\ln|y|=\frac{y}{x}+C.$$

习题 7-2

1. 下列方程中哪些是可分离变量的微分方程？

（1）$y'=2xy$；　（2）$3x^2+5x-y'=0$；　（3）$(x^2+y^2)\mathrm{d}x-xy\mathrm{d}y=0$；

（4）$y'=1+x+y^2+xy^2$；（5）$y'=10^{x+y}$；　（6）$y'=\frac{x}{y}+\frac{y}{x}$.

2. 用分离变量法求下列微分方程的通解：

（1）$\frac{\mathrm{d}y}{\mathrm{d}x}=xy^2$；　（2）$\frac{\mathrm{d}y}{\mathrm{d}x}=\cos^2 y$；

（3）$x\mathrm{d}y-y\mathrm{d}x=0$；

（4）$\frac{\mathrm{d}y}{\mathrm{d}x}=\frac{x}{y}$；

（5）$\frac{\mathrm{d}y}{\mathrm{d}x}=2^{x+y}$；

（6）$\frac{\mathrm{d}y}{\mathrm{d}x}=\frac{\sin 3x}{\cos y}$；

（7）$x\mathrm{d}y-y\ln y\mathrm{d}x=0$；

（8）$\frac{\mathrm{d}y}{\mathrm{d}x}=\sqrt{\frac{1-y^2}{1-x^2}}$.

3. 求解下列齐次微分方程的通解：

（1）$(2x^2-y^2)\mathrm{d}x+3xy\mathrm{d}y=0$；

（2）$xy'=y\ln\frac{y}{x}$；

（3）$(x^3+y^3)\mathrm{d}x-3xy^2\mathrm{d}y=0$.

4. 求下列微分方程满足所给初始条件的特解：

（1）$y'=\mathrm{e}^{2x-y}$，$y|_{x=0}=0$；

（2）$x\mathrm{d}y+2y\mathrm{d}x=0$，$y|_{x=2}=1$；

（3）$y'=\frac{x}{y}+\frac{y}{x}$，$y|_{x=1}=2$.

5. 镭的衰变速度与它的现存量R成正比，由统计数据知，镭经过1 600年后，只剩原始余量R_0的一半，试求镭的现存量R与时间t的关系.

6. 一曲线通过点(2,3)，它在两坐标轴间的任一切线线段均被切点所平分，求这条曲线方程.

第三节　一阶线性微分方程

一、一阶线性微分方程

形如

$$\frac{\mathrm{d}y}{\mathrm{d}x}+P(x)y=Q(x) \tag{7.3.1}$$

的一阶微分方程称为**一阶线性微分方程**.

如果$Q(x)\equiv 0$，则方程称为**齐次线性微分方程**，否则方程称为**非齐次线性微分方程**.

方程$\frac{\mathrm{d}y}{\mathrm{d}x}+P(x)y=0$叫作对应于非齐次线性微分方程$\frac{\mathrm{d}y}{\mathrm{d}x}+P(x)y=Q(x)$的齐次线性微分方程.

1. 齐次线性微分方程$\frac{\mathrm{d}y}{\mathrm{d}x}+P(x)y=0$的解法

齐次线性微分方程$\frac{\mathrm{d}y}{\mathrm{d}x}+P(x)y=0$是可分离变量方程. 分离变量后得

$$\frac{\mathrm{d}y}{y}=-P(x)\mathrm{d}x,$$

两端积分，得

$$\ln|y|=-\int P(x)\mathrm{d}x+C_1,$$

即

$$y=C\mathrm{e}^{-\int P(x)\mathrm{d}x}\quad(C=\pm\mathrm{e}^{C_1}). \tag{7.3.2}$$

式(7.3.2)是**齐次线性微分方程的通解**.

例 1 求方程 $(x-2)\frac{dy}{dx}=y$ 的通解.

解 这是齐次线性微分方程，分离变量得

$$\frac{dy}{y}=\frac{dx}{x-2},$$

两端积分，得

$$\ln|y|=\ln|x-2|+C_1$$

方程的通解为

$$y=C(x-2) \quad (C=\pm e^{C_1}).$$

2. 非齐次线性微分方程 $\frac{dy}{dx}+P(x)y=Q(x)$ 的解法

用**常数变易法**将齐次线性微分方程通解中的常数 C 换成 x 的未知函数 $u(x)$，得

$$y=u(x)e^{-\int P(x)dx},$$

设上式为非齐次线性微分方程的通解，代入非齐次线性微分方程确定 $u(x)$.

$$u'(x)e^{-\int P(x)dx}-u(x)e^{-\int P(x)dx}P(x)+P(x)u(x)e^{-\int P(x)dx}=Q(x),$$

化简得 $u'(x)=Q(x)e^{\int P(x)dx}$，即 $u(x)=\int Q(x)e^{\int P(x)dx}dx+C$，于是**非齐次线性微分方程的通解**为

$$y=e^{-\int P(x)dx}\left[\int Q(x)e^{\int P(x)dx}dx+C\right], \tag{7.3.3}$$

或

$$y=Ce^{-\int P(x)dx}+e^{-\int P(x)dx}\int Q(x)e^{\int P(x)dx}dx. \tag{7.3.4}$$

式（7.3.4）表明，非齐次线性微分方程的通解等于对应的齐次线性微分方程的通解与非齐次线性微分方程的一个特解之和.

注 式（7.3.2）和式（7.3.3）常作为一阶线性齐次和非齐次微分方程的通解公式来记忆，在解微分方程时可直接使用.

例 2 求方程 $\frac{dy}{dx}-\frac{2y}{x+1}=(x+1)^{\frac{5}{2}}$ 的通解.

解 方程中 $P(x)=-\frac{2}{x+1}$，$Q(x)=(x+1)^{\frac{5}{2}}$，直接利用式（7.3.3），则方程的通解为

$$\begin{aligned}y&=e^{-\int\left(-\frac{2}{x+1}\right)dx}\left[\int(x+1)^{\frac{5}{2}}e^{\int\left(-\frac{2}{x+1}\right)dx}dx+C\right]\\&=(x+1)^2\left[\int(x+1)^{\frac{1}{2}}dx+C\right]=(x+1)^2\left[\frac{2}{3}(x+1)^{\frac{3}{2}}+C\right].\end{aligned}$$

二、伯努利方程

形如

$$\frac{dy}{dx}+P(x)y=Q(x)y^n \quad (n\neq 0,1) \tag{7.3.5}$$

的微分方程称为**伯努利（Bernoulli）方程**. 当 $n=0$ 时，方程实际上是非齐次线性微分方程；当 $n=1$ 时，方程实际上是齐次线性微分方程. 当 $n\neq 0$，$n\neq 1$ 时，伯努利方程不是线性微分

方程，但可以通过变量代换化成线性微分方程来求解.

伯努利方程的解法：

以 y^n 除方程（7.3.5）的两边，得

$$y^{-n}\frac{\mathrm{d}y}{\mathrm{d}x}+P(x)y^{1-n}=Q(x). \tag{7.3.6}$$

引入新的未知函数 $z=y^{1-n}$，则

$$\frac{\mathrm{d}z}{\mathrm{d}x}=(1-n)y^{-n}\frac{\mathrm{d}y}{\mathrm{d}x}.$$

用（$1-n$）乘方程（7.3.6）的两端，并将上式代入，得线性微分方程

$$\frac{\mathrm{d}z}{\mathrm{d}x}+(1-n)P(x)z=(1-n)Q(x).$$

求出这个方程的通解后，将 z 代换为 y^{1-n} 便得到伯努利方程的通解.

例 3 求方程 $\frac{\mathrm{d}y}{\mathrm{d}x}+\frac{y}{x}=a(\ln x)y^2$ 的通解.

解 以 y^2 除方程的两端，得

$$y^{-2}\frac{\mathrm{d}y}{\mathrm{d}x}+\frac{1}{x}y^{-1}=a\ln x,$$

上式可改写为

$$-\frac{\mathrm{d}(y^{-1})}{\mathrm{d}x}+\frac{1}{x}y^{-1}=a\ln x,$$

令 $z=y^{-1}$，则上述方程化为

$$\frac{\mathrm{d}z}{\mathrm{d}x}-\frac{1}{x}z=-a\ln x,$$

这是一个线性微分方程，它的通解为

$$z=x\left[C-\frac{a}{2}(\ln x)^2\right],$$

以 y^{-1} 代 z，得所求方程的通解为

$$yx\left[C-\frac{a}{2}(\ln x)^2\right]=1.$$

利用变量代换，某些方程可以化为可分离变量的方程，或化为已知其求解方法的方程类型.

例 4 求方程 $\frac{\mathrm{d}y}{\mathrm{d}x}=\frac{1}{x+y}$ 的通解.

解 若把所给方程变形为

$$\frac{\mathrm{d}x}{\mathrm{d}y}=x+y,$$

即为一阶线性微分方程，则按一阶线性微分方程的解法可求得通解. 但这里用变量代换来解所给方程.

令 $x+y=u$，则 $y=u-x$，$\frac{\mathrm{d}y}{\mathrm{d}x}=\frac{\mathrm{d}u}{\mathrm{d}x}-1$. 代入原方程，得

$$\frac{\mathrm{d}u}{\mathrm{d}x}-1=\frac{1}{u},\text{即}\frac{\mathrm{d}u}{\mathrm{d}x}=\frac{u+1}{u},$$

分离变量，得

$$\frac{u}{u+1}\mathrm{d}u=\mathrm{d}x,$$

两端积分，得

$$u-\ln|u+1|=x+C,$$

以 $u=x+y$ 代入上式，即得

$$y-\ln|x+y+1|=C \quad 或 \quad x=C_1\mathrm{e}^y-y-1 \quad (C_1=\pm\mathrm{e}^{-C}).$$

习题 7-3

1. 求下列线性微分方程的通解：

(1) $y'+y=1$；　(2) $y'+3y=5$；

(3) $y'+2xy=x$；　(4) $y'-2y=x+2$；

(5) $xy'-3y=x^4$；　(6) $xy'-y=\dfrac{x}{\ln x}$；

(7) $(1+x^2)y'-2xy=(1+x^2)^2$；　(8) $y'-y\tan x=\sin x$；

(9) $\dfrac{\mathrm{d}\rho}{\mathrm{d}\theta}+3\rho=1$；　(10) $\dfrac{\mathrm{d}I}{\mathrm{d}t}+\dfrac{R}{L}I=\dfrac{E}{L}$（$R$、$E$、$L$ 均为参数）.

2. 求下列微分方程满足所给初始条件的特解：

(1) $\dfrac{\mathrm{d}y}{\mathrm{d}x}+y=\mathrm{e}^{-x}$，$y|_{x=0}=2$；　(2) $\dfrac{\mathrm{d}r}{\mathrm{d}\theta}+r\tan\theta=\sin 2\theta$，$r|_{\theta=0}=5$；

(3) $\dfrac{\mathrm{d}y}{\mathrm{d}x}+3y=2$，$y|_{x=0}=1$；　(4) $\dfrac{\mathrm{d}y}{\mathrm{d}x}+\dfrac{y}{x}=\dfrac{\cos x}{x}$，$y|_{x=\frac{\pi}{2}}=0$.

3. 若曲线通过原点，且在点 (x, y) 处切线的斜率为 $x-2y$，求曲线方程.

4. 求下列伯努利方程的通解：

(1) $\dfrac{\mathrm{d}y}{\mathrm{d}x}-y=2y^2$；　(2) $\dfrac{\mathrm{d}y}{\mathrm{d}x}+\dfrac{1}{x}y=x^2y^6$；

(3) $\dfrac{\mathrm{d}y}{\mathrm{d}x}+2xy=\mathrm{e}^{x^2}y^2$；　(4) $\dfrac{\mathrm{d}y}{\mathrm{d}x}-\dfrac{4x}{1+x^2}y=2y^{\frac{1}{2}}$.

5. 通过适当的变量代换求解下列方程的通解：

(1) $\dfrac{\mathrm{d}y}{\mathrm{d}x}=\dfrac{1}{\mathrm{e}^y+x}$；　(2) $\dfrac{\mathrm{d}y}{\mathrm{d}x}=(x+y)^2$；

(3) $\dfrac{\mathrm{d}y}{\mathrm{d}x}=\dfrac{1}{x-y}+1$.

第四节　可降阶的二阶微分方程

【课前导读】

一般来说，方程的阶数越高，求解也就越复杂，因此，求解高阶方程的一种思路是设法降低方程的阶数.

下面仅以二阶为例，介绍利用变量代换来降低方程的阶数，从而求出其解的三类方程，并称它们为**可降阶的方程**.

一、$y''=f(x)$ 型

这类方程的特点是右端仅含自变量 x. 作代换，令 $y'(x)=p(x)$，则 $y''=p'$，于是原方程就变为一阶方程

$$p' = f(x),$$

两端积分便得

$$p = \int f(x)\mathrm{d}x + C_1,$$

即

$$y' = \int f(x)\mathrm{d}x + C_1,$$

两端再次积分，得

$$y = \int\left[\int f(x)\mathrm{d}x\right]\mathrm{d}x + C_1x + C_2,$$

其中 C_1 与 C_2 为两个相互独立的任意常数，上式就是原方程的通解.

由通解表达式（7.4.1）可知，对于 $y^{(n)}=f(x)$ 型的微分方程，方程两端连续积分 n 次，便可得方程的通解.

例 1　求方程 $y'''=\mathrm{e}^{2x}+\sin x+1$ 的通解.

解　方程两边连续积分三次，得

$$y'' = \frac{1}{2}\mathrm{e}^{2x} - \cos x + x + C_1,$$

$$y' = \frac{1}{4}\mathrm{e}^{2x} - \sin x + \frac{1}{2}x^2 + C_1x + C_2,$$

$$y = \frac{1}{8}\mathrm{e}^{2x} + \cos x + \frac{1}{3!}x^3 + \frac{1}{2}C_1x^2 + C_2x + C_3, \tag{7.4.1}$$

这就是所求方程的通解.

例 2　质量为 m 的质点受力 F 的作用沿 Ox 轴做直线运动. 设力 F 仅是时间 t 的函数 $F=F(t)$. 在开始时刻 $t=0$ 时 $F(0)=F_0$，随着时间 t 的增大，此力 F 均匀地减小，直到 $t=T$ 时，$F(T)=0$. 如果开始时质点位于原点，且初速度为零，求该质点的运动规律.

解　设 $x=x(t)$ 为时刻 t 时质点的位置，根据牛顿第二定律，质点运动的微分方程为

$$m\frac{\mathrm{d}^2x}{\mathrm{d}t^2} = F(t).$$

由题设，力 $F(t)$ 随 t 增大而均匀地减小，且 $t=0$ 时，$F(0)=F_0$，所以 $F(t)=F_0-kt$；又当 $t=T$ 时，$F(T)=0$，从而

$$F(t) = F_0\left(1-\frac{t}{T}\right).$$

于是质点运动的微分方程又可写为

$$\frac{\mathrm{d}^2x}{\mathrm{d}t^2} = \frac{F_0}{m}\left(1-\frac{t}{T}\right),$$

其初始条件为 $x\big|_{t=0}=0$，$\dfrac{dx}{dt}\Big|_{t=0}=0$.

把上式的微分方程两端积分，得

$$\frac{dx}{dt}=\frac{F_0}{m}\left(t-\frac{t^2}{2T}\right)+C_1, \tag{7.4.2}$$

再积分一次，得

$$x=\frac{F_0}{m}\left(\frac{1}{2}t^2-\frac{t^3}{6T}\right)+C_1t+C_2, \tag{7.4.3}$$

将初始条件 $\dfrac{dx}{dt}\Big|_{t=0}=0$，$x\big|_{t=0}=0$，代入式（7.4.2）和式（7.4.3）得 $C_1=C_2=0$.
于是所求质点的运动规律为

$$x=\frac{F_0}{m}\left(\frac{1}{2}t^2-\frac{t^3}{6T}\right),\quad 0\leqslant t\leqslant T.$$

二、$y''=f(x,y')$ 型

这类方程的特点是右端不显含未知函数 y. 作代换，令 $y'(x)=p(x)$，则 $y''=\dfrac{dp}{dx}$，代入原方程，得

$$\frac{dp}{dx}=f(x,p).$$

这是一个关于未知函数 p 的一阶微分方程．设其通解为

$$p=\varphi(x,C_1),$$

则

$$\frac{dy}{dx}=\varphi(x,C_1).$$

那么，原方程的通解便可通过积分求出

$$y=\int\varphi(x,C_1)dx+C_2.$$

例 3　求微分方程（$1+x^2$）$y''=2xy'$ 满足初始条件 $y\big|_{x=0}=1$，$y'\big|_{x=0}=3$ 的特解.

解　所给方程是 $y''=f(x,y')$ 型的. 设 $y'=p$，则 $y''=\dfrac{dp}{dx}$，将两式代入方程并分离变量后，有

$$\frac{dp}{p}=\frac{2x}{1+x^2}dx.$$

两端积分，得

$$\ln|p|=\ln(1+x^2)+C, \tag{7.4.4}$$

即 $p=y'=C_1(1+x^2)$（$C_1=\pm e^C$）.

由条件 $y'\big|_{x=0}=3$，得 $C_1=3$，所以 $y'=3(1+x^2)$.
两端再积分，得

$$y=x^3+3x+C_2.$$

又由条件 $y\big|_{x=0}=1$，得 $C_2=1$，于是所求的特解为

$$y=x^3+3x+1.$$

三、$y''=f(y,y')$ 型

这类方程的特点是右端不显含自变量 x. 作代换，令 $y'(x)=p$，由复合函数的求导法则，有

$$y''=\frac{\mathrm{d}p}{\mathrm{d}x}=\frac{\mathrm{d}p}{\mathrm{d}y}\cdot\frac{\mathrm{d}y}{\mathrm{d}x}=p\frac{\mathrm{d}p}{\mathrm{d}y}.$$

原方程化为

$$p\frac{\mathrm{d}p}{\mathrm{d}y}=f(y,p).$$

这是一个关于未知函数 y，p 的一阶微分方程. 如果它的通解可以求得，并将其设为 $p=\varphi(y,C_1)$，则

$$\frac{\mathrm{d}y}{\mathrm{d}x}=\varphi(y,C_1).$$

分离变量并积分，便得方程的通解为

$$\int\frac{\mathrm{d}y}{\varphi(y,C_1)}=x+C_2.$$

例 4 求微分方程 $yy''-y'^2=0$ 的通解.

解 方程不显含自变量 x，设 $y'=p$，则 $y''=p\dfrac{\mathrm{d}p}{\mathrm{d}y}$，代入方程，得

$$yp\frac{\mathrm{d}p}{\mathrm{d}y}-p^2=0,$$

当 $y\neq0$，$p\neq0$ 时，约去 p 并分离变量，得

$$\frac{\mathrm{d}p}{p}=\frac{\mathrm{d}y}{y},$$

两端积分，得

$$\ln|p|=\ln|y|+C,$$

即 $p=C_1y$ 或 $y'=C_1y$ （$C_1=\pm\mathrm{e}^C$）.
再分离变量并两端积分，便得方程的通解为

$$\ln|y|=C_1x+\ln C_2 \quad 或 \quad y=C_2\mathrm{e}^{C_1x} \quad (C_1,C_2 为任意常数).$$

习题 7-4

1. 求下列微分方程的通解：

（1）$y'''=2+x$； （2）$y''=\mathrm{e}^{3x}+\sin x$； （3）$y''=\dfrac{1}{1+x^2}$；

（4）$y''=y'+\mathrm{e}^x$； （5）$xy''+y'=0$； （6）$yy''+2(y')^2=0$.

2. 求下列微分方程满足所给初始条件的特解：

（1）$y''=y'+2$，$y|_{x=0}=3$，$y'|_{x=0}=0$；

（2）$y^3y''+1=0$，$y|_{x=1}=1$，$y'|_{x=1}=0$；

（3）$y''=3\sqrt{y}$，$y|_{x=0}=1$，$y'|_{x=0}=2$.

3. 试求 $y''=x$ 的经过点 $M(0,1)$ 且在此点与直线 $y=\frac{x}{2}+1$ 相切的积分曲线.

第五节　二阶线性微分方程解的结构

二阶线性微分方程的一般形式为

$$y''+P(x)y'+Q(x)y=f(x), \tag{7.5.1}$$

其中 $P(x)$，$Q(x)$，$f(x)$ 是 x 的已知函数，当方程右端 $f(x)\equiv 0$ 时，可得

$$y''+P(x)y'+Q(x)y=0. \tag{7.5.2}$$

称方程（7.5.2）为**齐次的**，相应的方程（7.5.1）**称为非齐次的**.

本节讨论二阶线性微分方程解的一些性质，这些性质可以推广到 n 阶线性微分方程

$$y^{(n)}+a_1(x)y^{(n-1)}+\cdots+a_{n-1}(x)y'+a_n(x)y=f(x).$$

一、二阶齐次线性微分方程解的结构

二阶齐次线性方程的解具有下列性质：

定理 1　如果函数 $y_1(x)$ 与 $y_2(x)$ 是方程（7.5.2）的两个解，那么

$$y=C_1y_1(x)+C_2y_2(x)$$

也是方程（7.5.2）的解，其中 C_1、C_2 是任意常数.

齐次线性方程的这个性质表明它的**解符合叠加原理**.

函数的线性相关与线性无关：

定义 1　设 $y_1(x)$，$y_2(x)$，…，$y_n(x)$ 为定义在区间 I 上的 n 个函数. 如果存在 n 个不全为零的常数 k_1，k_2，…，k_n，使得当 $x\in I$ 时有恒等式

$$k_1y_1+k_2y_2+\cdots+k_ny_n=0$$

成立，那么称这 n 个函数在区间 I 上**线性相关**；否则称为**线性无关**.

注　对于两个函数，它们线性相关与否，只要看它们的比是否为常数，如果比为常数，那么它们就线性相关，否则就线性无关.

定理 2　如果 $y_1(x)$ 与 $y_2(x)$ 是方程（7.5.2）的**两个线性无关的特解**，那么

$$y=C_1y_1(x)+C_2y_2(x)\quad（C_1、C_2 \text{ 是任意常数}）$$

就是方程（7.5.2）的通解.

例 1　验证 $y_1=\cos x$ 与 $y_2=\sin x$ 是方程 $y''+y=0$ 的两个线性无关解，并写出其通解.

解　容易验证 $y_1=\cos x$ 与 $y_2=\sin x$ 是所给方程的两个解，且

$$\frac{y_2}{y_1}=\frac{\sin x}{\cos x}=\tan x\neq \text{常数},$$

即它们是线性无关的. 因此方程 $y''+y=0$ 的通解为 $y=C_1\cos x+C_2\sin x$（C_1，C_2 为任意常数).

例 2　验证 $y_1=x, y_2=e^x$ 是方程 $(x-1)y''-xy'+y=0$ 的两个线性无关解，并写出其通解.

解　容易验证 $y_1=x, y_2=e^x$ 是所给方程的两个解. 且

$$\frac{y_2}{y_1}=\frac{e^x}{x}\neq \text{常数},$$

即它们是线性无关的，因此所给方程的通解为 $y=C_1x+C_1\mathrm{e}^x$（C_1，C_2 为任意常数）.

推论　如果 $y_1(x),y_2(x),\cdots,y_n(x)$ 是方程

$$y^{(n)}+a_1(x)y^{(n-1)}+\cdots+a_{n-1}(x)y'+a_n(x)y=0$$

的 n 个线性无关的解，那么此方程的通解为

$$y=C_1y_1(x)+C_2y_2(x)+\cdots+C_ny_n(x),$$

其中 C_1，C_2，…，C_n 为任意常数.

二、二阶非齐次线性微分方程解的结构

在第三节中我们已经看到，一阶非齐次线性微分方程的通解由两部分构成：一部分是对应的齐次方程的通解；另一部分是非齐次线性方程本身的一个特解．实际上，不仅一阶非齐次线性微分方程的通解具有这样的结构，二阶及更高阶的非齐次线性微分方程的通解也具有同样的结构.

定理3　设 $y^*(x)$ 是二阶非齐次线性方程（7.5.1）的一个特解，$Y(x)$ 是与方程（7.5.1）相对应的齐次方程（7.5.2）的通解，那么

$$y=Y(x)+y^*(x) \tag{7.5.3}$$

是二阶非齐次线性微分方程（7.5.1）的通解.

例如，$y=C_1\cos x+C_2\sin x$ 是齐次方程 $y''+y=0$ 的通解，$y^*=x^2-2$ 是 $y''+y=x^2$ 的一个特解，因此

$$y=C_1\cos x+C_2\sin x+x^2-2$$

是方程 $y''+y=x^2$ 的通解.

定理4　设非齐次线性微分方程 $y''+P(x)y'+Q(x)y=f(x)$ 的右端 $f(x)$ 可表示为几个函数之和，如

$$y''+P(x)y'+Q(x)y=f_1(x)+f_2(x), \tag{7.5.4}$$

而 $y_1^*(x)$ 与 $y_2^*(x)$ 分别是方程

$$y''+P(x)y'+Q(x)y=f_1(x) \text{ 与 } y''+P(x)y'+Q(x)y=f_2(x)$$

的特解，那么 $y_1^*(x)+y_2^*(x)$ 就是方程（7.5.4）的特解.

习题 7-5

1. 判断下列各组函数是否线性相关：

（1）x^2，x^3；　（2）$\cos 3x$，$\sin 3x$；　（3）$\ln x$，$x\ln x$；

（4）e^{ax}，e^{bx}（$a\neq b$）；　（5）x^2，$3x^2$；　（6）e^{-x}，$2\mathrm{e}^{-x}$；

（7）$x\ln x$，$5x\ln x$；　（8）e^{2x}，$x\mathrm{e}^{2x}$.

2. 验证 $y_1=\mathrm{e}^{x^2}$ 及 $y_2=x\mathrm{e}^{x^2}$ 都是方程 $y''-4xy'+(4x^2-2)y=0$ 的解，并写出该方程的通解.

3. 验证 $y_1=\cos\omega x$ 及 $y_2=\sin\omega x$ 都是方程 $y''+\omega^2y=0$ 的解，并写出该方程的通解.

4. 已知 $y_1=3$，$y_2=x^2$，$y_3=x^2\mathrm{e}^x$ 都是某个二阶非齐次微分方程的解，求对应的齐次方程的通解.

5. 验证 $y=C_1\mathrm{e}^{C_2-3x}-1$ 是 $y''-9y=9$ 的解，说明它不是通解，其中 C_1，C_2 是两个任意常数.

第六节　二阶常系数齐次线性微分方程

【课前导读】

根据二阶线性微分方程解的结构可知，求解二阶线性微分方程，关键在于如何求得二阶齐次方程的通解和非齐次方程的一个特解. 本节主要介绍二阶常系数齐次线性微分方程的解法.

二阶常系数齐次线性微分方程的一般形式为

$$y''+py'+qy=0, \tag{7.6.1}$$

其中 p、q 均为常数.

从方程（7.6.1）的形式上看，其特点是：y''，y' 与 y 各乘以常因子后相加为 0. 注意到指数函数和它的各阶导数都只相差一个常数因子，利用这一性质，可设方程的解为 $y=e^{rx}$，其中 r 为待定的实常数或复常数. 将 $y=e^{rx}$ 对 x 求导，得到

$$y'=re^{rx},\quad y''=r^2e^{rx}.$$

把 y、y' 和 y'' 代入方程（7.6.1），得

$$e^{rx}(r^2+pr+q)=0.$$

由于 $e^{rx}\neq 0$，从而有

$$r^2+pr+q=0. \tag{7.6.2}$$

显然，方程（7.6.2）的任意一个根 r 所对应的函数 e^{rx} 都满足方程（7.6.1），从而它就是方程（7.6.1）的一个解. 方程（7.6.2）称为常系数齐次线性方程（7.6.1）的**特征方程**. 它的根称为**特征根或特征值**.

这样一来，求解二阶常系数齐次线性微分方程（7.6.1），关键在于求解它所对应的特征方程（7.6.2）.

下面根据特征方程根的不同情况，分别进行讨论.

（1）**特征方程有两个不相等的实根** r_1、r_2，则函数 $y_1=e^{r_1x}$，$y_2=e^{r_2x}$ 是方程的两个线性无关的解.

这是因为，$\dfrac{y_1}{y_2}=\dfrac{e^{r_1x}}{e^{r_2x}}=e^{(r_1-r_2)x}$ 不是常数，因此**方程（7.6.1）的通解为**

$$y=C_1e^{r_1x}+C_2e^{r_2x}.$$

（2）**特征方程有两个相等的实根** $r_1=r_2$，则只得到方程（7.6.1）的一个解 $y_1=e^{r_1x}$.

为了得出微分方程（7.6.1）的通解，还需求出另一个解 y_2，并且要求 $\dfrac{y_2}{y_1}$ 不是常数.

设 $\dfrac{y_2}{y_1}=u(x)$，即 $y_2=e^{r_1x}u(x)$.

将 y_2 对 x 求导，得

$$y'_2=e^{r_1x}(u'+r_1u),\ y''_2=e^{r_1x}(u''+2r_1u'+r_1^2u),$$

将 y_2、y_2' 和 y_2'' 代入微分方程（7.6.1），得

$$e^{r_1x}[(u''+2r_1u'+r_1^2u)+p(u'+r_1u)+qu]=0,$$

由 $e^{r_1x}\neq 0$，合并同类项，得

$$u''+(2r_1+p)u'+(r_1^2+pr_1+q)u=0.$$

由于 r_1 是特征方程（7.6.2）的二重根，因此 $r_1^2+pr_1+q=0$，且 $2r_1+p=0$，得

$$u''=0.$$

因为这里只需得到一个不为常数的解，所以不妨选取 $u=x$，由此得到微分方程（7.6.1）的另一个解

$$y_2=xe^{r_1x}.$$

因此方程的通解为

$$y=e^{r_1x}(C_1+C_2x).$$

（3）**特征方程有一对共轭复根** $r_{1,2}=\alpha\pm i\beta$ 时，函数 $y_1=e^{(\alpha+i\beta)x}$，$y_2=e^{(\alpha-i\beta)x}$ 是微分方程（7.6.1）的两个线性无关的复数形式的解．为了得出实值函数形式，先利用欧拉公式 $e^{i\theta}=\cos\theta+i\sin\theta$ 把 y_1、y_2 改写为

$$y_1=e^{(\alpha+i\beta)x}=e^{\alpha x}\cdot e^{i\beta x}=e^{\alpha x}(\cos\beta x+i\sin\beta x),$$
$$y_2=e^{(\alpha-i\beta)x}=e^{\alpha x}\cdot e^{-i\beta x}=e^{\alpha x}(\cos\beta x-i\sin\beta x).$$

由于方程（7.6.1）的解符合叠加原理，因此实值函数

$$\overline{y}_1=\frac{1}{2}(y_1+y_2)=e^{\alpha x}\cos\beta x,\quad \overline{y}_2=\frac{1}{2i}(y_1-y_2)=e^{\alpha x}\sin\beta x$$

也是微分方程（7.6.1）的解，且 $\dfrac{\overline{y}_1}{\overline{y}_2}=\dfrac{e^{\alpha x}\cos\beta x}{e^{\alpha x}\sin\beta x}=\cot\beta x$ 不是常数，所以微分方程（7.6.1）的通解为

$$y=e^{\alpha x}(C_1\cos\beta x+C_2\sin\beta x).$$

综上所述，**求解二阶常系数齐次线性微分方程 $y''+py'+qy=0$ 的通解的步骤为**：

第一步　写出微分方程的特征方程 $r^2+pr+q=0$.

第二步　求出特征方程的两个根 r_1、r_2.

第三步　根据特征方程的两个根的不同情况，写出微分方程的通解：

特征方程的根	微分方程的通解
两个不等的实根 r_1,r_2	$y=C_1e^{r_1x}+C_2e^{r_2x}$
两个相等的实根 $r_1=r_2$	$y=(C_1+C_2)e^{r_1x}$
一对共轭复根 $r_{1,2}=\alpha+i\beta$	$y=e^{\alpha x}(C_1\cos\beta x+C_2\sin\beta x)$

例1　求微分方程 $y''-2y'-3y=0$ 的通解.

解　所给微分方程的特征方程为

$$r^2-2r-3=0,\quad 即(r+1)(r-3)=0.$$

其根 $r_1=-1$，$r_2=3$ 是两个不相等的实根，因此所求微分方程的通解为

$$y=C_1e^{-x}+C_2e^{3x}.$$

例2　求微分方程 $y''+2y'+y=0$ 满足初始条件 $y\big|_{x=0}=4$，$y'\big|_{x=0}=-2$ 的特解.

解　所给微分方程的特征方程为

$$r^2+2r+1=0,\quad 即(r+1)^2=0.$$

其根 $r_1=r_2=-1$ 是两个相等的实根，因此所给微分方程的通解为

$$y = (C_1 + C_2 x)e^{-x}.$$

将条件 $y\big|_{x=0}=4$ 代入通解，得 $C_1=4$，从而

$$y = (4 + C_2 x)e^{-x}.$$

将上式对 x 求导，得

$$y' = (C_2 - 4 - C_2 x)e^{-x}.$$

再把条件 $y'\big|_{x=0}=-2$ 代入上式，得 $C_2=2$. 于是所求微分方程特解为

$$y = (4 + 2x)e^{-x}.$$

例 3　求微分方程 $y''-2y'+5y=0$ 的通解.

解　所给微分方程的特征方程为

$$r^2 - 2r + 5 = 0.$$

特征方程的根为 $r_1=1+2\mathrm{i}$，$r_2=1-2\mathrm{i}$，是一对共轭复根，因此所求微分方程通解为

$$y = e^x(C_1\cos 2x + C_2\sin 2x).$$

上面讨论二阶常系数齐次线性微分方程所用的方法以及方程的通解的形式，可推广到 n 阶常系数齐次线性微分方程上去.

n 阶常系数齐次线性微分方程的一般形式是

$$y^{(n)} + p_1 y^{(n-1)} + p_2 y^{(n-2)} + \cdots + p_{n-1}y' + p_n y = 0, \tag{7.6.3}$$

其中 p_1，p_2，$\cdots$，p_{n-1}，p_n 都是常数.

令 $y=e^{rx}$，那么

$$y' = e^{rx},\quad y'' = r^2e^{rx},\cdots,y^{(n)} = r^ne^{rx}.$$

把 y 及其各阶导数代入方程（7.6.3)，得

$$e^{rx}(r^n + p_1r^{n-1} + p_2r^{n-2} + \cdots + p_{n-1}r + p_n) = 0,$$

即

$$r^n + p_1r^{n-1} + p_2r^{n-2} + \cdots + p_{n-1}r + p_n = 0. \tag{7.6.4}$$

方程（7.6.4）叫作微分方程（7.6.3）的**特征方程**.

根据特征方程的根，可以写出其对应的微分方程通解中的对应项如下：

特征方程的根	微分方程通解中的对应项
(1) 单实根 r	给出一项：Ce^{rx}
(2) 一对单复根 $r_{1,2}=\alpha\pm\mathrm{i}\beta$	给出两项：$e^{\alpha x}(C_1\cos\beta x+C_2\sin\beta x)$
(3) k 重实根 r	给出 k 项：$e^{rx}(C_1+C_2x+\cdots+C_kx^{k-1})$
(4) 一对 k 重复根 $r_{1,2}=\alpha\pm\mathrm{i}\beta$	给出 $2k$ 项：$e^{\alpha x}[(C_1+C_2x+\cdots+C_kx^{k-1})\cos\beta x+(D_1+D_2x+\cdots+D_kx^{k-1})\sin\beta x)]$

从代数学知道，n 次代数方程有 n 个根. 而特征方程的每一个根都对应着通解中的一项，依据齐次线性微分方程通解的结构，将所有对应项相加，可得 n 阶常系数线性微分方程的通解.

例 4 求微分方程 $y^{(4)}-2y'''+5y''=0$ 的通解.

解 所给微分方程的特征方程为

$$r^4-2r^3+5r^2=0, \text{即 } r^2(r^2-2r+5)=0.$$

特征方程的根是 $r_1=r_2=0$ 和 $r_{3,4}=1\pm 2\mathrm{i}$. 因此所给微分方程的通解为

$$y=C_1+C_2x+\mathrm{e}^x(C_3\cos 2x+C_4\sin 2x).$$

习题 7-6

1. 求下列微分方程的通解：

(1) $y''+5y'+6y=0$；　(2) $y''-3y'-4y=0$；　(3) $y''-5y'=0$；

(4) $y''-2y'+y=0$；　(5) $y''+4y'+4y=0$；　(6) $y''+y=0$；

(7) $y''+4y=0$；　(8) $y''+8y'+25y=0$；　(9) $y''-4y'+5y=0$；

(10) $y^{(4)}+5y''-36y=0$；　(11) $y'''-4y''+y'-4y=0$.

2. 求下列微分方程满足所给初始条件的特解：

(1) $y''+4y'+3y=0$，$y|_{x=0}=1$，$y'|_{x=0}=3$；

(2) $y''-2y'=0$，$y|_{x=1}=1$，$y'|_{x=1}=4$；

(3) $y''+25y=0$，$y|_{x=0}=2$，$y'|_{x=0}=15$.

第七节　二阶常系数非齐次线性微分方程

二阶常系数非齐次线性微分方程的一般形式为

$$y''+py'+qy=f(x), \tag{7.7.1}$$

其中 p、q 是常数.

二阶常系数非齐次线性微分方程的通解是对应的齐次方程的通解 $Y(x)$ 与非齐次方程本身的一个特解 $y^*(x)$ 之和，即通解为

$$y=Y(x)+y^*(x).$$

下面给出两种常见 $f(x)$ 形式下，方程 (7.7.1) 特解 $y^*(x)$ 的求解方法.

一、$f(x)=P_m(x)\mathrm{e}^{\lambda x}$ 型

在 $f(x)=P_m(x)\mathrm{e}^{\lambda x}$ 中，λ 是常数，$P_m(x)$ 是 x 的一个 m 次多项式：

$$P_m(x)=a_0x^m+a_1x^{m-1}+\cdots+a_{m-1}x+a_m.$$

因为 $f(x)$ 是多项式函数与指数函数的乘积，而多项式函数与指数函数乘积的导数仍然是多项式函数与指数函数的乘积，因此，设方程 (7.7.1) 的特解为 $y^*(x)=Q(x)\mathrm{e}^{\lambda x}$，其中 $Q(x)$是多项式函数. 将 $y^*(x)=Q(x)\mathrm{e}^{\lambda x}$代入方程 (7.7.1)，并消去 $\mathrm{e}^{\lambda x}$，得等式

$$Q''(x)+(2\lambda+p)Q'(x)+(\lambda^2+p\lambda+q)Q(x)=P_m(x). \tag{7.7.2}$$

(1) 如果 λ 不是特征方程 $r^2+pr+q=0$ 的根，即 $\lambda^2+p\lambda+q\neq 0$. 要使式 (7.7.2) 成立，$Q(x)$ 应设为 m 次多项式：

$$Q_m(x)=b_0x^m+b_1x^{m-1}+\cdots+b_{m-1}x+b_m,$$

通过比较等式两端同次项系数，可确定 b_0，b_1，…，b_m，并得所求特解

$$y^*=Q_m(x)\mathrm{e}^{\lambda x}.$$

（2）如果 λ 是特征方程 $r^2+pr+q=0$ 的单根，则 $\lambda^2+p\lambda+q=0$，但 $2\lambda+p\neq0$，要使式（7.7.2）成立，$Q(x)$ 应设为 $m+1$ 次多项式：

$$Q(x)=xQ_m(x),$$

$$Q_m(x)=b_0x^m+b_1x^{m-1}+\cdots+b_{m-1}x+b_m,$$

通过比较等式两边同次项系数，可确定 b_0，b_1，…，b_m，并得所求特解

$$y^*=xQ_m(x)e^{\lambda x}.$$

（3）如果 λ 是特征方程 $r^2+pr+q=0$ 的二重根，则 $\lambda^2+p\lambda+q=0$，$2\lambda+p=0$，要使式（7.7.2）成立，$Q(x)$ 应设为 $m+2$ 次多项式：

$$Q(x)=x^2Q_m(x),$$

$$Q_m(x)=b_0x^m+b_1x^{m-1}+\cdots+b_{m-1}x+b_m,$$

通过比较等式两边同次项系数，可确定 b_0，b_1，…，b_m，并得所求特解

$$y^*=x^2Q_m(x)e^{\lambda x}.$$

综上所述，我们有如下**结论**：

如果 $f(x)=P_m(x)e^{\lambda x}$，则二阶常系数非齐次线性微分方程 $y''+py'+qy=f(x)$ 有形如

$$y^*=x^kQ_m(x)e^{\lambda x} \tag{7.7.3}$$

的特解，其中 $Q_m(x)$ 是与 $P_m(x)$ 同次的多项式，而 k 按 λ 不是特征方程的根、是特征方程的单根或是特征方程的二重根依次取 0、1 或 2.

例 1　求微分方程 $y''-2y'-3y=3x+1$ 的一个特解.

解　这是二阶常系数非齐次线性微分方程，且函数 $f(x)$ 是 $P_m(x)e^{\lambda x}$ 型（其中 $P_m(x)=3x+1$，$\lambda=0$）.

与所给方程对应的齐次方程为

$$y''-2y'-3y=0,$$

它的特征方程为

$$r^2-2r-3=0.$$

由于这里 $\lambda=0$ 不是特征方程的根，因此应设特解为

$$y^*=b_0x+b_1.$$

把它代入所给方程，得

$$-3b_0x-2b_0-3b_1=3x+1,$$

比较等式两端 x 同次幂的系数，得

$$\begin{cases}-3b_0=3,\\-2b_0-3b_1=1.\end{cases}$$

由此求得 $b_0=-1$，$b_1=\frac{1}{3}$. 于是求得所给方程的一个特解为

$$y^*=-x+\frac{1}{3}.$$

例 2　求微分方程 $y''-5y'+6y=xe^{2x}$ 的通解.

解　所给方程是二阶常系数非齐次线性微分方程，且 $f(x)$ 是 $P_m(x)e^{\lambda x}$ 型（其中 $P_m(x)=x$，$\lambda=2$）.

与所给方程对应的齐次方程为

$$y''-5y'+6y=0,$$

它的特征方程为

$$r^2-5r+6=0.$$

特征方程有两个实根 $r_1=2$，$r_2=3$. 于是所给方程对应的齐次方程的通解为

$$Y=C_1\mathrm{e}^{2x}+C_2\mathrm{e}^{3x}.$$

由于 $\lambda=2$ 是特征方程的单根，因此应设方程的特解为

$$y^*=x(b_0x+b_1)\mathrm{e}^{2x}.$$

把它代入所给方程，得

$$-2b_0x+2b_0-b_1=x.$$

比较等式两端 x 同次幂的系数，得

$$\begin{cases}-2b_0=1,\\2b_0-b_1=0.\end{cases}$$

由此求得 $b_0=-\dfrac{1}{2}$，$b_1=-1$. 于是求得所给方程的一个特解为

$$y^*=x\left(-\frac{1}{2}x-1\right)\mathrm{e}^{2x}.$$

从而所给方程的通解为

$$y=C_1\mathrm{e}^{2x}+C_2\mathrm{e}^{3x}-\frac{1}{2}(x^2+2x)\mathrm{e}^{2x}.$$

二、$f(x)=\mathrm{e}^{\lambda x}[P_l(x)\cos\omega x+P_n(x)\sin\omega x]$ 型

应用欧拉公式，把三角函数表示为复变指数函数的形式，有

$$\begin{aligned}f(x)&=\mathrm{e}^{\lambda x}(P_l\cos\omega x+P_n\sin\omega x)\\&=\mathrm{e}^{\lambda x}\left(P_l\frac{\mathrm{e}^{\mathrm{i}\omega x}+\mathrm{e}^{-\mathrm{i}\omega x}}{2}+P_n\frac{\mathrm{e}^{\mathrm{i}\omega x}-\mathrm{e}^{-\mathrm{i}\omega x}}{2\mathrm{i}}\right)\\&=\left(\frac{P_l}{2}+\frac{P_n}{2\mathrm{i}}\right)\mathrm{e}^{(\lambda+\mathrm{i}\omega)x}+\left(\frac{P_l}{2}-\frac{P_n}{2\mathrm{i}}\right)\mathrm{e}^{(\lambda-\mathrm{i}\omega)x}\\&=P(x)\mathrm{e}^{(\lambda+\mathrm{i}\omega)x}+\overline{P}(x)\mathrm{e}^{(\lambda-\mathrm{i}\omega)x}.\end{aligned}$$

其中

$$P(x)=\frac{P_l}{2}+\frac{P_n}{2\mathrm{i}}=\frac{P_l}{2}-\frac{P_n}{2}\mathrm{i},$$

$$\overline{P}(x)=\frac{P_l}{2}-\frac{P_n}{2\mathrm{i}}=\frac{P_l}{2}+\frac{P_n}{2}\mathrm{i}$$

是互成共轭的 m 次多项式（即它们对应项的系数是共轭复数），而 $m=\max\{l,n\}$.

应用 $f(x)=P_m(x)\mathrm{e}^{\lambda x}$ 的结果，对于 $f(x)$ 中的第一项 $P(x)\mathrm{e}^{(\lambda+\mathrm{i}\omega)x}$，可求出一个 m 次多项式 $Q_m(x)$，使 $y_1^*=x^kQ_m\mathrm{e}^{(\lambda+\mathrm{i}\omega)x}$为方程

$$y''+py'+qy=P(x)\mathrm{e}^{(\lambda+\mathrm{i}\omega)x}$$

的特解，其中 k 按 $\lambda+\mathrm{i}\omega$ 不是特征方程的根或是特征方程的单根依次取 0 或 1.

由于 $f(x)$ 的第二项 $\overline{P}(x)\mathrm{e}^{(\lambda-\mathrm{i}\omega)x}$与第一项 $P(x)\mathrm{e}^{(\lambda+\mathrm{i}\omega)x}$共轭，因此与 y_1^* 共轭的函数$\overline{y_1^*}=x^k\cdot\overline{Q}_m\mathrm{e}^{(\lambda-\mathrm{i}\omega)x}$必然是方程

$$y''+py'+qy=\overline{P}(x)\mathrm{e}^{(\lambda-\mathrm{i}\omega)x}$$

的特解，这里 $\overline{Q}_m$ 表示与 Q_m 成共轭的 m 次多项式. 于是，方程（7.7.1）具有形如

$$y^*=x^kQ_m\mathrm{e}^{(\lambda+\mathrm{i}\omega)x}+x^k\overline{Q}_m\mathrm{e}^{(\lambda-\mathrm{i}\omega)x}$$

的特解．上式可写为

$$y^* = x^k e^{\lambda x}(Q_m e^{i\omega x} + \overline{Q}_m e^{-i\omega x})$$
$$= x^k e^{\lambda x}[Q_m(\cos\omega x + i\sin\omega x) + \overline{Q}_m(\cos\omega x - i\sin\omega x)],$$

由于括号内的两项是互成共轭的，相加后无虚部，因此可以写成实函数的形式

$$y^* = x^k e^{\lambda x}[R_m^{(1)}(x)\cos\omega x + R_m^{(2)}(x)\sin\omega x].$$

综上所述，我们有如下结论：

如果 $f(x)=e^{\lambda x}[P_l(x)\cos\omega x + P_n(x)\sin\omega x]$，则二阶常系数非齐次线性微分方程（7.7.1）的特解可设为

$$y^* = x^k e^{\lambda x}[R_m^{(1)}(x)\cos\omega x + R_m^{(2)}(x)\sin\omega x], \qquad (7.7.4)$$

其中 $R_m^{(1)}(x)$、$R_m^{(2)}(x)$ 是 m 次多项式，$m=\max\{l,n\}$，而 k 按 $\lambda+i\omega$（或 $\lambda-i\omega$）不是特征方程的根或是特征方程的单根依次取 0 或 1.

例 3 求微分方程 $y''+y=x\cos 2x$ 的一个特解.

解 所给方程是二阶常系数非齐次线性方程，且 $f(x)$ 属于 $e^{\lambda x}[P_l(x)\cos\omega x+P_n(x)\cdot\sin\omega x]$ 型（其中 $\lambda=0$，$\omega=2$，$P_l(x)=x$，$P_n(x)=0$）.

与所给方程对应的齐次方程为

$$y''+y=0,$$

它的特征方程为

$$r^2+1=0.$$

由于这里 $\lambda+i\omega=2i$ 不是特征方程的根，因此应设特解为

$$y^* = (ax+b)\cos 2x + (cx+d)\sin 2x.$$

把它代入所给方程，得

$$(-3ax-3b+4c)\cos 2x - (3cx+3d+4a)\sin 2x = x\cos 2x.$$

比较两端同类项的系数，得

$$\begin{cases} -3a=1, \\ -3b+4c=0, \\ -3c=0, \\ -3d-4a=0. \end{cases}$$

由此解得 $a=-\dfrac{1}{3}$，$b=0$，$c=0$，$d=\dfrac{4}{9}$.

于是求得一个特解为

$$y^* = -\frac{1}{3}x\cos 2x + \frac{4}{9}\sin 2x.$$

习题 7-7

1. 下列微分方程具有何种形式的特解：

(1) $y''+4y'-5y=x$； (2) $y''+4y'=x$； (3) $y''+y=2e^x$；

(4) $y''+y=x^2e^x$； (5) $y''+y=\sin 2x$； (6) $y''+y=3\sin x$.

2. 求下列各题所给微分方程的通解：

(1) $y''+y'-2y=2e^x$； (2) $2y''+5y'=5x^2-2x-1$；

(3) $y''+3y'+2y=3xe^{-x}$；　　(4) $y''-6y'+9y=(x+1)e^{3x}$；

(5) $y''+4y=x\cos x$；　　(6) $y''+y=e^{x}+\cos x$.

3. 求下列微分方程满足所给初始条件的特解：

(1) $y''-3y'+2y=5$，$y\big|_{x=0}=1$，$y'\big|_{x=0}=2$；

(2) $y''-y'=4xe^{x}$，$y\big|_{x=0}=0$，$y'\big|_{x=0}=1$.

4. 设二阶常系数线性微分方程 $y''+\alpha y'+\beta y=\gamma e^{x}$ 的一个特解为

$$y=e^{2x}+(1+x)e^{x},$$

试确定 α，β，γ，并求该方程的通解.

第八节　数学建模—微分方程的应用举例

【课前导读】

微分方程在物理学、力学、经济学和管理科学等实际问题中具有广泛应用，本节我们将集中讨论微分方程的实际应用. 读者可从中感受到应用数学建模的理论和方法解决实际问题的魅力.

微分方程建模是数学建模的重要方法，运用微分方程就解决实际问题的过程分为三个步骤：

(1) 根据实际问题，确定要研究的量（自变量、未知函数、必要的参数等）；

(2) 找出这些量所满足的基本规律（物理的、几何的、化学的或生物学的等），运用这些规律，建立变量之间的微分方程和定解条件，即实际问题数学化；

(3) 求解所建立的微分方程，包括求解析解和数值解，或从微分方程分析变量的变化规律；

(4) 对求解结果进行一些解释说明.

例　将物体放置于空气中，在 $t=0$ 时刻，物体的温度为 $u=150$ ℃，10 min 后测量物体的温度为 $u=100$ ℃，假定空气温度保持在 $u_a=24$ ℃. 根据牛顿冷却定律，物体温度的变化速率，正比于物体温度和环境温度的温差值，比例常数为 k（$k>0$），根据以上条件确定物体温度 u 和时间 t 的关系.

解　设物体在 t 时刻的温度为 $u(t)$，则温度的变化速率可表示为$\frac{du}{dt}$，根据牛顿冷却定律，热量总是从温度高的物体向温度低的物体传导，故$\frac{du}{dt}$恒为负，因此，物体温度 u 和时间 t 满足微分方程：

$$\frac{du}{dt}=-k(u-u_a),$$

其中比例常数 $k>0$. 微分方程为一阶非齐次线性微分方程，可得通解

$$u(t)=Ce^{-kt}+u_a. \tag{7.8.1}$$

将初始条件：$u|_{t=0}=150$ ℃，$u|_{t=10}=100$ ℃代入式（7.8.1），可得 $C=126$，$k\approx 0.051$. 进一步可得物体温度 u 和时间 t 的函数关系为：$u(t)=126e^{-0.051t}+24$.

一、逻辑斯蒂（Logistic）方程

逻辑斯蒂方程是一种在许多领域中都有着广泛应用的数学模型，下面我们通过树的生长

过程的例子来说明该模型的建立过程.

一棵小树刚栽下去的时候长得比较慢，渐渐地，小树长高了，而且长得越来越快，但长到某一高度后，它的生长速度趋于稳定，然后再慢慢降下来. 这一现象具有普遍性. 现在我们来建立这种现象的数学模型.

如果假设树的生长速度与它目前的高度成正比，则显然不符合两头尤其是后期的生长情形，因为树不可能越长越快；但如果假设树的生长速度正比于最大高度与目前高度的差，则又明显不符合中间一段生长过程. 折中一下，我们假定它的生长速度既与目前的高度成正比，又与最大高度和目前高度之差成正比.

设树生长的最大高度为 H(m)，在 t（年）时的高度为 $h(t)$，则有

$$\frac{\mathrm{d}h(t)}{\mathrm{d}t}=kh(t)[H-h(t)], \tag{7.8.2}$$

其中 $k>0$ 是比例常数，称此方程为**逻辑斯蒂方程**.

下面来求解方程（7.8.2），分离变量得

$$\frac{\mathrm{d}h}{h(H-h)}=k\mathrm{d}t,$$

两端积分，得

$$\int\frac{\mathrm{d}h}{h(H-h)}=\int k\mathrm{d}t,$$

积分，得

$$\frac{1}{H}[\ln h-\ln(H-h)]=kt+C_1,$$

或

$$\frac{h}{H-h}=\mathrm{e}^{kHt+C_1H}=C_2\mathrm{e}^{kHt}.$$

故所求通解为 $h(t)=\dfrac{C_2H\mathrm{e}^{kHt}}{1+C_2\mathrm{e}^{kHt}}=\dfrac{H}{1+C\mathrm{e}^{-kHt}}$，其中的 $C\left(C=\dfrac{1}{C_2}=\mathrm{e}^{-C_1H}>0\right)$是正的常数.

下面举两个例子说明逻辑斯蒂方程的应用.

人口阻滞增长模型 1837 年，荷兰生物学家（Verhulst）提出一个人口模型

$$\frac{\mathrm{d}y}{\mathrm{d}t}=y(k-by),\quad y(t_0)=y_0, \tag{7.8.3}$$

其中 k，b 称为生命系数，y 表示 t 时刻的人口数量.

我们不详细讨论这个模型，只介绍应用它预测世界人口的两个有趣的结果. 有生态科学家估计 $k\approx0.029$，利用 20 世纪 60 年代世界人口年平均增长率为 2%以及 1965 年人口总数 33.4 亿人这两个数据，计算得 $b=2$，从而估计得：

（1）世界人口总数将趋近于极限 107.6 亿人.

（2）到 2000 年时世界人口总数为 59.6 亿人.

实际上，后一个数与 2000 年时的世界人口总数很接近.

新产品的推广模型 设有某种新产品要推向市场，t 时刻的销量为 $x(t)$，由于产品性能良好，每个产品都是一个宣传品，因此 t 时刻产品销售的增长率$\dfrac{\mathrm{d}x}{\mathrm{d}t}$与 $x(t)$ 成正比，同时考虑到产品销售存在一定的市场容量 N，统计表明$\dfrac{\mathrm{d}x}{\mathrm{d}t}$与尚未购买该产品的潜在顾客的数量 $N-x(t)$ 也成正比，于是有

$$\frac{\mathrm{d}x}{\mathrm{d}t}=kx(N-x), \tag{7.8.4}$$

其中 k 为比例系数. 利用分离变量法，可解得

$$x(t)=\frac{N}{1+C\mathrm{e}^{-kNt}}. \tag{7.8.5}$$

调查表明．许多产品的销售曲线与式（7.8.5）的曲线（逻辑斯蒂曲线）十分接近．根据对曲线性状的分析，许多分析家认为，在新产品推出的初期，应采用小批量生产并加强广告宣传，而在产品用户达到 20%到 80%期间，产品应大批量生产；在产品用户超过 80%时，应适时转产，可以达到最大的经济效益.

三、价格调整问题

某种商品的价格变化主要服从市场供求关系. 一般情况下，商品供给量 S 是价格 P 的单调递增函数，商品需求量 Q 是价格 P 的单调递减函数. 为简单起见，设该商品的供给函数与需求函数分别为

$$S(P)=a+bP,\quad Q(P)=\alpha-\beta P, \tag{7.8.6}$$

其中 a，b，α，β 均为常数，且 $b>0$，$\beta>0$.

当供给量与需求量相等时，由式（7.8.6）可得供求平衡时的价格

$$P_{\mathrm{e}}=\frac{\alpha-a}{\beta+b},$$

并称 P_{e} 为均衡价格.

一般情况下，当某种商品供不应求即 $S<Q$ 时，该商品价格要升；当供大于求时即 $S>Q$时，该商品价格要降. 因此，假定 t 时刻的价格 $P(t)$ 的变化率与超额需求量 $Q-S$ 成正比，则有方程

$$\frac{\mathrm{d}P}{\mathrm{d}t}=k[Q(P)-S(P)],$$

其中 $k>0$，用来反映价格的调整速度.

将式（7.8.6）代入方程，可得

$$\frac{\mathrm{d}P}{\mathrm{d}t}=\lambda(P_{\mathrm{e}}-P), \tag{7.8.7}$$

其中常数 $\lambda=(b+\beta)k>0$，方程（7.8.7）的通解为

$$P(t)=P_{\mathrm{e}}+C\mathrm{e}^{-\lambda t}.$$

假设初始价格 $P(0)=P_0$，代入上式，得 $C=P_0-P_{\mathrm{e}}$，于是上述价格调整模型的解为

$$P(t)=P_{\mathrm{e}}+(P_0-P_{\mathrm{e}})\mathrm{e}^{-\lambda t}.$$

由 $\lambda>0$ 知，$t\to\infty$时，$P(t)\to P_{\mathrm{e}}$. 说明随着时间不断推延，实际价格 $P(t)$ 将逐渐趋近均衡价格 P_{e}.

四、人才分配问题

每年大学毕业生中都要有一定比例的人员分配到教育部门充实教师队伍，其余人员将分配到国民经济其他部门从事经济和管理工作. 设 t 年教师人数为 $x_1(t)$，科技和管理岗位人数为 $x_2(t)$，又设 1 个教员每年平均培养 α 个毕业生，每年从教育、科技和经济管理岗位退休、死亡或调出人员的比率为 δ（$0<\delta<1$），β 表示每年大学毕业生中从事教师职业所占比

率（$0<\beta<1$），于是得到方程

$$\frac{\mathrm{d}x_1}{\mathrm{d}t}=\alpha\beta x_1-\delta x_1, \tag{7.8.8}$$

$$\frac{\mathrm{d}x_2}{\mathrm{d}t}=\alpha(1-\beta)x_1-\delta x_2. \tag{7.8.9}$$

方程（7.8.8）的通解为

$$x_1=C_1\mathrm{e}^{(\alpha\beta-\delta)t}. \tag{7.8.10}$$

若设 $x_1(0)=x_0^1$，则 $C_1=x_0^1$，于是得到方程（7.8.8）的一个特解

$$x_1=x_0^1\mathrm{e}^{(\alpha\beta-\delta)t}. \tag{7.8.11}$$

将式（7.8.11）代入方程（7.8.9），得

$$\frac{\mathrm{d}x_2}{\mathrm{d}t}+\delta x_2=\alpha(1-\beta)x_0^1\mathrm{e}^{(\alpha\beta-\delta)t}. \tag{7.8.12}$$

方程（7.8.12）的通解为

$$x_2=C_2\mathrm{e}^{-\delta t}+\frac{(1-\beta)x_0^1}{\beta}\mathrm{e}^{(\alpha\beta-\delta)t}. \tag{7.8.13}$$

若设 $x_2(0)=x_0^2$，则 $C_2=x_0^2-\frac{1-\beta}{\beta}\cdot x_0^1$，从而得到上述方程的特解

$$x_2=\left(x_0^2-\frac{1-\beta}{\beta}\cdot x_0^1\right)\mathrm{e}^{-\delta t}+\frac{(1-\beta)x_0^1}{\beta}\mathrm{e}^{(\alpha\beta-\delta)t}. \tag{7.8.14}$$

式（7.8.11）和式（7.8.14）分别表示在初始人数为 $x_1(0)$ 和 $x_2(0)$ 时的情形，分别对应 β 取不同值时 t 年教师队伍的人数、科技和经济管理人员的人数. 从结果易见，如果 $\beta=1$ 即毕业生全部留在教育界，则当 $t\to\infty$时，由于 $x_1(t)\to+\infty$而 $x_2(t)\to 0$，说明教师队伍将迅速增加，而科技和经济管理队伍不断萎缩，势必要影响经济的发展，从而也会影响教育的发展. 如果 β 趋近于零，则 $x_1(0)\to 0$，同时也导致 $x_2(0)\to 0$，说明如果不保证适当比例的毕业生充实教师队伍，将影响人才的培养，最终会导致两支队伍的全面萎缩. 因此，选择好比率 β，将关系到两支队伍的建设，以及整个国民经济建设的大局.

总 习 题 七

1. 填空：

(1) 方程 $x''(t)-x^3(t)=t^2$ 是________阶微分方程.

(2) 一阶非齐次线性微分方程 $y'+P(x)y=Q(x)$ 的通解为________________.

(3) 若 $y_1=x$，$y_2=x\mathrm{e}^x$ 是某个二阶齐次线性微分方程的特解，则其通解可表示为________________________.

(4) 若 $y_1=x$，$y_2=x^2$，$y_1=1$ 是某个二阶非齐次线性微分方程的特解，则其通解可表示为________.

(5) 若二阶齐次线性微分方程的通解为 $y=C_1+C_2\mathrm{e}^{-5x}$，则微分方程为________.

2. 求下列微分方程的通解：

(1) $y'+y=\mathrm{e}^{-x}\cos x$；

(2) $(1+x^2)y\mathrm{d}y-(1+y^2)\mathrm{d}x=0$；

(3) $(xy)'=y(\ln x+\ln y)$；

(4) $y''-3y'+2y=2x\mathrm{e}^x$；

（5）$y''-4y=e^{2x}$；（6）$y'''-y''+4y'-4y=0$；

（7）$xy''+3y'=0$.

3. 求下列微分方程的满足所给初始条件的特解：

（1）$xy'+2y=x\ln x$，$y|_{x=1}=-\frac{1}{9}$；

（2）$(y+x^3)dx-2xdy=0$，$y|_{x=1}=\frac{6}{5}$；

（3）$yy''+y'^2=0$，$y|_{x=0}=1$，$y'|_{x=0}=\frac{1}{2}$；

4. 某湖泊的水量为V，每年排入湖泊内含污染物 A 的污水量为$\frac{V}{6}$，流入湖泊内不含 A 的水量为$\frac{V}{6}$，流出湖泊的水量为$\frac{V}{3}$. 已知 2020 年年底湖泊中 A 的含量为 $5m_0$，超过国家规定指标，为了治理污染，从 2021 年年初起，限定排入湖泊中含 A 的污水浓度不超过$\frac{m_0}{V}$. 问：至少经过多少年，湖泊中污染物 A 的含量降至 m_0 以内？（设湖水中 A 的浓度是均匀的 .）

5. 某种飞机在机场降落时，为了减少滑行距离，在触地的瞬间，飞机尾部张开减速伞增加阻力 . 现有一质量为 9 000 kg 的飞机，着陆时的水平速度为 700 km/h，减速伞打开后，飞机所受的总阻力与飞机的速度成正比（比例系数为 $k=6\times10^6$）. 问：从着陆点算起，飞机滑行的最长距离 s 是多少？

第八章　多元函数的微分法及其应用

在高等数学（一）中，讨论了一元函数的微分和积分问题．一元函数反映了两个变量的依赖关系，但在许多实际问题中，往往涉及三个或更多个变量之间的依赖关系，反映到数学上，就是一个变量依赖于两个或两个以上变量，这就提出了多元函数以及多元函数的微分和积分问题．本章将在一元函数微分学的基础上，讨论多元函数的微分学，主要介绍二元函数微分学.

第一节　多元函数的基本概念

一、平面点集区域

1. 平面点集

二维平面 $\mathbf{R}^2$ 上具有某种性质的点的集合，称为平面点集，记作

$$E=\{(x,y)\mid(x,y)\text{ 具有性质 }P\}.$$

例如，平面以原点为圆心，以 r 为半径的圆内的点的集合 $G=\{(x,y)\mid x^2+y^2<r\}$；又如横坐标大于等于 2 的点的集合 $D=\{(x,y)\mid x\geqslant 2\}$.

2. 邻域

设 $P_0(x_0,y_0)$ 是 xOy 平面上的一个点，δ 是某一正数. 与点 $P_0(x_0,y_0)$ 距离小于 δ 的点 $P(x,y)$ 的全体，称为点 P_0 的 δ 邻域（见图 8-1-1），记为 $U(P_0,\delta)$，即

$$U(P_0,\delta)=\{P\mid |PP_0|<\delta\}.$$

点 P_0 的去心邻域，记为 $\mathring{U}(P_0,\delta)$，即 $\mathring{U}(P_0,\delta)=\{P\mid 0<|PP_0|<\delta\}$.

3. 区域

设 E 是平面上的一个点集，P 是平面上的一个点.

(1) 如果存在点 P 的某个邻域 $U(P)\subset E$，则称点 P 为 E 的内点，例如图 8-1-1 中的点 P_0；

(2) 如果存在点 P 的某个邻域，使得 $U(P)\cap E=\varnothing$，则称点 P 为 E 的外点，例如图 8-1-1 中的点 P_1；

(3) 如果点 P 的任一邻域内既含有 E 的点，又含有不属于 E 的点，则称点 P 为 E 的边界点，例如图 8-1-1 中的点 P_2.

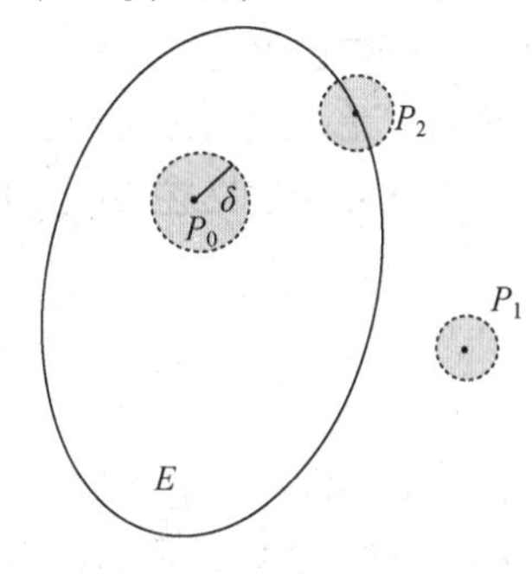

图 8-1-1

点集 E 的边界点的全体，称为 E 的边界，记作 ∂E. 点集 E 的边界点可能属于 E，也可能不属于 E. 例如，点集 $E=\{(x,y)\mid 1\leqslant x^2+y^2<2\}$ 的边界点 $x^2+y^2=1$ 属于点集 E，而边界点 $x^2+y^2=2$ 不属于点集 E.

根据点集中点的特征，下面给出一些重要平面点集的定义.

开集：若点集 E 的点都是 E 的内点，则称 E 为开集；

闭集：若点集 E 的边界点 $\partial E\subset E$，则称 E 为闭集；

连通集：若点集 E 内任何两点，都可用属于 E 的点构成的折线连接起来，则称 E 为连通集；

区域（或开区域）：连通的开集称为区域；

闭区域：开区域连通它的边界一起构成的点集称为闭区域；

有界集与无界集：若存在某一正数 r，使得点集 $E\subset U(O,r)$，其中 O 是坐标原点，则称 E 为有界集；否则，称为无界集.

例如，点集 $\{(x,y)\mid 1<x^2+y^2<4\}$（见图 8-1-2）是有界开区域；点集 $\{(x,y)\mid 1\leqslant x^2+y^2\leqslant 4\}$（见图 8-1-3）是有界闭区域；点集 $\{(x,y)\mid 0<x-y\}$（见图 8-1-4）是无界开区域.

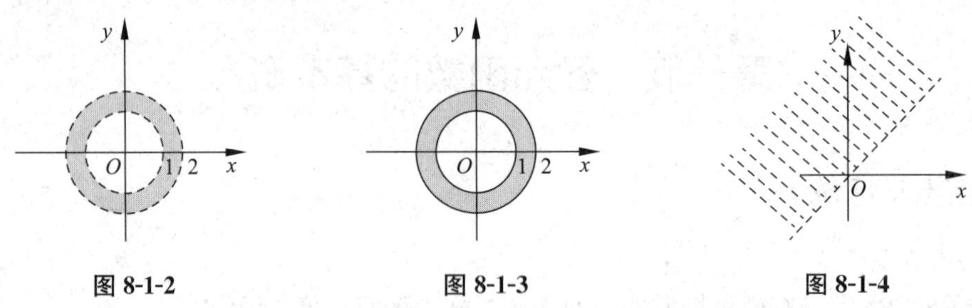

图 8-1-2　　图 8-1-3　　图 8-1-4

二、多元函数的概念

在很多自然现象和实际问题中，经常遇到多个变量之间的依赖关系，举例如下：

例 1　圆柱体的体积 V 和它的底半径 r、高 h 之间具有关系 $V=\pi r^2h$，当 r、h 在集合 $\{(r,h)\mid r>0,h>0\}$ 内取定一对值 (r,h) 时，V 的取值就随之确定.

定义 1　设 D 是 R^2 的一个非空点集，称映射 f：$D\to\mathbf{R}$ 为定义在 D 上的二元函数，记作

$$z=f(x,y),\quad (x,y)\in D\quad (\text{或 } z=f(P),P\in D),$$

其中点集 D 称为该函数的定义域；x、y 称为自变量；z 称为因变量. 数集 $\{z\mid z=f(x,y),(x,y)\in D\}$ 称为该函数的值域.

二元函数也可记为 $z=z(x,y)$，$z=\varphi(x,y)$ 等.

根据二元函数的定义给出 n 元函数的定义：设 D 是 n 维空间 $\mathbf{R}^n$ 内的一个非空点集，称**映射 f:$D\to\mathbf{R}$ 为定义在 D 上的 n 元函数**，记作

$$u=f(x_1,x_2,\cdots,x_n),(x_1,x_2,\cdots,x_n)\in D,$$

或简记为

$$u=f(x),x=(x_1,x_2,\cdots,x_n)\in D,$$

n 元函数的自然定义域：使算式 $u=f(x)$ 有意义的变元 x 的值所组成的点集.

在 $n=2$ 或 3 时，习惯将点 (x_1,x_2) 与点 (x_1,x_2,x_3) 分别写为点 (x,y) 与点 (x,y,z).

例 2　求函数 $z=\ln(x+y)$ 的定义域.

解　函数 $z=\ln(x+y)$ 的定义域为 $\{(x,y)\mid x+y>0\}$（见图 8-1-5），是一个无界开区域.

设函数 $z=f(x,y)$ 的定义域为 D. 对于任意取定的点 $P(x,y)\in D$，对应的函数值为

$z=f(x,y)$. 这样，以 x 为横坐标、y 为纵坐标、$z=f(x,y)$ 为竖坐标在空间就确定一点 $M(x,y,z)$. 当 (x,y) 遍取 D 上的一切点时，得到一个空间点集

$$\{(x,y,z) \mid z=f(x,y),(x,y)\in D\},$$

称空间点集为二元函数 $z=f(x,y)$ 的图形. 即二元函数的图形是一张曲面（见图 8-1-6). 同时表明，定义域 D 的点集是曲面在 xOy 平面的投影.

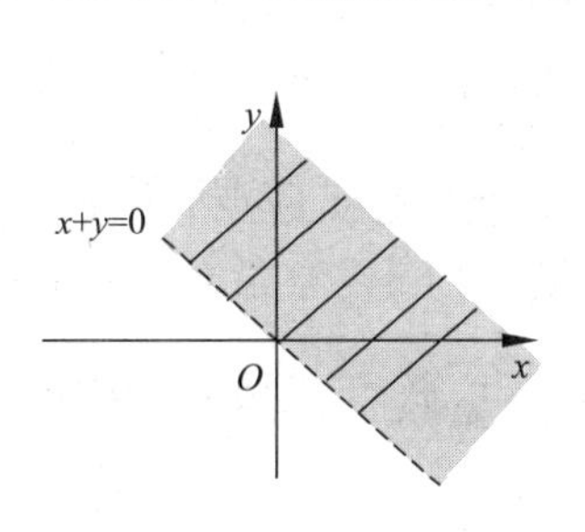

图 8-1-5

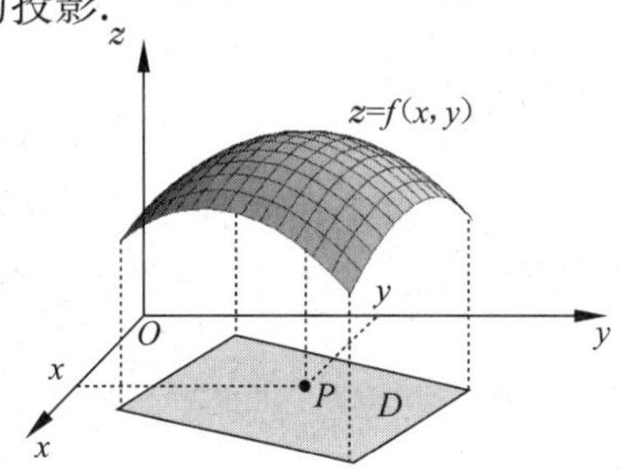

图 8-1-6

例如，由空间解析几何知道，线性函数$z=ax+by+c$ 的图形是一张平面；由方程 $x^2+y^2+z^2=a^2$ 所确定的函数 $z=f(x,y)$ 的图形（见图 8-1-7）是球心在圆点、半径为 a 的球面，它的定义域是圆形闭区域$D=\{(x,y)|x^2+y^2\leqslant a^2\}$. 在 D 的内部任一点 (x,y) 处，该函数有两个对应值，一个为$\sqrt{a^2-x^2-y^2}$，另一个为$-\sqrt{a^2-x^2-y^2}$. 因此，这是多值函数. 我们把它分成两个单值函数：

$$z=\sqrt{a^2-x^2-y^2} \quad 及 \quad z=-\sqrt{a^2-x^2-y^2}.$$

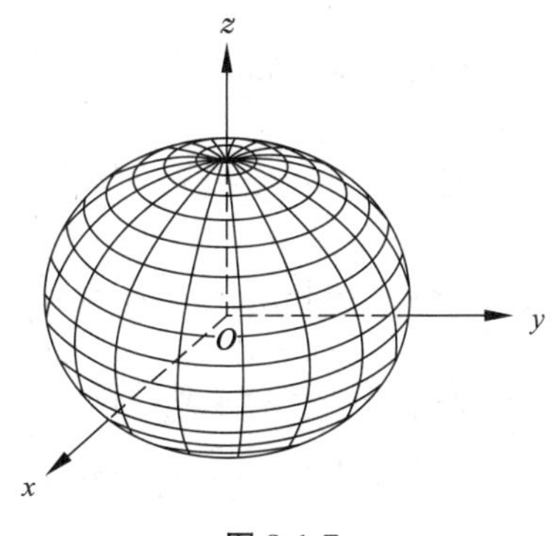

图 8-1-7

前者表示上半球面，后者表示下半球面. 以后除了对多元函数另做声明外，均假定所讨论的函数是单值的；如果遇到多值函数，可以把它拆成几个单值函数后再分别加以讨论.

三、二元函数的极限

定义 2　设二元函数点 $f(x,y)$ 在点 $P_0(x_0,y_0)$ 的某邻域内有定义（点 P_0 可以除外），如果该邻域内的点 $P(x,y)$ 以任意方式无限趋于点 $P_0(x_0,y_0)$ 时，对应的函数值 $f(x,y)$ 无限接近于一个确定的常数 A，则称常数 A 为函数 $f(x,y)$ 当 $(x,y)\to(x_0,y_0)$ 时的极限，记作

$$\lim_{(x,y)\to(x_0,y_0)} f(x,y)=A \quad 或 \quad \lim_{\substack{x\to x_0\\ y\to y_0}} f(x,y)=A.$$

为了区别于一元函数的极限，我们把二元函数的极限叫作**二重极限**.

必须注意，所谓二重极限存在，是指点 $P(x,y)$ 以任何方式趋于点 $P_0(x_0,y_0)$ 时，函数都无限接近于 A. 因此，如果点 $P(x,y)$ 以某一种特殊方式，例如沿着一条直线或定曲线趋于点 $P_0(x_0,y_0)$ 时，即使函数无限接近于某一确定值，我们还不能由此断定函数的极限存在. 但是反过来，如果当点 $P(x,y)$ 以不同方式趋于点 $P_0(x_0,y_0)$ 时，函数趋于不同的值，那么就可以断定该函数在点 $P_0(x_0,y_0)$ 处的极限不存在. 下面用例子来说明这种情形.

考查函数

$$f(x,y)=\begin{cases}\dfrac{xy}{x^2+y^2}, & x^2+y^2\neq 0,\\ 0, & x^2+y^2=0.\end{cases}$$ 在点$(0,0)$的极限

显然，当点 $P(x,y)$ 沿 x 轴趋于点（0,0）时，$\lim\limits_{\substack{(x,y)\to(0,0)\\ y=0}} f(x,y)=\lim\limits_{x\to 0} f(x,0)=0$；又当点 $P(x,y)$ 沿 y 轴趋于点（0,0）时，$\lim\limits_{\substack{(x,y)\to(0,0)\\ x=0}} f(x,y)=\lim\limits_{y\to 0} f(0,y)=0$.

虽然点 $P(x,y)$ 以上述两种特殊方式（沿 x 轴或沿 y 轴）趋于原点时函数的极限存在并且相等，但是 $\lim\limits_{(x,y)\to(0,0)} f(x,y)$ 并不存在．这是因为当点 $P(x,y)$ 沿着直线 $y=kx$ 趋于点（0,0）时，有 $\lim\limits_{\substack{(x,y)\to(0,0)\\ y=kx}} \dfrac{xy}{x^2+y^2}=\lim\limits_{x\to 0}\dfrac{kx^2}{x^2+k^2x^2}=\dfrac{k}{1+k^2}$，显然它是随着 k 值的不同而改变的.

关于多元函数的极限运算，有与一元函数类似的运算法则与方法（例如无穷小量代换等).

例 3 求 $\lim\limits_{(x,y)\to(0,2)} \dfrac{\sin(xy)}{x}$.

解 $\lim\limits_{(x,y)\to(0,2)} \dfrac{\sin(xy)}{x}=\lim\limits_{xy\to 0}\dfrac{\sin(xy)}{xy}\cdot\lim\limits_{y\to 2} y=1\times 2=2$.

例 4 求 $\lim\limits_{\substack{x\to 0\\ y\to 0}}(x^2+y^2)\sin\dfrac{1}{x^2+y^2}$.

解 令 $u=x^2+y^2$，则

$$\lim_{\substack{x\to 0\\ y\to 0}}(x^2+y^2)\sin\frac{1}{x^2+y^2}=\lim_{u\to 0} u\sin\frac{1}{u}=0.$$

四、二元函数的连续性

定义 3 设二元函数 $f(x,y)$ 在开区域（或闭区域）D 内有定义，$P_0(x_0,y_0)$ 是 D 内的点（或边界点且 $P_0\in D$），如果

$$\lim_{(x,y)\to(x_0,y_0)} f(x,y)=f(x_0,y_0),$$

则称函数 $f(x,y)$ **在点 $P_0(x_0,y_0)$ 连续.**

如果函数 $f(x,y)$ 在开区域（或闭区域）D 内的每一点连续，那么就称函数 $f(x,y)$ 在 D 内连续，或者称 $f(x,y)$ 是 D 内的连续函数.

若函数 $f(x,y)$ 在点 $P_0(x_0,y_0)$ 处不连续，则称 P_0 为函数 $f(x,y)$ 的间断点.

前面已经讨论过的函数

$$f(x,y)=\begin{cases}\dfrac{xy}{x^2+y^2}, & x^2+y^2\neq 0,\\ 0, & x^2+y^2=0.\end{cases}$$

当 $(x,y)\to(0,0)$ 时的极限不存在，所以点（0,0）是该函数的一个间断点．**二元函数的间断点可以形成一条曲线**，例如函数

$$z=\sin\frac{1}{x^2+y^2-1}$$

在圆周 $x^2+y^2=1$ 上没有定义，所以该圆周上各点都是间断点.

一切多元初等函数在其定义区域内是连续的. 定义区域是指包含在定义域内的区域或闭区域. 与一元初等函数相类似，多元初等函数是指可用一个式子表示的多元函数，由常数及具有不同自变量的一元基本初等函数经过有限次的四则运算和复合运算得到. 例如，$\frac{x^2y-1}{x+y}$，$\cos xy$，e^{x+y+z}等.

由多元初等函数的连续性可知，若点 P_0 是多元初等函数定义区域内的一点，则点 P_0 处的极限值等于函数在该点的函数值，即 $\lim\limits_{P\to P_0} f(P)=f(P_0)$.

例 5　求 $\lim\limits_{(x,y)\to(1,2)} \frac{x+y}{xy}$.

解　函数 $f(x,y)=\frac{x+y}{xy}$是初等函数，它的定义域为

$$D=\{(x,y)\mid x\neq 0,y\neq 0\}.$$

因 D 不是连通的，故 D 不是区域. 但 $D_1=\{(x,y)\mid x>0,y>0\}$是区域，且 $D_1\subset D$，所以 D_1 是函数 $f(x,y)$ 的一个定义区域. 因 $P_0(1,2)\in D_1$，故

$$\lim_{(x,y)\to(1,2)} \frac{x+y}{xy}=f(1,2)=\frac{3}{2}.$$

例 6　求 $\lim\limits_{(x,y)\to(0,0)} \frac{\sqrt{xy+1}-1}{xy}$.

解　$\lim\limits_{(x,y)\to(0,0)} \frac{\sqrt{xy+1}-1}{xy}=\lim\limits_{(x,y)\to(0,0)} \frac{xy+1-1}{xy(\sqrt{xy+1}+1)}=\lim\limits_{(x,y)\to(0,0)} \frac{1}{\sqrt{xy+1}+1}=\frac{1}{2}$.

与闭区域上一元连续函数的性质相类似，在有界闭区域上多元连续函数也有如下性质：

性质 1（最大值和最小值定理）　在有界闭区域 D 上的多元连续函数一定有最大值和最小值.

性质 2（介值定理）　在有界闭区域 D 上的多元连续函数，必可取介于最大值和最小值之间的任何值.

例 7　求极限 $\lim\limits_{\substack{x\to+\infty\\ y\to+\infty}}\left(\frac{\pi}{2}+\arctan 3x\right)\left(\frac{\pi}{2}+\arctan y\right)$.

解　因为 $\lim\limits_{x\to+\infty}\arctan 3x=\frac{\pi}{2}$，$\lim\limits_{x\to+\infty}\arctan y=\frac{\pi}{2}$，所以

$$\lim_{\substack{x\to+\infty\\ y\to+\infty}}\left(\frac{\pi}{2}+\arctan 3x\right)\left(\frac{\pi}{2}+\arctan y\right)=\left(\frac{\pi}{2}+\frac{\pi}{2}\right)\cdot\left(\frac{\pi}{2}+\frac{\pi}{2}\right)=\pi^2.$$

习题 8-1

1. 已知函数 $f(x,y)=x^2+y^2-xy\tan\frac{x}{y}$，试求 $f(tx,ty)$.

2. 求下列各函数的定义域：

(1) $z=\ln(y^2-2x+1)$；　(2) $z=\frac{1}{\sqrt{x+y}}+\frac{1}{\sqrt{x-y}}$；

（3）$z=\sqrt{x-\sqrt{y}}$；（4）$z=\ln(y-x)+\dfrac{\sqrt{x}}{\sqrt{1-x^2-y^2}}$；

（5）$u=\sqrt{R^2-x^2-y^2-z^2}+\dfrac{1}{\sqrt{x^2+y^2+z^2-r^2}}\ (R>r>0)$；

（6）$u=\arccos\dfrac{z}{\sqrt{x^2+y^2}}$.

3. 求下列各极限：

（1）$\lim\limits_{(x,y)\to(0,1)}\dfrac{1-xy}{x^2+y^2}$；（2）$\lim\limits_{(x,y)\to(0,1)}\dfrac{\ln(x+e^y)}{\sqrt{x^2+y^2}}$；

（3）$\lim\limits_{(x,y)\to(0,0)}\dfrac{2-\sqrt{xy+4}}{xy}$；（4）$\lim\limits_{(x,y)\to(0,0)}\dfrac{xy}{\sqrt{2-e^{xy}}-1}$；

（5）$\lim\limits_{(x,y)\to(2,0)}\dfrac{\tan(xy)}{y}$；（6）$\lim\limits_{(x,y)\to(1,1)}\dfrac{2x-y^2}{x^2+y^2}$；

（7）$\lim\limits_{\substack{x\to+\infty\\y\to+\infty}}\left(\dfrac{\pi}{4}+\arctan x\right)\arctan y$；（8）$\lim\limits_{\substack{x\to-\infty\\y\to-\infty}}\left(\dfrac{\pi}{4}+\arctan 2x\right)\arctan y$；

（9）$\lim\limits_{\substack{x\to\infty\\y\to\infty}}(1-e^{-x^2})(1-e^{-y^2})$.

4. 证明下列极限不存在：

（1）$\lim\limits_{(x,y)\to(0,0)}\dfrac{x+y}{x-y}$；（2）$\lim\limits_{(x,y)\to(0,0)}\dfrac{x^2}{x^2+y^2-x}$.

5. 函数 $z=\dfrac{y^2+2x}{y^2-2x}$在何处是间断的？

第二节　偏　导　数

【课前导读】

在研究一元函数时，利用函数的变化率引入导数的概念．由于多元函数的自变量不止一个，因此多元函数的变化率问题比一元函数要复杂．本节主要考虑多元函数关于其中一个自变量的变化率，具体含义为只有一个自变量变化，其他自变量固定（即看作常量）时多元函数的变化率，称这种情形的变化率为偏导数.

一、偏导数的定义及其计算法

在研究一元函数时，我们从研究函数的变化率引入了导数的概念. 实际问题中，我们常常需要了解受到多种因素制约的变量在其他因素固定不变的情况下，只随一种因素变化的变化率问题，这就是偏导数.

以二元函数 $z=f(x,y)$ 为例，如果只有自变量 x 变化，而自变量 y 固定（即看作常量），这时它就是关于 x 的一元函数，该函数对 x 的导数，就称为二元函数 z 对于 x 的偏导数，即有如下定义：

定义 1　设函数 $z=f(x,y)$ 在点 (x_0,y_0) 的某一邻域内有定义，当 y 固定在 y_0 而 x 在 x_0 处有增量 Δx 时，相应地，函数有增量 $f(x_0+\Delta x,y_0)-f(x_0,y_0)$，如果

$$\lim_{\Delta x\to 0}\frac{f(x_0+\Delta x,y_0)-f(x_0,y_0)}{\Delta x} \tag{8.2.1}$$

存在，则称**此极限为函数 $z=f(x,y)$ 在点 (x_0,y_0) 处对 x 的偏导数**，记作

$$\left.\frac{\partial z}{\partial x}\right|_{\substack{x=x_0\\y=y_0}},\quad \left.\frac{\partial f}{\partial x}\right|_{\substack{x=x_0\\y=y_0}},\quad \left.z_x\right|_{\substack{x=x_0\\y=y_0}}\quad 或\quad f_x(x_0,y_0).$$

即

$$f_x(x_0,y_0)=\lim_{\Delta x\to 0}\frac{f(x_0+\Delta x,y_0)-f(x_0,y_0)}{\Delta x}. \tag{8.2.2}$$

类似地，**函数 $z=f(x,y)$ 在点 (x_0,y_0) 处对 y 的偏导数**定义为

$$\lim_{\Delta y\to 0}\frac{f(x_0,y_0+\Delta y)-f(x_0,y_0)}{\Delta y}, \tag{8.2.3}$$

记作

$$\left.\frac{\partial z}{\partial y}\right|_{\substack{x=x_0\\y=y_0}},\quad \left.\frac{\partial f}{\partial y}\right|_{\substack{x=x_0\\y=y_0}},\quad \left.z_y\right|_{\substack{x=x_0\\y=y_0}}\quad 或\quad f_y(x_0,y_0).$$

如果函数 $z=f(x,y)$ 在区域 D 内每一点 (x,y) 处对 x 的偏导数都存在，那么这个偏导数是 x、y 的函数，并称为函数 $z=f(x,y)$ **对自变量 x 的偏导函数**，记作

$$\frac{\partial z}{\partial x},\quad \frac{\partial f}{\partial x},\quad z_x\quad 或\quad f_x(x,y).$$

类似地，可以定义函数 $z=f(x,y)$ **对自变量 y 的偏导函数**，记作

$$\frac{\partial z}{\partial y},\quad \frac{\partial f}{\partial y},\quad z_y\quad 或\quad f_y(x,y).$$

由偏导数的定义可知，$f_x(x_0,y_0)$ 是偏导函数 $f_x(x,y)$ 在点 (x_0,y_0) 处的函数值；$f_y(x_0,y_0)$ 是偏导函数 $f_y(x,y)$ 在点 (x_0,y_0) 处的函数值. 就像一元函数的导函数简称为导数一样，以后在不至于混淆的地方也把偏导函数简称为偏导数.

偏导数的概念还可以推广到二元以上的函数. 例如三元函数 $u=f(x,y,z)$ 在点 (x,y,z) 处对 x 的偏导数定义为

$$f_x(x,y,z)=\lim_{\Delta x\to 0}\frac{f(x+\Delta x,y,z)-f(x,y,z)}{\Delta x},$$

其中 (x,y,z) 是函数 $u=f(x,y,z)$ 定义域内的点. 其求解法也是一元函数的微分法问题.

求多元函数的偏导数，并不需要用新的方法，因为这里只有一个自变量在变动，其他自变量看作固定的，然后直接利用一元函数的求导法则来计算. 例如，关于 $z=f(x,y)$ 的偏导数，求 $\frac{\partial f}{\partial x}$ 时，只要把 y 暂时看作常量而对 x 求导；求 $\frac{\partial f}{\partial y}$ 时，则只要把 x 暂时看作常量而对 y 求导.

例 1　求 $z=x^2+3xy+y^2$ 在点 $(1,2)$ 处的偏导数.

解　把 y 看作常量，得 $\frac{\partial z}{\partial x}=2x+3y$；把 x 看作常量，得 $\frac{\partial z}{\partial y}=3x+2y$. 将点 $(1,2)$ 代入上面的结果，就得

$$\left.\frac{\partial z}{\partial x}\right|_{\substack{x=1\\y=2}}=2\times 1+3\times 2=8,\quad \left.\frac{\partial z}{\partial y}\right|_{\substack{x=1\\y=2}}=3\times 1+2\times 2=7.$$

例 2　已知 $z=x^2\sin 2y$，求$\frac{\partial z}{\partial x}$，$\frac{\partial z}{\partial x}$.

解　$\frac{\partial z}{\partial x}=2x\sin 2y$，$\frac{\partial z}{\partial y}=2x^2\cos 2y$.

例 3　设 $z=x^y$（$x>0$，$x\neq 1$），求证：$\frac{x}{y}\frac{\partial z}{\partial x}+\frac{1}{\ln x}\frac{\partial z}{\partial y}=2z$.

证明　因为$\frac{\partial z}{\partial x}=yx^{y-1}$，$\frac{\partial z}{\partial y}=x^y\ln x$，所以

$$\frac{x}{y}\frac{\partial z}{\partial x}+\frac{1}{\ln x}\frac{\partial z}{\partial y}=\frac{x}{y}yx^{y-1}+\frac{1}{\ln x}x^y\ln x=x^y+x^y=2z.$$

例 4　已知 $r=\sqrt{x^2+y^2+z^2}$，求$\frac{\partial r}{\partial x}$，$\frac{\partial r}{\partial y}$，$\frac{\partial r}{\partial z}$.

解　把 y 和 z 都看作常量，得

$$\frac{\partial r}{\partial x}=\frac{x}{\sqrt{x^2+y^2+z^2}}=\frac{x}{r};$$

由于所给函数关于自变量的对称性，因此

$$\frac{\partial r}{\partial y}=\frac{y}{r},\quad \frac{\partial r}{\partial z}=\frac{z}{r}.$$

对一元函数来说，$\frac{\mathrm{d}y}{\mathrm{d}x}$可看作函数的微分 $\mathrm{d}y$ 与自变量的微分 $\mathrm{d}x$ 之商. 但偏导数的记号是一个整体记号，不能看作分子与分母之商.

二元函数 $z=f(x,y)$ 在点 (x_0,y_0) 的**偏导数的几何意义**：

设 $M_0(x_0,y_0,f(x_0,y_0))$ 为曲面 $z=f(x,y)$ 上的一点，过 M_0 作平面 $y=y_0$，截此曲面得一曲线，此曲线在平面 $y=y_0$ 上的方程为 $z=f(x,y_0)$，则导数为 $\frac{\mathrm{d}}{\mathrm{d}x}f(x,y_0)\Big|_{x=x_0}$，**即偏导数 $f_x(x_0,y_0)$ 就是曲线在点 M_0 处的切线 M_0T_x 对 x 轴的斜率**. 同样，偏导数$f_y(x_0,y_0)$的几何意义是曲面被平面$x=x_0$ 所截得的曲线在点 M_0 处的切线 M_0T_y 对 y 轴的斜率（见图 8-2-1）.

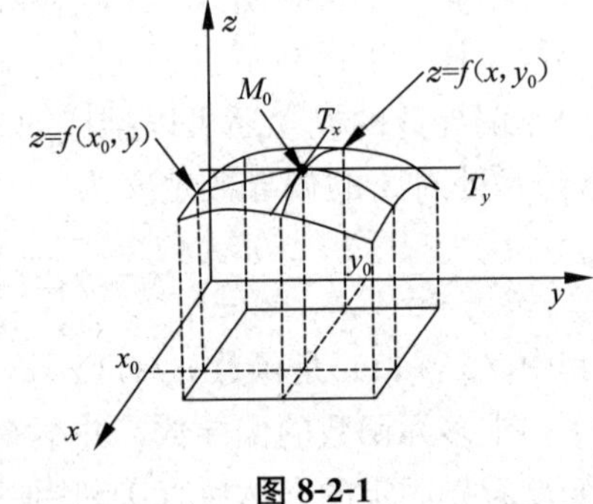

图 8-2-1

我们已经知道，如果一元函数在某点具有导数，则它在该点必定连续. 但对于多元函数来说，即使各偏导数在某点都存在，也不能保证函数在该点连续. 这是因为各偏导数存在只能保证点 P 沿着平行于坐标轴的方向趋于 P_0 时，函数值 $f(P)$ 趋于 $f(P_0)$，但不能保证点 P 按任何方式趋于 P_0 时，函数值 $f(P)$ 都趋于 $f(P_0)$. 例如，函数

$z=f(x,y)=\begin{cases}\frac{xy}{x^2+y^2}, & x^2+y^2\neq 0,\\ 0, & x^2+y^2=0\end{cases}$ 在点$(0,0)$处对 x 的偏导数为

$$f_x(0,0)=\lim_{\Delta x\to 0}\frac{f(0+\Delta x,0)-f(0,0)}{\Delta x}=0;$$

同样有

$$f_y(0,0)=\lim_{\Delta y\to 0}\frac{f(0,0+\Delta y)-f(0,0)}{\Delta y}=0.$$

但是在第一节中已经知道这个函数在点 $(0,0)$ 处不连续.

二、高阶偏导数

设函数 $z=f(x,y)$ 在区域 D 内具有偏导数

$$\frac{\partial z}{\partial x}=f_x(x,y),\quad \frac{\partial z}{\partial y}=f_y(x,y),$$

那么在 D 内 $f_x(x,y)$、$f_y(x,y)$ 都是 x，y 的函数，如果这两个函数的偏导数也存在，则称它们是函数 $z=f(x,y)$ 的**二阶偏导数**. 按照对变量求导次序的不同有下列四个二阶偏导数：

$$\frac{\partial}{\partial x}\left(\frac{\partial z}{\partial x}\right)=\frac{\partial^2 z}{\partial x^2}=f_{xx}(x,y),\quad \frac{\partial}{\partial y}\left(\frac{\partial z}{\partial x}\right)=\frac{\partial^2 z}{\partial x\partial y}=f_{xy}(x,y),$$

$$\frac{\partial}{\partial x}\left(\frac{\partial z}{\partial y}\right)=\frac{\partial^2 z}{\partial y\partial x}=f_{yx}(x,y),\quad \frac{\partial}{\partial y}\left(\frac{\partial z}{\partial y}\right)=\frac{\partial^2 z}{\partial y^2}=f_{yy}(x,y).$$

其中 f_{xy}、f_{yx} 偏导数称为**混合偏导数**. 同样可得三阶、四阶、…以及 n 阶偏导数. 二阶及二阶以上的偏导数统称为**高阶偏导数**.

例 5　已知 $z=x^3y^2-3xy^3-xy+1$，求 $\frac{\partial^2 z}{\partial x^2}$、$\frac{\partial^2 z}{\partial y\partial x}$、$\frac{\partial^2 z}{\partial x\partial y}$、$\frac{\partial^2 z}{\partial y^2}$ 及 $\frac{\partial^3 z}{\partial x^3}$.

解

$$\frac{\partial z}{\partial x}=3x^2y^2-3y^3-y,\qquad \frac{\partial z}{\partial y}=2x^3y-9xy^2-x,$$

$$\frac{\partial^2 z}{\partial x^2}=6xy^2,\qquad \frac{\partial^2 z}{\partial y\partial x}=6x^2y-9y^2-1,$$

$$\frac{\partial^2 z}{\partial x\partial y}=6x^2y-9y^2-1,\qquad \frac{\partial^2 z}{\partial y^2}=2x^3-18xy,$$

$$\frac{\partial^3 z}{\partial x^3}=6y^2.$$

我们看到例 5 中两个二阶混合偏导数相等，即 $\frac{\partial^2 z}{\partial y\partial x}=\frac{\partial^2 z}{\partial x\partial y}$，这不是偶然的. 事实上，我们有下述定理：

定理　如果函数 $z=f(x,y)$ 的两个二阶混合偏导数 $\frac{\partial^2 z}{\partial y\partial x}$ 及 $\frac{\partial^2 z}{\partial x\partial y}$ 在区域 D 内连续，那么在该区域内这两个二阶混合偏导数必相等.

换句话说，**二阶混合偏导数在连续的条件下与求导的次序无关**.

习题 8-2

1. 求下列函数的一阶偏导数：

(1) $z=x^3y-y^3x$；　　(2) $s=\frac{u^2+v^2}{uv}$；

(3) $z=\sqrt{\ln(xy)}$；　　(4) $z=\sin(xy)+\cos^2(xy)$；

(5) $z=\cos(xy^2)$；　　(6) $z=x^2+e^{2y}$；

(7) $z=e^{x+y}+yx^2$； (8) $z=\arctan\dfrac{y}{x}$；

(9) $u=x^2+y^2+z^2+3$； (10) $z=\ln\tan\dfrac{x}{y}$.

2. 已知 $T=2\pi\sqrt{\dfrac{l}{g}}$，求证 $l\dfrac{\partial T}{\partial l}+g\dfrac{\partial T}{\partial g}=0$.

3. 设 $z=e^{-\left(\frac{1}{x}+\frac{1}{y}\right)}$，求证 $x^2\dfrac{\partial z}{\partial x}+y^2\dfrac{\partial z}{\partial y}=2z$.

4. 求下列函数的$\dfrac{\partial^2 z}{\partial x^2}$，$\dfrac{\partial^2 z}{\partial y^2}$，$\dfrac{\partial^2 z}{\partial x\partial y}$：

(1) $z=x^4+y^4-4x^2y^2$； (2) $z=\arctan\dfrac{y}{x}$；

(3) $z=\cos^2(2x+3y)$； (4) $z=\ln(x+y^2)$；

(5) $z=x\sin(x+y)$； (6) $z=x^y$.

5. 曲线$\begin{cases}z=\dfrac{x^2+y^2}{4},\\ y=4\end{cases}$在点（2,4,5）处的切线对于 x 轴的倾角是多少？

6. 设 $f(x,y,z)=xy^2+yz^2+zx^2$，求 $f_{xx}(0,0,1)$，$f_{xz}(1,0,2)$，$f_{yz}(0,-1,0)$及 $f_{zzx}(2,0,1)$.

第三节　全微分及其应用

【课前导读】

在一元函数中，函数的增量 Δy 与微分 dy 的关系是：$\Delta y=dy+o(\Delta x)$，其中 $dy=f'(x)\cdot\Delta x=f'(x)dx$，是 Δx 的线性函数．多元函数的函数增量获得分为两种情形：一是其他自变量固定，某一自变量取得增量时函数获得增量；二是每个自变量取得增量时函数获得增量．依据这两种情形，分别定义了偏微分和全微分.

我们已经知道，二元函数对某个自变量的偏导数表示当另一个自变量固定时，因变量相对于该自变量的变化率．根据一元函数微分学中增量与微分的关系，可得

$$f(x+\Delta x,y)-f(x,y)\approx f_x(x,y)\Delta x,$$

$$f(x,y+\Delta y)-f(x,y)\approx f_y(x,y)\Delta y.$$

上面两式的左端分别叫作**二元函数对 x 和对 y 的偏增量**，而右端分别叫作**二元函数对 x 和对 y 的偏微分**.

在实际问题中，有时需要研究多元函数中各个自变量都取得增量时因变量所获得的增量，即所谓全增量的问题．下面以二元函数为例进行讨论.

设函数 $z=f(x,y)$ 在点 $P(x,y)$ 的某一邻域内有定义，并设 $P'(x+\Delta x,y+\Delta y)$ 为这邻域内的任意一点，则称这两点的函数值之差 $f(x+\Delta x,y+\Delta y)-f(x,y)$ 为函数在点 P 对应于自变量增量 Δx、Δy 的**全增量**，记作 Δz，即

$$\Delta z=f(x+\Delta x,y+\Delta y)-f(x,y). \tag{8.3.1}$$

一般说来，计算全增量 Δz 比较复杂．与一元函数的情形一样，我们希望用自变量的增

量 Δx、Δy 的线性函数来近似代替函数的全增量 Δz，从而引入如下定义.

定义 1　如果函数 $z=f(x,y)$ 在点 $P(x,y)$ 的某邻域有定义，且在点 $P(x,y)$ 处的全增量

$$\Delta z = f(x+\Delta x, y+\Delta y) - f(x,y)$$

可表示为

$$\Delta z = A\Delta x + B\Delta y + o(\rho), \tag{8.3.2}$$

其中 A、B 不依赖于 Δx、Δy 而仅与 x、y 有关，$\rho=\sqrt{(\Delta x)^2+(\Delta y)^2}$，则称**函数 $z=f(x,y)$ 在点 $P(x,y)$ 处可微分**，而 $A\Delta x+B\Delta y$ 称为函数 $z=f(x,y)$ 在点 $P(x,y)$ 处的**全微分**，记作 $\mathrm{d}z$，即

$$\mathrm{d}z = A\Delta x + B\Delta y.$$

如果函数在区域 D 内各点处都可微分，那么称这函数在 D 内可微分.

在第二节中曾指出，多元函数在某点的各个偏导数即使都存在，也不能保证函数在该点连续. 但是，由上述定义可知，$\lim\limits_{\rho\to 0}\Delta z=0$，即**若函数 $z=f(x,y)$ 在点 $P(x,y)$ 处可微分，则在该点必连续.**

下面讨论函数 $z=f(x,y)$ 在点 $P(x,y)$ 处可微分的条件.

定理 1（必要条件）　如果函数 $z=f(x,y)$ 在点 $P(x,y)$ 处可微分，则函数在点 $P(x,y)$ 的偏导数 $\dfrac{\partial z}{\partial x}$、$\dfrac{\partial z}{\partial y}$ 必定存在，且函数 $z=f(x,y)$ 在点 $P(x,y)$ 处的全微分为

$$\mathrm{d}z = \frac{\partial z}{\partial x}\Delta x + \frac{\partial z}{\partial y}\Delta y. \tag{8.3.3}$$

一元函数中某点可导与可微等价．多元函数情形复杂，即使偏导数 $\dfrac{\partial z}{\partial x}$ 和 $\dfrac{\partial z}{\partial y}$ 都存在，虽可写出 $\dfrac{\partial z}{\partial x}\Delta x+\dfrac{\partial z}{\partial y}\Delta y$ 的形式，但它与 Δz 之差不一定是 ρ 的高阶无穷小，即 $\dfrac{\partial z}{\partial x}\Delta x+\dfrac{\partial z}{\partial y}\Delta y$ 不一定是函数的全微分．因此**偏导数存在是可微分的必要条件而不是充分条件**. 但是，如果再假定函数的各个偏导数连续，则可以证明函数是可微分的，即有下面定理.

定理 2（充分条件）　如果函数 $z=f(x,y)$ 的偏导数 $\dfrac{\partial z}{\partial x}$、$\dfrac{\partial z}{\partial y}$ 在点 $P(x,y)$ 处连续，则函数在该点可微分.

习惯上，我们将自变量的增量 Δx、Δy 分别记作 $\mathrm{d}x$、$\mathrm{d}y$，并分别称为自变量 x、y 的微分. 这样，函数 $z=f(x,y)$ 的**全微分就可以写为**

$$\mathrm{d}z = \frac{\partial z}{\partial x}\mathrm{d}x + \frac{\partial z}{\partial y}\mathrm{d}y. \tag{8.3.4}$$

以上关于二元函数全微分的定义和结论，可以推广到三元和三元以上的函数，例如，三元函数 $u=\phi(x,y,z)$ 的全微分为

$$\mathrm{d}u = \frac{\partial u}{\partial x}\mathrm{d}x + \frac{\partial u}{\partial y}\mathrm{d}y + \frac{\partial u}{\partial z}\mathrm{d}z.$$

例 1　计算函数 $z=x^2y+y^2$ 的全微分.

解　因为 $\dfrac{\partial z}{\partial x}=2xy$，$\dfrac{\partial z}{\partial y}=x^2+2y$，所以

$$\mathrm{d}z = 2xy\,\mathrm{d}x + (x^2+2y)\mathrm{d}y.$$

例 2 计算函数 $z=e^{xy}$ 在点（2,1）处的全微分.

解 因为$\frac{\partial z}{\partial x}=ye^{xy}$，$\frac{\partial z}{\partial y}=xe^{xy}$，代入点（2,1）可得

$$\left.\frac{\partial z}{\partial x}\right|_{(2,1)}=e^2,\quad \left.\frac{\partial z}{\partial y}\right|_{(2,1)}=2e^2,$$

所以

$$dz=e^2dx+2e^2dy.$$

例 3 计算函数 $u=x+\sin\frac{y}{2}+e^{yz}$ 的全微分.

解 因为$\frac{\partial u}{\partial x}=1$，$\frac{\partial u}{\partial y}=\frac{1}{2}\cos\frac{y}{2}+ze^{yz}$，$\frac{\partial u}{\partial z}=ye^{yz}$，所以

$$du=dx+\left(\frac{1}{2}\cos\frac{y}{2}+ze^{yz}\right)dy+ye^{yz}dz.$$

最后，我们再简单讨论一下全微分在近似计算中的应用.

当函数 $z=f(x,y)$ 在点 $P(x,y)$ 处可微时，有

$$\Delta z=f_x(x,y)\Delta x+f_y(x,y)\Delta y+o(\rho).$$

当 Δx，Δy 都很小时，ρ 很小，从而 $o(\rho)$ 也很小，于是有

$$\Delta z\approx dz=f_x(x,y)\Delta x+f_y(x,y)\Delta y,\tag{8.3.5}$$

或

$$f(x+\Delta x,y+\Delta y)\approx f(x,y)+f_x(x,y)\Delta x+f_y(x,y)\Delta y.\tag{8.3.6}$$

利用上式可作近似计算.

例 4 求 $(1.05)^{2.01}$ 的近似值.

解 设 $z=f(x,y)=x^y$，则 $f_x(x,y)=yx^{y-1}$，$f_y(x,y)=x^y\ln x$. 由式（8.3.6）可得

$$f(x+\Delta x,y+\Delta y)\approx x^y+yx^{y-1}\Delta x+x^y\ln x\Delta y.$$

令 $x=1$，$y=2$，$\Delta x=0.05$，$\Delta y=0.01$，则

$$\begin{aligned}(1.05)^{2.01}&\approx f(1,2)+f_x(1,2)\Delta x+f_y(1,2)\Delta y\\&=1+2\times0.05+0\times0.01=1.1.\end{aligned}$$

习题 8-3

1. 求下列函数的全微分：

(1) $z=xy+\frac{x}{y}$；　(2) $z=e^{\frac{y}{x}}$；

(3) $z=\ln(x^2+y^2)$；　(4) $u=x^2yz+\cos 2y$；

(5) $z=\frac{y}{\sqrt{x^2+y^2}}$；　(6) $u=x^{yz}$.

2. 求函数 $z=\ln(1+x^2+y^2)$ 当 $x=1$，$y=2$ 时的全微分.

3. 求函数 $z=e^{xy}$ 当 $x=1$，$y=1$，$\Delta x=0.15$，$\Delta y=0.1$ 时的全微分.

4. 计算$(1.97)^{1.05}$的近似值（$\ln 2=0.693$）.

5. 已知边长为 $x=6$ m，$y=8$ m 的矩形，如果 x 边增加 5 cm 而 y 边减少 10 cm，问：这个矩形的对角线的近似变化怎样？

6. 设有一无盖圆柱形容器，容器的壁与底的厚度均为 0.1 cm，内高是 15 cm，内半径为 4 cm，利用全微分，求容器外壳体积的近似值.

第四节　多元复合函数的求导法则

【课前导读】

设 $u=\varphi(x)$ 在点 x 可导，而 $y=f(u)$ 在对应点 u 处可导，则复合函数 $y=f[\varphi(x)]$ 在点 x 处可导，且有 $\frac{\mathrm{d}y}{\mathrm{d}x}=\frac{\mathrm{d}y}{\mathrm{d}u}\cdot\frac{\mathrm{d}u}{\mathrm{d}x}$. 这就是一元复合函数求导的“链式法则”，函数之间的关系可以用这样的结构图来表示：$y\to u\to x$.

这一法则可以推广到多元复合函数的情形. 由于多元函数的构成比较复杂，因此一元函数的“链式图”就变成了多元函数的“树图”.

定理 1　如果函数 $u=\varphi(t)$ 及 $v=\psi(t)$ 都在点 t 可导，函数 $z=f(u,v)$ 在对应点 (u,v) 处具有连续偏导数，则复合函数 $z=f[\varphi(t),\psi(t)]$ 在点 t 处可导，且

$$\frac{\mathrm{d}z}{\mathrm{d}t}=\frac{\partial z}{\partial u}\frac{\mathrm{d}u}{\mathrm{d}t}+\frac{\partial z}{\partial v}\frac{\mathrm{d}v}{\mathrm{d}t}. \tag{8.4.1}$$

定理 1 可推广到复合函数的中间变量多于两个的情形. 例如，设 $z=f(u,v,w)$，$u=\varphi(t)$，$v=\psi(t)$，$w=\omega(t)$ 复合而得复合函数

$$z=f[\varphi(t),\psi(t),\omega(t)].$$

则在与定理相类似的条件下，复合函数在点 t 可导，且其导数可用下列公式计算

$$\frac{\mathrm{d}z}{\mathrm{d}t}=\frac{\partial z}{\partial u}\frac{\mathrm{d}u}{\mathrm{d}t}+\frac{\partial z}{\partial v}\frac{\mathrm{d}v}{\mathrm{d}t}+\frac{\partial z}{\partial w}\frac{\mathrm{d}w}{\mathrm{d}t}. \tag{8.4.2}$$

式（8.4.1）及式（8.4.2）中的导数 $\frac{\mathrm{d}z}{\mathrm{d}t}$ 称为**全导数**.

上述定理还可推广到中间变量不是一元函数而是多元函数的情形. 例如，设 $z=f(u,v)$，$u=\varphi(x,y)$，$v=\psi(x,y)$ 复合而得复合函数

$$z=f[\varphi(x,y),\psi(x,y)]. \tag{8.4.3}$$

定理 2　如果函数 $u=\varphi(x,y)$ 及 $v=\psi(x,y)$ 都在点 (x,y) 具有对 x 及对 y 的偏导数，函数 $z=f(u,v)$ 在对应点 (u,v) 具有连续偏导数，则复合函数（8.4.3）在点 (x,y) 处的两个偏导数存在，且

$$\frac{\partial z}{\partial x}=\frac{\partial z}{\partial u}\frac{\partial u}{\partial x}+\frac{\partial z}{\partial v}\frac{\partial v}{\partial x}, \tag{8.4.4}$$

$$\frac{\partial z}{\partial y}=\frac{\partial z}{\partial u}\frac{\partial u}{\partial y}+\frac{\partial z}{\partial v}\frac{\partial v}{\partial y}. \tag{8.4.5}$$

类似地，设 $u=\varphi(x,y)$，$v=\psi(x,y)$ 及 $w=\omega(x,y)$ 都在点 (x,y) 具有对 x 及对 y 的偏导数，函数 $z=f(u,v,w)$ 在对应点 (u,v,w) 具有连续偏导数，则复合函数

$$z=f[\varphi(x,y),\psi(x,y),\omega(x,y)]$$

在点 (x,y) 的两个偏导数都存在，且可用下列公式计算：

$$\frac{\partial z}{\partial x}=\frac{\partial z}{\partial u}\frac{\partial u}{\partial x}+\frac{\partial z}{\partial v}\frac{\partial v}{\partial x}+\frac{\partial z}{\partial w}\frac{\partial w}{\partial x}, \tag{8.4.6}$$

$$\frac{\partial z}{\partial y}=\frac{\partial z}{\partial u}\frac{\partial u}{\partial y}+\frac{\partial z}{\partial v}\frac{\partial v}{\partial y}+\frac{\partial z}{\partial w}\frac{\partial w}{\partial y}. \tag{8.4.7}$$

复合函数的中间变量既有一元函数也有多元函数的情形，这种情形可以视为定理 2 的特例，下面的定理 3 给出一种情形，其他类似可得.

定理 3　如果函数 $u=\varphi(x,y)$ 在点 (x,y) 具有对 x 和 y 的偏导数，函数 $v=v(y)$ 在点 y 处可导，函数 $z=f(u,v)$ 在对应点 (u,v) 具有连续偏导数，则复合函数 $z=f[\varphi(x,y),v(y)]$在对应点 (x,y) 的两个偏导数存在，且有

$$\frac{\partial z}{\partial x}=\frac{\partial z}{\partial u}\frac{\partial u}{\partial x};\ \frac{\partial z}{\partial y}=\frac{\partial z}{\partial u}\frac{\partial u}{\partial y}+\frac{\partial z}{\partial v}\frac{\mathrm{d}v}{\mathrm{d}y}.$$

例 1　设 $z=\mathrm{e}^u\sin v$，而 $u=xy$，$v=x+y$. 求$\frac{\partial z}{\partial x}$和$\frac{\partial z}{\partial y}$.

解
$$\begin{aligned}\frac{\partial z}{\partial x}&=\frac{\partial z}{\partial u}\frac{\partial u}{\partial x}+\frac{\partial z}{\partial v}\frac{\partial v}{\partial x}\\&=\mathrm{e}^u\sin v\cdot y+\mathrm{e}^u\cos v\cdot 1=\mathrm{e}^{xy}[y\sin(x+y)+\cos(x+y)],\\\frac{\partial z}{\partial y}&=\frac{\partial z}{\partial u}\frac{\partial u}{\partial y}+\frac{\partial z}{\partial v}\frac{\partial v}{\partial y}\\&=\mathrm{e}^u\sin v\cdot x+\mathrm{e}^u\cos v\cdot 1=\mathrm{e}^{xy}[x\sin(x+y)+\cos(x+y)].\end{aligned}$$

例 2　设 $u=f(x,y,z)=\mathrm{e}^{x^2+y^2+z^2}$，而 $z=x^2\sin y$. 求$\frac{\partial u}{\partial x}$和$\frac{\partial u}{\partial y}$.

解
$$\begin{aligned}\frac{\partial u}{\partial x}&=\frac{\partial f}{\partial x}+\frac{\partial f}{\partial z}\frac{\partial z}{\partial x}=2x\mathrm{e}^{x^2+y^2+z^2}+2z\mathrm{e}^{x^2+y^2+z^2}\cdot 2x\sin y\\&=2x(1+2x^2\sin^2 y)\mathrm{e}^{x^2+y^2+x^4\sin^2 y}\\\frac{\partial u}{\partial y}&=\frac{\partial f}{\partial y}+\frac{\partial f}{\partial z}\frac{\partial z}{\partial y}=2y\mathrm{e}^{x^2+y^2+z^2}+2z\mathrm{e}^{x^2+y^2+z^2}\cdot x^2\cos y\\&=(2y+x^4\sin 2y)\mathrm{e}^{x^2+y^2+x^4\sin^2 y}\end{aligned}$$

例 3　设 $z=uv+\sin t$，而 $u=\mathrm{e}^t$，$v=\cos t$. 求全导数$\frac{\mathrm{d}z}{\mathrm{d}t}$.

解
$$\begin{aligned}\frac{\mathrm{d}z}{\mathrm{d}t}&=\frac{\partial z}{\partial u}\frac{\mathrm{d}u}{\mathrm{d}t}+\frac{\partial z}{\partial v}\frac{\mathrm{d}v}{\mathrm{d}t}+\frac{\partial z}{\partial t}=v\mathrm{e}^t-u\sin t+\cos t\\&=\mathrm{e}^t\cos t-\mathrm{e}^t\sin t+\cos t=\mathrm{e}^t(\cos t-\sin t)+\cos t.\end{aligned}$$

为表达简便起见，引入以下记号：

$$f'_1=\frac{\partial f(u,v)}{\partial u},\quad f''_{12}=\frac{\partial^2 f(u,v)}{\partial u\partial v},$$

这里下标 1 表示对第一个变量 u 求偏导数，下标 2 表示对第二个变量 v 求偏导数，同理有 f'_2、f''_{11}、f''_{22}，等等.

全微分形式不变性　设函数 $z=f(u,v)$ 具有连续偏导数，则有全微分

$$\mathrm{d}z=\frac{\partial z}{\partial u}\mathrm{d}u+\frac{\partial z}{\partial v}\mathrm{d}v.$$

如果 u、v 又是 x、y 的函数 $u=\varphi(x,y)$，$v=\psi(x,y)$，且这两个函数也具有连续偏导数，则复合函数

$$z=f[\varphi(x,y),\psi(x,y)]$$

的全微分为

$$\mathrm{d}z=\frac{\partial z}{\partial x}\mathrm{d}x+\frac{\partial z}{\partial y}\mathrm{d}y.$$

由此可见，无论 z 是自变量 x、y 的函数或者中间变量 u、v 的函数，它的全微分形式是一样的. 这个性质叫作**全微分形式不变性**.

习题 8-4

1. 设 $z=u^2+v^2$，而 $u=x+y$，$v=x-y$，求 $\frac{\partial z}{\partial x}$，$\frac{\partial z}{\partial y}$.

2. 设 $z=u^2\ln v$，而 $u=\frac{x}{y}$，$v=3x-2y$，求 $\frac{\partial z}{\partial x}$，$\frac{\partial z}{\partial y}$.

3. 设 $z=\mathrm{e}^{x-2y}$，而 $x=\sin t$，$y=t^3$，求 $\frac{\mathrm{d}z}{\mathrm{d}t}$.

4. 设 $u=\frac{\mathrm{e}^{ax}(y-z)}{a^2+1}$，而 $y=a\sin x$，$z=\cos x$，求 $\frac{\mathrm{d}u}{\mathrm{d}x}$.

5. 设 $z=f(x^2+y^2)$，其中 f 具有二阶导数，求 $\frac{\partial^2 z}{\partial x^2}$，$\frac{\partial^2 z}{\partial x\partial y}$，$\frac{\partial^2 z}{\partial y^2}$.

6. 设 $z=\arctan\frac{x}{y}$，而 $x=u+v$，$y=u-v$，验证 $\frac{\partial z}{\partial u}+\frac{\partial z}{\partial v}=\frac{u-v}{u^2+v^2}$.

7. 求下列函数的一阶偏导数（其中 f 具有一阶连续偏导数）：

（1）$u=f(x^2-y^2,\ \mathrm{e}^{xy})$；　　（2）$u=f\left(\frac{x}{y},\ \frac{y}{z}\right)$.

第五节　隐函数的求导公式

一、一个方程时的情形

在第二章中我们已经提出了隐函数的概念，并且给出了不经过显化，直接求方程

$$F(x,y)=0 \tag{8.5.1}$$

所确定的隐函数的求导方法. 下面给出隐函数存在性定理，并根据多元复合函数的求导法导出隐函数的求导公式.

隐函数存在定理 1　设函数 $F(x,y)$ 在点 $P(x_0,y_0)$ 的某一邻域内具有连续的偏导数，且 $F(x_0,y_0)=0$，$F_y(x_0,y_0)\neq 0$，则方程 $F(x,y)=0$ 在点 (x_0,y_0) 的某一邻域内恒能唯一确定一个连续且具有连续导数的函数 $y=f(x)$，它满足条件 $y_0=f(x_0)$，并有

$$\frac{\mathrm{d}y}{\mathrm{d}x}=-\frac{F_x}{F_y}. \tag{8.5.2}$$

式（8.5.2）就是**隐函数的求导公式**.

这个定理我们不证. 现仅就式（8.5.2）作如下推导.

将方程（8.5.1）所确定的函数 $y=f(x)$ 代入方程（8.5.1），得恒等式

$$F(x,f(x))\equiv 0,$$

其左端可以看作 x 的一个复合函数，由于恒等式两端求导后仍然恒等，即得

$$\frac{\partial F}{\partial x}+\frac{\partial F}{\partial y}\frac{\mathrm{d}y}{\mathrm{d}x}=0,$$

由于 F_y 连续，且 $F_y(x_0,y_0)\neq 0$，因此存在点 (x_0,y_0) 的一个邻域，在这个邻域内 $F_y\neq 0$，

于是得

$$\frac{\mathrm{d}y}{\mathrm{d}x}=-\frac{F_x}{F_y}.$$

例 1　验证方程 $x^2+y^2-\mathrm{e}^{xy}=0$ 在点（0,1）的某一邻域内能确定一个具有连续导数的函数 $y=f(x)$，并求 $f'(0)$.

解　设 $F(x,y)=x^2+y^2-\mathrm{e}^{xy}$，则 $F_x=2x-y\mathrm{e}^{xy}$，$F_y=2y-x\mathrm{e}^{xy}$，又 $F(0,1)=0$，$F_y(0,1)=2\neq 0$，

由定理 1 可知，方程 $x^2+y^2-\mathrm{e}^{xy}=0$ 在点（0,1）的某一邻域内能确定一个具有连续导数的函数 $y=f(x)$，并且 $\frac{\mathrm{d}y}{\mathrm{d}x}=-\frac{F_x}{F_y}=-\frac{2x-y\mathrm{e}^{xy}}{2y-x\mathrm{e}^{xy}}$，$f'(0)=\left.\frac{\mathrm{d}y}{\mathrm{d}x}\right|_{x=0,y=1}=\frac{1}{2}$.

隐函数存在定理 1 表明一个二元方程可以确定一个一元隐函数，类似地可以断定，一个三元方程 $F(x,y,z)=0$ 就有可能确定一个二元隐函数.

隐函数存在定理 2　设函数 $F(x,y,z)$ 在点 $P(x_0,y_0,z_0)$ 的某一邻域内具有连续的偏导数，且 $F(x_0,y_0,z_0)=0$，$F_z(x_0,y_0,z_0)\neq 0$，则方程 $F(x,y,z)=0$ 在点 $P(x_0,y_0,z_0)$ 的某一邻域内恒能唯一确定一个连续且具有连续偏导数的函数 $z=f(x,y)$，它满足条件 $z_0=f(x_0,y_0)$，并有

$$\frac{\partial z}{\partial x}=-\frac{F_x}{F_z},\quad \frac{\partial z}{\partial y}=-\frac{F_y}{F_z}. \tag{8.5.3}$$

式（8.5.3）的推导与式（8.5.2）类似.

例 2　设 $\ln\frac{z}{y}=z^2+\cos x$，求 $\frac{\partial z}{\partial x}$，$\frac{\partial z}{\partial y}$.

解　设 $F(x,y,z)=\ln z-\ln y-z^2-\cos x$，则

$$F_x=\sin x, F_y=-\frac{1}{y}, F_z=\frac{1}{z}-2z=\frac{1-2z^2}{z},$$

则

$$\frac{\partial z}{\partial x}=-\frac{F_x}{F_z}=-\frac{z\sin x}{1-2z^2}, \frac{\partial z}{\partial y}=-\frac{F_y}{F_z}=\frac{z}{y(1-2z^2)}.$$

例 3　设 $x^2+y^2+z^2-4z=0$，求 $\frac{\partial^2 z}{\partial x^2}$.

解　设 $F(x,y,z)=x^2+y^2+z^2-4z$，则 $F_x=2x$，$F_z=2z-4$.

应用式（8.5.3）得

$$\frac{\partial z}{\partial x}=\frac{x}{2-z}.$$

再一次对 x 求偏导数，得

$$\frac{\partial^2 z}{\partial x^2}=\frac{(2-z)+x\frac{\partial z}{\partial x}}{(2-z)^2}=\frac{(2-z)+x\left(\frac{x}{2-z}\right)}{(2-z)^2}=\frac{(2-z)^2+x^2}{(2-z)^3}.$$

二、方程组时的情形

下面将隐函数存在定理推广到方程组的情形. 例如，考虑方程组

$$\begin{cases} F(x,y,u,v)=0, \\ G(x,y,u,v)=0. \end{cases} \tag{8.5.4}$$

这时，在四个变量中，一般只能有两个变量独立变化，因此方程组（8.5.4）就有可能确定两个二元函数. 可以由函数 F、G 的性质来断定由方程组（8.5.4）所确定的两个二元函数的存在性以及它们的性质. 我们有下面的定理.

隐函数存在定理 3　设 $F(x,y,u,v)$、$G(x,y,u,v)$ 在点 $P(x_0,y_0,u_0,v_0)$ 的某一邻域内具有对各个变量的连续偏导数，又 $F(x_0,y_0,u_0,v_0)=0$，$G(x_0,y_0,u_0,v_0)=0$，且偏导数所组成的函数行列式（或称雅可比（Jacobi）式）：

$$J=\frac{\partial(F,G)}{\partial(u,v)}=\begin{vmatrix} \frac{\partial F}{\partial u} & \frac{\partial F}{\partial v} \\ \frac{\partial G}{\partial u} & \frac{\partial G}{\partial v} \end{vmatrix}$$

在点 $P(x_0,y_0,u_0,v_0)$ 不等于零，则方程组（8.5.4），在点$P(x_0,y_0,u_0,v_0)$的某一邻域内恒能唯一确定两个连续且具有连续偏导数的函数 $u=u(x,y)$，$v=v(x,y)$，满足 $u_0=u(x_0,y_0)$，$v_0=v(x_0,y_0)$，并有

$$\frac{\partial u}{\partial x}=-\frac{1}{J}\frac{\partial(F,G)}{\partial(x,v)}=-\frac{\begin{vmatrix} F_x & F_v \\ G_x & G_v \end{vmatrix}}{\begin{vmatrix} F_u & F_v \\ G_u & G_v \end{vmatrix}}, \tag{8.5.5}$$

$$\frac{\partial v}{\partial x}=-\frac{1}{J}\frac{\partial(F,G)}{\partial(u,x)}=-\frac{\begin{vmatrix} F_u & F_x \\ G_u & G_x \end{vmatrix}}{\begin{vmatrix} F_u & F_v \\ G_u & G_v \end{vmatrix}}, \tag{8.5.6}$$

$$\frac{\partial u}{\partial y}=-\frac{1}{J}\frac{\partial(F,G)}{\partial(y,v)}=-\frac{\begin{vmatrix} F_y & F_v \\ G_y & G_v \end{vmatrix}}{\begin{vmatrix} F_u & F_v \\ G_u & G_v \end{vmatrix}}, \tag{8.5.7}$$

$$\frac{\partial v}{\partial y}=-\frac{1}{J}\frac{\partial(F,G)}{\partial(u,y)}=-\frac{\begin{vmatrix} F_u & F_y \\ G_u & G_y \end{vmatrix}}{\begin{vmatrix} F_u & F_v \\ G_u & G_v \end{vmatrix}}. \tag{8.5.8}$$

下面给出式（8.5.5）和式（8.5.6）的推导.

将方程组（8.5.4）中每个方程应用复合函数求导法则，两边对 x 求导，可得

$$\begin{cases} F_x+F_u\cdot\frac{\partial u}{\partial x}+F_v\cdot\frac{\partial v}{\partial x}=0, \\ G_x+G_u\cdot\frac{\partial u}{\partial x}+G_v\cdot\frac{\partial v}{\partial x}=0, \end{cases}$$

这是关于$\frac{\partial u}{\partial x}$，$\frac{\partial v}{\partial x}$的二元非齐次线性方程组，利用克莱姆法则求解此线性方程组，便可得到式（8.5.5）和式（8.5.6）的结论.

式（8.5.7）和式（8.5.8）的推导同理，这里不再给出.

推导过程也说明，式（8.5.5）和式（8.5.8）的结论不需要记忆，只需通过复合函数求导法则，建立关于偏导函数的非齐次线性方程组，利用克莱姆法则给出方程组的解，即为所求偏导函数. 下面通过例 4 来说明.

例 4 设 $xu-yv=0$，$yu+xv=1$，求$\dfrac{\partial u}{\partial x}$，$\dfrac{\partial u}{\partial y}$，$\dfrac{\partial v}{\partial x}$和$\dfrac{\partial v}{\partial y}$.

解 将所给方程的两边对 x 求导并移项，得

$$\begin{cases} x\dfrac{\partial u}{\partial x}-y\dfrac{\partial v}{\partial x}=-u, \\ y\dfrac{\partial u}{\partial x}+x\dfrac{\partial v}{\partial x}=-v. \end{cases}$$

在 $J=\begin{vmatrix} x & -y \\ y & x \end{vmatrix}=x^2+y^2\neq 0$ 的条件下，利用克莱姆法则，可得

$$\frac{\partial u}{\partial x}=\frac{\begin{vmatrix} -u & -y \\ -v & x \end{vmatrix}}{\begin{vmatrix} x & -y \\ y & x \end{vmatrix}}=-\frac{xu+yv}{x^2+y^2},\quad \frac{\partial v}{\partial x}=\frac{\begin{vmatrix} x & -u \\ y & -v \end{vmatrix}}{\begin{vmatrix} x & -y \\ y & x \end{vmatrix}}=\frac{yu-xv}{x^2+y^2}.$$

将所给方程的两边对 y 求导，在 $J=x^2+y^2\neq 0$ 的条件下，用同样的方法可得

$$\frac{\partial u}{\partial y}=\frac{xv-yu}{x^2+y^2},\quad \frac{\partial v}{\partial y}=-\frac{xu+yv}{x^2+y^2}.$$

习题 8-5

1. 设 $\sin y+e^x-xy^2=0$，求$\dfrac{dy}{dx}$.

2. 设 $\ln\sqrt{x^2+y^2}=\arctan\dfrac{y}{x}$，求$\dfrac{dy}{dx}$.

3. 设 $x+2y+z-2\sqrt{xyz}=0$，求$\dfrac{\partial z}{\partial x}$及$\dfrac{\partial z}{\partial y}$.

4. 设$\dfrac{x}{z}=\ln\dfrac{z}{y}$，求$\dfrac{\partial z}{\partial x}$及$\dfrac{\partial z}{\partial y}$.

5. 设 $e^z-xyz=0$，求$\dfrac{\partial^2 z}{\partial x^2}$.

6. 设 $z^3-3xyz=a^3$，求$\dfrac{\partial^2 z}{\partial x\partial y}$.

7. 设 $2\sin(x+2y-3z)=x+2y-3z$. 证明$\dfrac{\partial z}{\partial x}+\dfrac{\partial z}{\partial y}=1$.

8. 求由下列方程组所确定的函数的导数或偏导数：

（1）设$\begin{cases} z=x^2+y^2, \\ x^2+2y^2+3z^2=20, \end{cases}$ 求$\dfrac{dy}{dx}$，$\dfrac{dz}{dx}$；

（2）设$\begin{cases} x=e^u+u\sin v \\ y=e^u-u\cos v \end{cases}$，求$\dfrac{\partial u}{\partial x}$，$\dfrac{\partial u}{\partial y}$，$\dfrac{\partial v}{\partial x}$，$\dfrac{\partial v}{\partial y}$.

第六节　多元函数微分学的几何应用

一、空间曲线的切线与法平面

设空间曲线 Γ 的参数方程为

$$x=\varphi(t),\quad y=\psi(t),\quad z=\omega(t),\tag{8.6.1}$$

这里假定式（8.6.1）的三个函数都可导，且导数不全为零.

在曲线 Γ 上取对应于 $t=t_0$ 的一点 $M(x_0,y_0,z_0)$ 及对应于 $t=t_0+\Delta t$ 的邻近一点 $M'(x_0+\Delta x,y_0+\Delta y,z_0+\Delta z)$. 根据空间解析几何，曲线 Γ 的割线 MM' 的方程是

$$\frac{x-x_0}{\Delta x}=\frac{y-y_0}{\Delta y}=\frac{z-z_0}{\Delta z}.$$

当点 M' 沿着曲线 Γ 趋于点 M 时，割线 MM' 的极限位置 MT 就是曲线 Γ 在点 M 处的切线(见图 8-6-1).

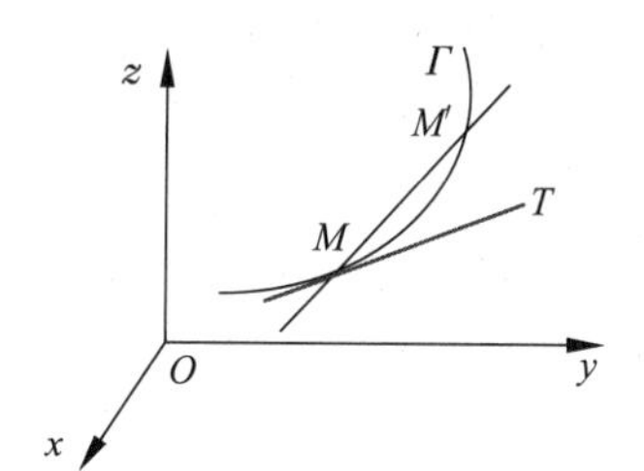

图 8-6-1

用 Δt 除上式的各分母，得

$$\frac{x-x_0}{\frac{\Delta x}{\Delta t}}=\frac{y-y_0}{\frac{\Delta y}{\Delta t}}=\frac{z-z_0}{\frac{\Delta z}{\Delta t}}.$$

令 $M'\to M$（这时 $\Delta t\to 0$），通过对上式取极限，得曲线在点 M 处的**切线方程**为

$$\frac{x-x_0}{\varphi'(t_0)}=\frac{y-y_0}{\psi'(t_0)}=\frac{z-z_0}{\omega'(t_0)}.\tag{8.6.2}$$

如果个别为零，则按空间解析几何中有关直线的对称式方程的说明来理解.

切线的方向向量称为**曲线的切向量**. 向量 $\boldsymbol{T}=\{\varphi'(t_0),\psi'(t_0),\omega'(t_0)\}$ 就是曲线 Γ 在点 M 处的一个切向量.

通过点 $M(x_0,y_0,z_0)$ 与切线垂直的平面称为**曲线 $\boldsymbol{\Gamma}$ 在点 $\boldsymbol{M}$ 处的法平面**，法平面的方程为

$$\varphi'(t_0)(x-x_0)+\psi'(t_0)(y-y_0)+\omega'(t_0)(z-z_0)=0.\tag{8.6.3}$$

例 1　求曲线 $x=t$，$y=t^2$，$z=t^3$ 在点（1，1，1）处的切线及法平面方程.

解　因为 $\frac{\mathrm{d}x}{\mathrm{d}t}=1$，$\frac{\mathrm{d}y}{\mathrm{d}t}=2t$，$\frac{\mathrm{d}z}{\mathrm{d}t}=3t^2$，点（1，1，1）所对应的参数 $t=1$，所以切线的方向向量

$$\boldsymbol{T}=\{1,2,3\}.$$

于是，切线方程为

$$\frac{x-1}{1}=\frac{y-1}{2}=\frac{z-1}{3},$$

法平面方程为 $(x-1)+2(y-1)+3(z-1)=0$，即 $x+2y+3z=6$.

如果空间曲线 Γ 的方程以 $\begin{cases}y=\varphi(x),\\ z=\psi(x)\end{cases}$ 的形式给出，取 x 为参数，可以理解为下面参数方程的形式

$$\begin{cases} x = x, \\ y = \varphi(x), \\ z = \psi(x). \end{cases}$$

若 $\varphi(x)$，$\psi(x)$ 都在 $x=x_0$ 处可导，则 $\boldsymbol{T}=\{1,\ \varphi'(x_0),\ \psi'(x_0)\}$，因此曲线 Γ 在点 $M(x_0,y_0,z_0)$ 处的**切线方程**为

$$\frac{x-x_0}{1}=\frac{y-y_0}{\varphi'(t_0)}=\frac{z-z_0}{\psi'(t_0)}, \tag{8.6.4}$$

在点 $M(x_0,y_0,z_0)$ 处的法平面方程为

$$(x-x_0)+\varphi'(t_0)(y-y_0)+\psi'(t_0)(z-z_0)=0. \tag{8.6.5}$$

设空间曲线 Γ 的方程以

$$\begin{cases} F(x,y,z)=0, \\ G(x,y,z)=0 \end{cases} \tag{8.6.6}$$

的形式给出，$M(x_0,y_0,z_0)$ 是曲线 Γ 上的一个点. 又设 F、G 有对各个变量的连续偏导数，且 $\left.\dfrac{\partial(F,\ G)}{\partial(y,z)}\right|_{(x_0,y_0,z_0)}\neq 0$，这时方程组（8.6.6）在点 $M(x_0,y_0,z_0)$ 的某一邻域内确定了一组函数 $y=\varphi(x)$，$z=\psi(x)$，在方程组（8.6.6）的两边分别对 x 求导，可得

$$\begin{cases} F_x+F_y\cdot\dfrac{\mathrm{d}y}{\mathrm{d}x}+F_z\cdot\dfrac{\mathrm{d}z}{\mathrm{d}x}=0 \\ G_x+G_y\cdot\dfrac{\mathrm{d}y}{\mathrm{d}x}+G_z\cdot\dfrac{\mathrm{d}z}{\mathrm{d}x}=0 \end{cases},$$

这是关于 $\dfrac{\mathrm{d}y}{\mathrm{d}x}$，$\dfrac{\mathrm{d}z}{\mathrm{d}x}$ 的二元非齐次线性方程组，在 $\dfrac{\partial(F,G)}{\partial(y,z)}=\begin{vmatrix} F_y & F_z \\ G_y & G_z \end{vmatrix}\neq 0$ 时，利用克莱姆法则求解此线性方程组，可得

$$\frac{\mathrm{d}y}{\mathrm{d}x}=\varphi'(x)=\frac{\begin{vmatrix} F_z & F_x \\ G_z & G_x \end{vmatrix}}{\begin{vmatrix} F_y & F_z \\ G_y & G_z \end{vmatrix}},\quad \frac{\mathrm{d}z}{\mathrm{d}x}=\psi'(x)=\frac{\begin{vmatrix} F_x & F_y \\ G_x & G_y \end{vmatrix}}{\begin{vmatrix} F_y & F_z \\ G_y & G_z \end{vmatrix}}.$$

于是 $\boldsymbol{T}=\{1,\varphi'(x_0),\psi'(x_0)\}$ 是曲线 Γ 在点 M 处的一个切向量，切向量 $\boldsymbol{T}$ 乘以 $\begin{vmatrix} F_y & F_z \\ G_y & G_z \end{vmatrix}_M$，得 $\boldsymbol{T}_1=\left\{\begin{vmatrix} F_y & F_z \\ G_y & G_z \end{vmatrix}_M,\ \begin{vmatrix} F_z & F_x \\ G_z & G_x \end{vmatrix}_M,\ \begin{vmatrix} F_x & F_y \\ G_x & G_y \end{vmatrix}_M\right\}$，这也是曲线 Γ 在点 M 处的一个切向量. 曲线 Γ 在点 $M(x_0,y_0,z_0)$ 处的**切线方程**为

$$\frac{x-x_0}{\begin{vmatrix} F_y & F_z \\ G_y & G_z \end{vmatrix}_M}=\frac{y-y_0}{\begin{vmatrix} F_z & F_x \\ G_z & G_x \end{vmatrix}_M}=\frac{z-z_0}{\begin{vmatrix} F_x & F_y \\ G_x & G_y \end{vmatrix}_M}, \tag{8.6.7}$$

曲线 Γ 在点 $M(x_0,y_0,z_0)$ 处的法平面方程为

$$\begin{vmatrix} F_y & F_z \\ G_y & G_z \end{vmatrix}_M(x-x_0)+\begin{vmatrix} F_z & F_x \\ G_z & G_x \end{vmatrix}_M(y-y_0)+\begin{vmatrix} F_x & F_y \\ G_x & G_y \end{vmatrix}_M(z-z_0)=0. \tag{8.6.8}$$

例 2 求曲线 $\begin{cases} x^2+y^2+z^2=6, \\ x+y+z=0, \end{cases}$ 在点（1，−2，1）处的切线及法平面方程.

解　方程组的两边分别对 x 求导并移项，得

$$\begin{cases} y\dfrac{\mathrm{d}y}{\mathrm{d}x}+z\dfrac{\mathrm{d}z}{\mathrm{d}x}=-x, \\ \dfrac{\mathrm{d}y}{\mathrm{d}x}+\dfrac{\mathrm{d}z}{\mathrm{d}x}=-1. \end{cases}$$

则

$$\frac{\mathrm{d}y}{\mathrm{d}x}=\frac{\begin{vmatrix}-x & z\\ -1 & 1\end{vmatrix}}{\begin{vmatrix}y & z\\ 1 & 1\end{vmatrix}}=\frac{z-x}{y-z},\quad \frac{\mathrm{d}z}{\mathrm{d}x}=\frac{\begin{vmatrix}y & -x\\ 1 & -1\end{vmatrix}}{\begin{vmatrix}y & z\\ 1 & 1\end{vmatrix}}=\frac{x-y}{y-z},$$

$$\left.\frac{\mathrm{d}y}{\mathrm{d}x}\right|_{(1,-2,1)}=0,\quad \left.\frac{\mathrm{d}z}{\mathrm{d}x}\right|_{(1,-2,1)}=-1.$$

从而 $\boldsymbol{T}=\{1,\ 0,\ -1\}$，故所求切线方程为

$$\frac{x-1}{1}=\frac{y+2}{0}=\frac{z-1}{-1},$$

法平面方程为 $(x-1)+0(y+2)-(z-1)=0$，即 $z-x=0$.

二、曲面的切平面与法线

(1) 设曲面 Σ 的方程为

$$F(x,y,z)=0. \tag{8.6.9}$$

$M(x_0,y_0,z_0)$ 是曲面 Σ 上的一点，函数 $F(x,y,z)$ 的偏导数在该点连续且不同时为零.

在曲面 Σ（见图 8-6-2）上，通过点 M 任意引一条曲线 Γ，假定曲线 Γ 的参数方程为

$$x=\varphi(t),\quad y=\psi(t),\quad z=\omega(t), \tag{8.6.10}$$

$t=t_0$ 对应于点 $M(x_0,y_0,z_0)$ 且 $\varphi'(t_0)$，$\psi'(t_0)$，$\omega'(t_0)$ 不全为零，则由式（8.6.2）可得这曲线 Γ 的切线方程为

$$\frac{x-x_0}{\varphi'(t_0)}=\frac{y-y_0}{\psi'(t_0)}=\frac{z-z_0}{\omega'(t_0)}.$$

我们现在要证明，在曲面 Σ 上通过点 M 且在点 M 处具有切线的任何曲线，它们在点 M 处的切线都在同一个平面上. 因为曲线 Γ 完全在平面 Σ 上，所以有恒等式

$$F[\varphi(t),\psi(t),\omega(t)]\equiv 0$$

及

$$\frac{\mathrm{d}}{\mathrm{d}t}F[\varphi(t),\psi(t),\omega(t)]_{t=t_0}=0.$$

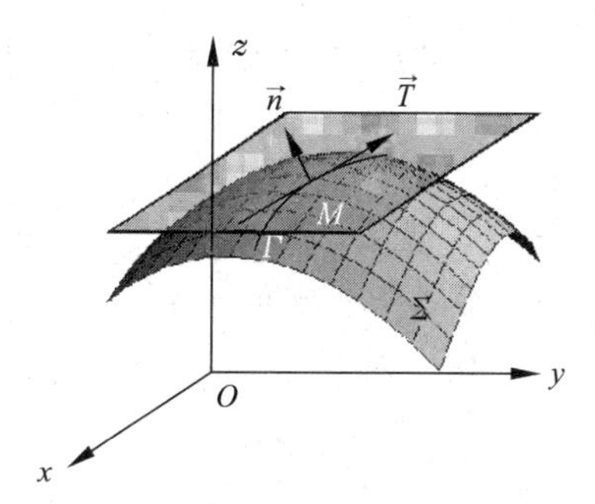

图 8-6-2

即有

$$F_x(x_0,y_0,z_0)\varphi'(t_0)+F_y(x_0,y_0,z_0)\psi'(t_0)+F_z(x_0,y_0,z_0)\omega'(t_0)=0. \tag{8.6.11}$$

曲线 Γ 在点 M 处的切向量为 $\boldsymbol{T}=\{\varphi'(t_0),\psi'(t_0),\omega'(t_0)\}$，引入向量

$$\boldsymbol{n}=\{F_x(x_0,y_0,z_0),F_y(x_0,y_0,z_0),F_z(x_0,y_0,z_0)\},$$

则式（8.6.11）可表示为

$$\boldsymbol{n}\cdot\boldsymbol{T}=\mathbf{0}.$$

说明曲面上通过点 M 的任意一条曲线，在点 M 的切线都与同一个向量 $\boldsymbol{n}$ 垂直，所以曲面上通过点 M 的一切曲线在点 M 的切线都在同一个平面上．这个平面称为曲面 Σ 在点 M 的**切平面**．切平面的方程是

$$F_x(x_0,y_0,z_0)(x-x_0)+F_y(x_0,y_0,z_0)(y-y_0)+F_z(x_0,y_0,z_0)(z-z_0).\tag{8.6.12}$$

通过点 $M(x_0,y_0,z_0)$ 且垂直于切平面（8.6.12）的直线称为**曲面 Σ 在该点的法线**．法线方程是

$$\frac{x-x_0}{F_x(x_0,y_0,z_0)}=\frac{y-y_0}{F_y(x_0,y_0,z_0)}=\frac{z-z_0}{F_z(x_0,y_0,z_0)}.\tag{8.6.13}$$

垂直于曲面上切平面的向量称为**曲面 Σ 的法向量**．曲面在点 M 处的一个法向量为

$$\boldsymbol{n}=\{F_x(x_0,y_0,z_0),F_y(x_0,y_0,z_0),F_z(x_0,y_0,z_0)\}.$$

（2）设曲面 Σ 方程为

$$z=f(x,y).\tag{8.6.14}$$

令 $F(x,y,z)=f(x,y)-z$，则有

$$F_x(x,y,z)=f_x(x,y),\quad F_y(x,y,z)=f_y(x,y),\quad F_z(x,y,z)=-1.$$

切平面方程为

$$f_x(x_0,y_0)(x-x_0)+f_y(x_0,y_0)(y-y_0)-(z-z_0)=0$$

或

$$(z-z_0)=f_x(x_0,y_0)(x-x_0)+f_y(x_0,y_0)(y-y_0).\tag{8.6.15}$$

法线方程为

$$\frac{x-x_0}{f_x(x_0,y_0)}=\frac{y-y_0}{f_y(x_0,y_0)}=\frac{z-z_0}{-1}.\tag{8.6.16}$$

这里顺便指出，方程（8.6.15）右端恰好是函数 $z=f(x,y)$ 在点（x_0,y_0）的全微分，而左端是切平面上点的竖坐标的增量．因此，函数 $z=f(x,y)$ 在点（x_0,y_0）的**全微分，在几何上表示曲面 $z=f(x,y)$ 在点（x_0,y_0,z_0）处的切平面上点的竖坐标的增量**．

如果用 α、β、γ 表示曲面在点（x，y，z）的法向量的方向角，并假定法向量与 z 轴的正向的夹角 γ 是一锐角，则**法向量的方向余弦**为

$$\cos\alpha=\frac{-f_x}{\sqrt{1+f_x^2+f_y^2}},\quad\cos\beta=\frac{-f_y}{\sqrt{1+f_x^2+f_y^2}},\quad\cos\gamma=\frac{1}{\sqrt{1+f_x^2+f_y^2}}.\tag{8.6.17}$$

这里，把 $f_x(x_0,y_0)$，$f_y(x_0,y_0)$ 分别简记为 f_x，f_y．

例 3 求球面 $x^2+y^2+z^2=14$ 在点（1，2，3）处的切平面及法线方程．

解 设 $F(x,y,z)=x^2+y^2+z^2-14$，$\boldsymbol{n}=\{F_x,F_y,F_z\}=\{2x,2y,2z\}$，而 $\boldsymbol{n}\mid_{(1,2,3)}=\{2,4,6\}$，所以在点（1，2，3）处的切平面方程为

$$2(x-1)+4(y-2)+6(z-3)=0,$$

即

$$x+2y+3z-14=0.$$

法线方程为

$$\frac{x-1}{1}=\frac{y-2}{2}=\frac{z-3}{3},$$

即
$$\frac{x}{1}=\frac{y}{2}=\frac{z}{3}.$$

由此可见，法线经过原点（即球心）.

习题 8-6

1. 求曲线 $x=t-\sin t$，$y=1-\cos t$，$z=4\sin\frac{t}{2}$ 在点 $\left(\frac{\pi}{2}-1,1,2\sqrt{2}\right)$ 处的切线及法平面方程.

2. 求曲线 $x=\frac{t}{1+t}$，$y=\frac{1+t}{t}$，$z=t^2$ 在对应于 $t=1$ 的点处的切线及法平面方程.

3. 求曲线 $\begin{cases}x^2+y^2+z^2-3x=0,\\2x-3y+5z-4=0\end{cases}$ 在点（1,1,1）处的切线及法平面方程.

4. 求出曲线 $x=t$，$y=t^2$，$z=t^3$ 上的点，使在该点的切线平行于平面 $x+2y+z=4$.

5. 求曲面 $e^z-z+xy=3$ 在点（2,1,0）处的切平面及法线方程.

6. 求曲面 $ax^2+by^2+cz^2=1$ 在点 (x_0,y_0,z_0) 处的切平面及法线方程.

7. 求曲面 $z=x^2+y^2$ 在 $M_0(2,1,5)$ 处的切平面及法线方程.

8. 求曲面 $z=y+\ln\frac{x}{z}$ 在 $M_0(1,1,1)$ 处的切平面及法线方程.

第七节　方向导数与梯度

【课前导读】

偏导数反映的是函数沿坐标轴方向的变化率．但许多领域问题的研究，是研究函数沿某一方向的变化率问题，例如空气动力学中，风向和风力的预测，依据气流从高压部位向低压部位迁移；再如在放射性勘探中，通过计算沿测线方向的方向导数，推断矿产的存在性．方向导数是研究函数在某点处沿给定方向的变化率，与方向导数有关联的概念是梯度，方向导数与梯度在多元函数变化率分析中具有重要的作用.

一、方向导数

在物理学、仿生学和工程技术领域中，常常会遇到求函数沿某个方向的变化率问题，为此，引入函数的方向导数的概念.

设 l 是平面上以点 $P(x_0,y_0)$ 为始点的一条射线，向量 $\boldsymbol{e}_l=(\cos\alpha,\ \cos\beta)$ 是与射线 l 同方向的单位向量．射线 l 的参数方程为
$$\begin{cases}x=x_0+t\cos\alpha,\\y=y_0+t\cos\beta.\end{cases}\quad(t\geqslant 0)$$

定义 1　设函数 $z=f(x,y)$ 在点 $P(x_0,y_0)$ 的某邻域 $U(P)$ 内有定义．自点 P 引射线 l，设 $P'(x_0+\Delta x,\ y_0+\Delta y)$ 为 l 上的另一点且 $P'\in U(P)$．$\rho=\sqrt{\Delta x^2+\Delta y^2}$ 表示点 P 与点 P' 之间的距离（见图 8-7-1），若极限

$$\lim_{\rho \to 0^+} \frac{f(x_0+\Delta x, y_0+\Delta y)-f(x_0,y_0)}{\rho}$$

存在，则称此**极限为函数 $f(x,y)$ 在点 P 沿方向 l 的方向导数**，记作$\left.\frac{\partial f}{\partial l}\right|_{(x_0,y_0)}$，即

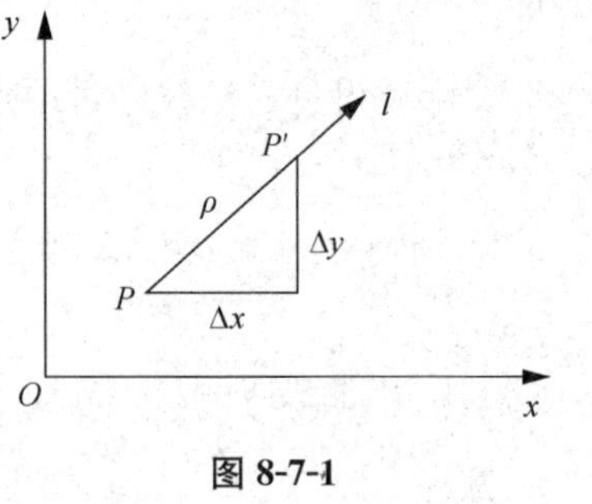

图 8-7-1

$$\left.\frac{\partial f}{\partial l}\right|_{(x_0,y_0)} = \lim_{\rho \to 0^+} \frac{f(x_0+\Delta x, y_0+\Delta y)-f(x_0,y_0)}{\rho}, \tag{8.7.1}$$

进一步，式（8.7.1）可写为

$$\left.\frac{\partial f}{\partial l}\right|_{(x_0,y_0)} = \lim_{\rho \to 0^+} \frac{f(x_0+\rho\cos\alpha, y_0+\rho\sin\alpha)-f(x_0,y_0)}{\rho}.$$

由定义1知，方向 $l=(\Delta x,\Delta y)$，则与方向 l 同方向的单位向量可用下式计算，即

$$\boldsymbol{e}_l=(\cos\alpha,\cos\beta)=\left(\frac{\Delta x}{\sqrt{\Delta x^2+\Delta y^2}},\frac{\Delta y}{\sqrt{\Delta x^2+\Delta y^2}}\right).$$

从定义1可知，函数 $f(x,y)$ 在点 P 沿着 x 轴正向 $\boldsymbol{e}_1=\{1,0\}$，y 轴正向 $\boldsymbol{e}_2=\{0,1\}$ 的方向导数依次为 f_x，f_y；函数 $f(x,y)$ 在点 P 沿 x 轴负向 $\boldsymbol{e}_1'=\{-1,0\}$，$y$ 轴负向 $\boldsymbol{e}_2'=\{0,-1\}$ 的方向导数也存在且其值依次为 $-f_x$，$-f_y$.

关于方向导数$\frac{\partial f}{\partial l}$的存在性及计算，我们有下面的定理.

定理1 如果函数 $z=f(x,y)$ 在点 $P(x_0,y_0)$ 是可微分的，那么函数在该点沿任一方向 l 的方向导数都存在，且有

$$\left.\frac{\partial f}{\partial l}\right|_{(x_0,y_0)} = f_x(x_0,y_0)\cdot\cos\alpha+f_y(x_0,y_0)\cdot\cos\beta, \tag{8.7.2}$$

其中 $(\cos\alpha,\cos\beta)$ 是与射线 l 同方向的单位向量. 称 **$\cos\alpha$ 和 $\cos\beta$ 为方向 l 的方向余弦**，角 **α 和 β 为方向 l 的方向角.**

例1 求函数 $z=xe^{2y}$ 在点 $P(1,0)$ 处沿从点 $P(1,0)$ 到点 $Q(2,-1)$ 方向的方向导数.

解 方向 l 即为向量$\overrightarrow{PQ}=\{1,-1\}$，与方向 l 同方向的单位向量为 $\boldsymbol{e}_l=\left(\frac{1}{\sqrt{2}},-\frac{1}{\sqrt{2}}\right)$，又

$$\frac{\partial z}{\partial x}=e^{2y},\quad \frac{\partial z}{\partial y}=2xe^{2y},$$

在点 $(1,0)$ 处，$\frac{\partial z}{\partial x}=1$，$\frac{\partial z}{\partial y}=2$，故所求方向导数

$$\left.\frac{\partial z}{\partial l}\right|_{(1,0)}=1\times\frac{1}{\sqrt{2}}+2\times\left(-\frac{1}{\sqrt{2}}\right)=-\frac{\sqrt{2}}{2}.$$

三元函数 $u=f(x,y,z)$ 在空间一点 $P(x_0,y_0,z_0)$ 沿着方向 l（设方向 l 的方向角为 α、β、γ）的方向导数，同样可以定义为

$$\left.\frac{\partial f}{\partial l}\right|_{(x_0,y_0,z_0)} = f_x(x_0,y_0,z_0)\cdot\cos\alpha+f_y(x_0,y_0,z_0)\cdot\cos\beta+f_z(x_0,y_0,z_0)\cdot\cos\gamma, \tag{8.7.3}$$

二、梯度

方向导数反映了函数沿某射线方向的变化率，一般说来，一个二元函数在给定点处沿不同方向的方向导数是不一样的. 在许多实际问题中需要讨论：函数沿哪个方向的方向导数最大？为此，我们引入梯度的概念.

定义 2 设函数 $z=f(x,y)$ 在平面区域 D 内具有一阶连续偏导数，则对于每一点 $P(x_0,y_0)\in D$，都可定出一个向量

$$f_x(x_0,y_0)\boldsymbol{i}+f_y(x_0,y_0)\boldsymbol{j},$$

该向量称为函数 $z=f(x,y)$ 在点 $P(x_0,y_0)$的**梯度**，记作 $\mathbf{grad}\,f(x_0,y_0)$，即

$$\mathbf{grad}\,f(x_0,y_0)=f_x(x_0,y_0)\boldsymbol{i}+f_y(x_0,y_0)\boldsymbol{j}.$$

其中$\nabla=\dfrac{\partial}{\partial x}\boldsymbol{i}+\dfrac{\partial}{\partial y}\boldsymbol{j}$ 称为二维向量微分算子，$\nabla f=\dfrac{\partial f}{\partial x}\boldsymbol{i}+\dfrac{\partial f}{\partial y}\boldsymbol{j}$.

类似地，可以定义**三元函数 $u=f(x,y,z)$ 在点 $P(x_0,y_0,z_0)$处的梯度**为

$$\mathbf{grad}\,f(x_0,y_0,z_0)=f_x(x_0,y_0,z_0)\boldsymbol{i}+f_y(x_0,y_0,z_0)\boldsymbol{j}+f_z(x_0,y_0,z_0)\boldsymbol{k}.$$

若 $\boldsymbol{e}_l=(\cos\alpha,\cos\beta)$ 是与方向 l 同方向的单位向量，函数 $f(x,y)$ 在点 $P(x_0,y_0)$ 可微，则

$$\begin{aligned}\left.\frac{\partial f}{\partial l}\right|_{(x_0,y_0)}&=f_x(x_0,y_0)\cdot\cos\alpha+f_y(x_0,y_0)\cdot\cos\beta\\&=\mathbf{grad}\,f(x_0,y_0)\cdot\boldsymbol{e}_l=|\mathbf{grad}\,f(x_0,y_0)|\cdot\cos\theta\end{aligned}\tag{8.7.4}$$

其中 θ 表示向量 $\mathbf{grad}\,f(x,y)$ 与 $\boldsymbol{e}_l$ 的夹角. 由此可知，**$\dfrac{\partial f}{\partial l}$就是梯度在射线 l 上的投影.**

由式（8.7.3）表明了函数在点 $P(x_0,y_0)$ 处的梯度和方向导数的关系．特别有下列结论：

（1）当 $\theta=0$ 时，方向导数达到最大值，最大值是梯度 $\mathbf{grad}\,f(x_0,y_0)$ 的模，即

$$\left.\frac{\partial f}{\partial l}\right|_{(x_0,y_0)}=|\mathbf{grad}\,f(x_0,y_0)|,$$

结果表明：函数在点 $P(x_0,y_0)$ 处沿梯度 **grad** 方向，函数 $f(x,y)$ 增加最快，取得最大方向导数.

（2）当 $\theta=\pi$ 时，方向导数达到最小值，最小值是梯度 $\mathbf{grad}\,f(x_0,y_0)$ 的模的相反数，即

$$\left.\frac{\partial f}{\partial l}\right|_{(x_0,y_0)}=-|\mathbf{grad}\,f(x_0,y_0)|,$$

结果表明：函数在点 $P(x_0,y_0)$ 处沿梯度 **grad** 的相反方向，函数 $f(x,y)$ 减少最快，取得最小方向导数.

（3）当 $\theta=\dfrac{\pi}{2}$时，方向导数为零，函数在点 $P(x_0,y_0)$ 处的变化率为零，即

$$\left.\frac{\partial f}{\partial l}\right|_{(x_0,y_0)}=0.$$

上述结论可类似地推广到三元及三元以上的函数.

二元函数 $z=f(x,y)$ 在几何上表示一个曲面，在实际应用中，等高线是对二元函数 $z=f(x,y)$ 进行直观描述的又一种方法.

一般地，把满足方程 $f(x,y)=c$（c 在函数 f 的值域内）的曲线称为二元函数 f 的**等**

高线.

等高线的作法：曲面 $z=f(x,y)$ 被平面 $z=c$ 所截得，得到空间曲线（水平截痕），曲线在 xOy 面上的投影曲线 L^* 的方程为

$$f(x,y)=c,$$

称平面曲线 L^* 为函数 $z=f(x,y)$ 的**等高线**（见图 8-7-2）.

按等间距画一族等高线，在等高线互相贴近的地方，曲面较陡峭，而在等高线互相分开的地方，曲面较平坦.

由于等高线 $f(x,y)=c$ 上任一点 $P(x,y)$ 处的法线的斜率为

$$-\frac{1}{\frac{\mathrm{d}y}{\mathrm{d}x}}=-\frac{1}{\left(-\frac{f_x}{f_y}\right)}=\frac{f_y}{f_x},$$

因此梯度$\frac{\partial f}{\partial x}\boldsymbol{i}+\frac{\partial f}{\partial y}\boldsymbol{j}$ 为等高线上点 P 处的法向量. 所以，我们可得**梯度与等高线的关系**：函数$z=f(x,y)$ 在点 $P(x,y)$ 的梯度的方向，与等高线 $f(x,y)=c$ 在这点的一个法线方向相同，它的指向为从数值较低的等高线指向数值较高的等高线，而梯度的模等于函数在这个法线方向的方向导数（见图 8-7-3）.

如果我们引进曲面

$$f(x,y,z)=c$$

为函数 $u=f(x,y,z)$ 的等值面的概念，则可得函数 $u=f(x,y,z)$ 在点 $P(x,y,z)$ 的梯度的方向是过点 P 的等值面 $f(x,y,z)=c$ 在这点的法线方向，且从数值较低的等值面指向数值较高的等值面，而梯度的模为函数沿这个法线方向的方向导数.

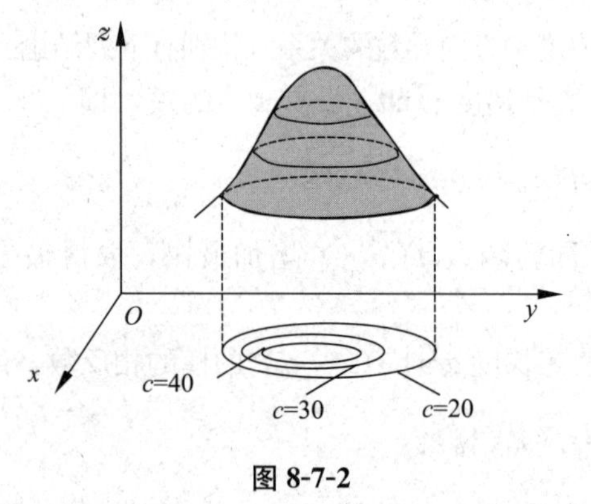

图 8-7-2

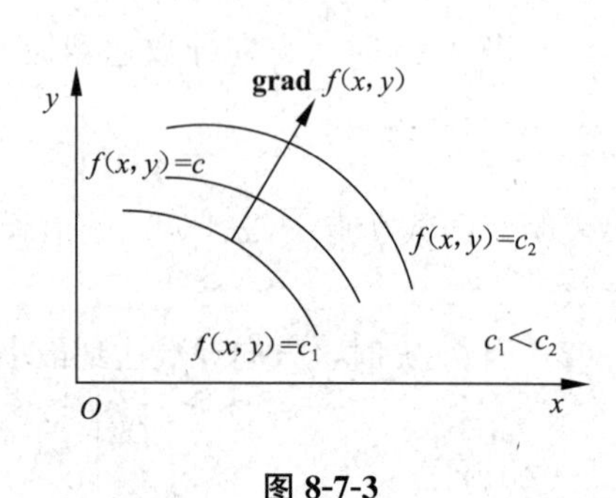

图 8-7-3

例 2　求 $\mathbf{grad}\,\frac{1}{x^2+y^2}$.

解　这里

$$f(x,y)=\frac{1}{x^2+y^2},$$

而

$$\frac{\partial f}{\partial x}=-\frac{2x}{(x^2+y^2)^2},\quad \frac{\partial f}{\partial y}=-\frac{2y}{(x^2+y^2)^2},$$

所以

$$\mathbf{grad}\,\frac{1}{x^2+y^2}=-\frac{2x}{(x^2+y^2)^2}\boldsymbol{i}-\frac{2y}{(x^2+y^2)^2}\boldsymbol{j}.$$

例 3　设 $f(x,y,z)=x^2+y^2+z^2$，求 $\mathbf{grad}\, f(1,-1,2)$.

解　$\mathbf{grad}\, f=\{f_x,f_y,f_z\}=\{2x,2y,2z\}$，于是 $\mathbf{grad}\, f(1,-1,2)=\{2,-2,4\}$.

习题 8-7

1. 求函数 $z=x^2+y^2$ 在点 $(1,3)$ 处沿从点 $(1,3)$ 到点 $(2,3+\sqrt{3})$ 的方向的方向导数.

2. 求函数 $z=\ln(x+y)$ 在抛物线 $y^2=4x$ 上点 $(1,2)$ 处，沿着抛物线在该点处偏向 x 轴正向的切线方向的方向导数.

3. 求函数 $u=xy^2+z^3-xyz$ 在点 $(1,1,0)$ 处沿方向角为 $\alpha=\frac{\pi}{3}$，$\beta=\frac{\pi}{4}$，$\gamma=\frac{\pi}{3}$的方向的方向导数.

4. 求函数 $u=xyz$ 在点 $(1,2,3)$ 处沿从点 $(1,2,3)$ 到点 $(2,4,5)$ 的方向的方向导数.

5. 设 $f(x,y,z)=x^2+2y^2+3z^2+xy+3x-2y-6z$，求 $\mathbf{grad}\, f(0,0,0)$ 及 $\mathbf{grad}\, f(1,0,1)$.

6. 设 $f(x,y,z)=x^2+y^2+z^2$，求 $\mathbf{grad} f(1,-1,2)$.

7. 求函数 $u=xy^2z$ 在点 $P_0(1,-1,2)$ 处变化最快的方向，并求沿这个方向的方向导数.

8. 函数 $u=xy^2+z^3-xyz$ 在点 $P_0(1,1,1)$ 处沿哪个方向的方向导数最大？最大值为多少？

第八节　多元函数的极值及其求法

【课前导读】

在实际问题中，往往会遇到求多元函数的最大值、最小值问题．与一元函数相类似，多元函数的最大值、最小值与极大值、极小值有密切联系，因此我们以二元函数为例，讨论多元函数的极值问题.

一、多元函数的极值及最大值、最小值

定义　设函数 $z=f(x,y)$ 在点 (x_0,y_0) 的某个邻域内有定义，对于该邻域内异于点 (x_0,y_0) 的点 (x,y)：

(1) 若 $f(x,y)<f(x_0,y_0)$，则称函数在点 (x_0,y_0) 有极大值 $f(x_0,y_0)$；

(2) 若 $f(x,y)>f(x_0,y_0)$，则称函数在点 (x_0,y_0) 有极小值 $f(x_0,y_0)$.

极大值、极小值统称为**极值**. 使函数取得极值的点称为**极值点**.

例 1　函数 $z=3x^2+4y^2$ 在点 $(0,0)$ 处有极小值. 因为对于点 $(0,0)$ 的任一邻域内异于 $(0,0)$ 的点，函数值都为正，而在点 $(0,0)$ 处的函数值为零. 从几何上看这是显然的，因为点 $(0,0,0)$ 是开口朝上的椭圆抛物面 $z=3x^2+4y^2$ 的顶点.

例 2　函数 $z=-\sqrt{x^2+y^2}$ 在点 $(0,0)$ 处有极大值. 因为在点 $(0,0)$ 处函数值为零，而对于点 $(0,0)$ 的任一邻域内异于 $(0,0)$ 的点，函数值都为负. 点 $(0,0,0)$ 是位于 xOy 平面下方的锥面 $z=-\sqrt{x^2+y^2}$ 的顶点.

例3　函数 $z=xy$ 在点 $(0,0)$ 处既不取得极大值也不取得极小值. 因为在点 $(0,0)$ 处的函数值为零，而在点 $(0,0)$ 的任一邻域内，总有使函数值为正的点，也有使函数值为负的点.

以上关于二元函数的极值概念，可推广到 n 元函数. 设 n 元函数 $u=f(P)$ 在点 P_0 的某一邻域内有定义，如果对于该邻域内异于 P_0 的任何点 P 都适合不等式

$$f(P)<f(P_0)\quad(\text{或 } f(P)>f(P_0)),$$

则称函数 $f(P)$ 在点 P_0 有极大值（或极小值）$f(P_0)$.

与导数在一元函数极值研究中的作用类似，偏导数也是研究二元函数极值问题的主要手段. 与一元函数类似，二元函数有以下极值存在的必要条件.

定理1（必要条件）　设函数 $z=f(x,y)$ 在点 (x_0,y_0) 具有偏导数，且在点 (x_0,y_0) 处有极值，则函数在该点的偏导数必然为零. 即有

$$f_x(x_0,y_0)=0,\quad f_y(x_0,y_0)=0.$$

类似地，如果三元函数 $u=f(x,y,z)$ 在点 (x_0,y_0,z_0) 具有偏导数，则函数在点 (x_0,y_0,z_0) 具有极值的必要条件为

$$f_x(x_0,y_0,z_0)=0,\quad f_y(x_0,y_0,z_0)=0,\quad f_z(x_0,y_0,z_0)=0.$$

与一元函数类似，凡是能使 $f_x(x,y)=0$，$f_y(x,y)=0$ 同时成立的点 (x_0,y_0) 称为函数 $z=f(x,y)$ 的**驻点**. 从定理1可知，具有偏导数的函数，极值点必定是驻点. 但函数的驻点不一定是极值点，例如点 $(0,0)$ 是函数 $z=xy$ 的驻点，但函数在该点并无极值.

怎样判定一个驻点是否是极值点呢？下面的定理回答了这个问题.

定理2（充分条件）　设函数 $z=f(x,y)$ 在点 (x_0,y_0) 的某邻域内连续且有一阶及二阶连续偏导数，又 $f_x(x_0,y_0)=0$，$f_y(x_0,y_0)=0$，令

$$f_{xx}(x_0,y_0)=A,\quad f_{xy}(x_0,y_0)=B,\quad f_{yy}(x_0,y_0)=C,$$

则 $f(x,y)$ 在点 (x_0,y_0) 处是否取得极值的条件如下：

(1) $AC-B^2>0$ 时具有极值，且当 $A<0$ 时有极大值，当 $A>0$ 时有极小值；

(2) $AC-B^2<0$ 时没有极值；

(3) $AC-B^2=0$ 时可能有极值，也可能没有极值，还需另作讨论.

例4　求函数 $f(x,y)=x^3-y^3+3x^2+3y^2-9x$ 的极值.

解　解方程组

$$\begin{cases}f_x(x,y)=3x^2+6x-9=0,\\ f_y(x,y)=-3y^2+6y=0.\end{cases}$$

求得驻点为 $(1,0)$、$(1,2)$、$(-3,0)$、$(-3,2)$.

二阶偏导数

$$f_{xx}(x,y)=6x+6,\quad f_{xy}(x,y)=0,\quad f_{yy}(x,y)=-6y+6.$$

在点 $(1,0)$ 处，$AC-B^2=12\times6>0$，又 $A>0$，所以函数在 $(1,0)$ 处有极小值 $f(1,0)=-5$；

在点 $(1,2)$ 处，$AC-B^2=12\times(-6)<0$，所以 $f(1,2)$ 不是极值；

在点 $(-3,0)$ 处，$AC-B^2=-12\times6<0$，所以 $f(-3,0)$ 不是极值；

在点（$-3,2$）处，$AC-B^2=-12\times(-6)>0$，又 $A<0$，所以函数在（$-3,2$）处有极大值 $f(-3,2)=31$.

注　多元函数的极值可能在驻点处取得，也有可能在偏导数不存在的点处取得．例如例2中，函数 $z=-\sqrt{x^2+y^2}$ 在点（$0,0$）处的偏导数不存在，但该函数在点（$0,0$）处却具有极大值．因此，在考虑函数的极值问题时，除了考虑函数的驻点外，如果有偏导数不存在的点，那么对这些点也应当考虑.

与一元函数相类似，我们可以利用函数的极值来求函数的最大值和最小值.

求函数的最大值和最小值的一般方法是：

将函数 $f(x,y)$ 在 D 内的所有驻点处的函数值及在 D 的边界上的最大值和最小值相互比较，其中最大的就是最大值，最小的就是最小值.

但这种做法由于要求出 $f(x,y)$ 在 D 的边界上的最大值和最小值，因此往往相当复杂．通常在实际问题中，根据问题的性质，知道函数 $f(x,y)$ 的最大值（最小值）一定在 D 的内部取得，而函数在 D 内只有一个驻点，那么可以肯定该驻点处的函数值就是函数 $f(x,y)$ 在 D 上的最大值（最小值）.

例5　要用铁板做成一个体积为 2 m^3 的有盖长方体水箱．问：当长、宽、高各取怎样的尺寸时，才能使用料最省.

解　设水箱的长为 x m，宽为 y m，则其高为$\frac{2}{xy}$ m．此水箱所用材料的面积为

$$A=2\left(xy+y\frac{2}{xy}+x\frac{2}{xy}\right),$$

即

$$A=2\left(xy+\frac{2}{x}+\frac{2}{y}\right)\ (x>0,\ y>0).$$

可见材料面积 A 是 x 和 y 的二元函数，这就是目标函数，下面求使该函数取得最小值的点 (x,y).

令 $\begin{cases}A_x=2\left(y-\frac{2}{x^2}\right)=0,\\ A_y=2\left(x-\frac{2}{y^2}\right)=0,\end{cases}$ 解方程组，得

$$x=\sqrt[3]{2},\quad y=\sqrt[3]{2}.$$

根据题意可知，水箱所用材料面积的最小值一定存在，并在开区域 D：$x>0$，$y>0$ 内取得．又函数在 D 内只有唯一驻点（$\sqrt[3]{2}$，$\sqrt[3]{2}$），因此可断定当 $x=\sqrt[3]{2}$，$y=\sqrt[3]{2}$时，A 取得最小值，即当水箱的长为$\sqrt[3]{2}$ m、宽为$\sqrt[3]{2}$ m、高为$\frac{2}{\sqrt[3]{2}\times\sqrt[3]{2}}=\sqrt[3]{2}$ m时，水箱所用的材料最省.

从这个例子还可看出，在体积一定的长方体中，立方体的表面积最小.

二、条件极值：拉格朗日乘数法

上面所讨论的极值问题，对于函数的自变量，除了限制在函数的定义域内以外，并无其他条件，所以有时候称为**无条件极值**．但在实际问题中，有时会遇到对函数的自变量有附加

条件的极值问题.

例如，求表面积为 a^2 而体积为最大的长方体的体积问题. 设长方体的三条棱的长分别为 x,y,z，则体积 $V=xyz$. 又因假定表面积为 a^2，所以自变量 x,y,z 还必须满足附加条件 $2(xy+yz+xz)=a^2$. 像这种对自变量有附加条件的极值称为**条件极值**. 对于有些实际问题，可以把条件极值化问题为无条件极值问题. 下面介绍转换方法.

拉格朗日乘数法

求函数

$$z=f(x,y) \tag{8.8.1}$$

在条件

$$\varphi(x,y)=0 \tag{8.8.2}$$

下取得极值的必要条件. 其求解步骤如下：

(1) 构造拉格朗日函数

$$L(x,y)=f(x,y)+\lambda\varphi(x,y), \tag{8.8.3}$$

其中 λ 为某一常数，称为拉格朗日乘子.

(2) 求式（8.8.3）对 x，y 的一阶偏导数，并使之为零，然后与条件（8.8.2）联立，构成方程组

$$\begin{cases} f_x(x,y)+\lambda\varphi_x(x,y)=0, \\ f_y(x,y)+\lambda\varphi_y(x,y)=0, \\ \varphi(x,y)=0. \end{cases}$$

由方程组解出 x,y 及 λ，得到的 (x,y) 就是函数 $f(x,y)$ 在附加条件 $\varphi(x,y)=0$ 下的可能极值点.

这个方法可以推广到自变量多于两个、条件多于一个的情形，例如，要求函数

$$u=f(x,y,z,t)$$

在约束条件

$$\varphi(x,y,z,t)=0, g(x,y,z,t)=0 \tag{8.8.4}$$

下的极值，先建立拉格朗日函数，

$$L(x,y,z,t)=f(x,y,z,t)+\lambda\varphi(x,y,z,t)+\mu g(x,y,z,t)$$

其中 λ，μ 均为参数. 求拉格朗日函数的一阶偏导数，并使之为零，然后与式（8.8.4）中的两个方程联立为方程组，求解方程组，得出的 (x,y,z,t) 就是函数 $u=f(x,y,z,t)$ 在附加条件（8.8.4）下的可能极点.

至于如何确定所求得的点是否是极值点，在实际问题中往往可根据问题本身的性质来判定.

例 6 求表面积为 a^2 而体积为最大的长方体的体积.

解 设长方体的三条棱长分别为 x,y,z，则问题就是在约束条件

$$2xy+2yz+2xz-a^2=0$$

下，求函数

$$V=xyz \quad (x>0,y>0,z>0)$$

的最大值. 构造拉格朗日函数

$$L(x,y,z)=xyz+\lambda(2xy+2yz+2xz-a^2),$$

其中λ为某一常数. 求拉格朗日函数$L(x,y,z)$对x，y，z的一阶偏导数，并使之为零，然后与条件联立为方程组

$$\begin{cases}yz+2\lambda(y+z)=0,\\ xz+2\lambda(x+z)=0,\\ xy+2\lambda(y+x)=0,\\ 2xy+2yz+2xz-a^2=0.\end{cases}$$

解方程组可得

$$\frac{x}{y}=\frac{x+z}{y+z},\quad \frac{y}{z}=\frac{x+y}{x+z}.$$

由以上两式解得

$$x=y=z.$$

代入约束条件，得

$$x=y=z=\frac{\sqrt{6}}{6}a.$$

这是唯一可能的极值点. 因为由问题本身可知最大值一定存在，所以最大值就在这个可能的极值点处取得，即表面积为a^2的长方体中，以棱长为$\frac{\sqrt{6}}{6}a$的正方体的体积最大，最大体积为$V=\frac{\sqrt{6}}{36}a^3$.

习题 8-8

1. 求下列函数的极值：

(1) $f(x,y)=x^2+y^2+5$；

(2) $f(x,y)=3xy-x^3-y^3$；

(3) $f(x,y)=e^{2x}(x+y^2+2y)$；

(4) $f(x,y)=(6x-x^2)(4y-y^2)$；

(5) $f(x,y)=4(x-y)-x^2-y^2$；

(6) $f(x,y)=xy+\frac{8}{x}+\frac{27}{y}$；

(7) $f(x,y)=e^{x-y}(x^2-2y^2)$；

(8) $f(x,y)=x^3+y^3-3(x^2+y^2)$.

2. 求函数$z=xy$在适合附加条件$x+y=1$下的极大值.

3. 从斜边之长为l的一切直角三角形中，求有最大周长的直角三角形.

总 习 题 八

1. 在“充分”“必要”和“充分必要”三者中选择一个正确的填入下列空格内.

(1) $f(x,y)$在点(x,y)可微分是$f(x,y)$在该点连续的________条件. $f(x,y)$在点(x,y)连续是$f(x,y)$在该点可微分的________条件.

(2) $z=f(x,y)$在点(x,y)的偏导数$\frac{\partial z}{\partial x}$及$\frac{\partial z}{\partial y}$存在是$f(x,y)$在该点可微分的

________条件. $z=f(x,y)$ 在点 (x,y) 可微分是 $f(x,y)$ 在该点的偏导数$\frac{\partial z}{\partial x}$及$\frac{\partial z}{\partial y}$存在的________条件.

（3）$z=f(x,y)$ 的偏导数$\frac{\partial z}{\partial x}$及$\frac{\partial z}{\partial y}$在点 (x,y) 存在且连续是 $f(x,y)$ 在该点可微分的________条件.

（4）函数 $z=f(x,y)$ 的两个二阶混合偏导数$\frac{\partial^2 z}{\partial x\partial y}$及$\frac{\partial^2 z}{\partial y\partial x}$在区域 D 内连续是这两个二阶混合偏导数在 D 内相等的________条件.

2. 求函数 $f(x,y)=\frac{\sqrt{4x-y^2}}{\ln(1-x^2-y^2)}$的定义域，并求$\lim\limits_{\substack{x\to\frac{1}{2}\\ y\to 0}} f(x,y)$.

3. 证明极限$\lim\limits_{\substack{x\to 0\\ y\to 0}}\frac{xy^2}{x^2+y^4}$不存在.

4. 求函数 $z=\ln(x+y^2)$ 的一阶和二阶偏导数.

5. 求函数 $z=\frac{xy}{x^2-y^2}$当 $x=2$，$y=1$，$\Delta x=0.01$，$\Delta y=0.03$ 时的全增量和全微分.

6. 设 $z=f(u,x,y)$，$u=xe^y$，其中 f 具有连续的二阶偏导数，求$\frac{\partial^2 z}{\partial x\partial y}$.

7. 设 $x=e^u\cos v$，$y=e^u\sin v$，$z=uv$，试求$\frac{\partial z}{\partial x}$和$\frac{\partial z}{\partial y}$.

8. 求螺旋线 $x=a\cos\theta$，$y=a\sin\theta$，$z=b\theta$ 在点 $(a,0,0)$ 处的切线及法平面方程.

9. 在曲面 $z=xy$ 上求一点，使这点处的法线垂直于平面 $x+3y+z+9=0$，并写出这法线的方程.

10. 求函数 $u=x^2+y^2+z^2$ 在椭球面$\frac{x^2}{a^2}+\frac{y^2}{b^2}+\frac{z^2}{c^2}=1$上点 $M(x_0,y_0,z_0)$ 处沿外法线方向的方向导数.

11. 求平面$\frac{x}{3}+\frac{y}{4}+\frac{z}{5}=1$和柱面 $x^2+y^2=1$ 的交线上与 xOy 平面距离最短的点.

12. 某厂家生产的一种产品在两个市场销售，售价分别为 p_1 和 p_2，销售量分别为 q_1 和 q_2，需求函数分别为 $q_1=24-0.2p_1$，$q_2=10-0.05p_2$，总成本函数为 $C=35+40(q_1+q_2)$. 试问：厂家如何确定两个市场的售价，能使其获得的总利润最大，最大总利润为多少？

第九章　重　积　分

一元函数定积分是某种确定形式的和的极限，重积分的概念也是从实践中抽象出来的，它是定积分的推广，其中的数学思想与定积分一样，也是一种“和式的极限”. 所不同的是：定积分的被积函数是一元函数，积分范围是区间；而重积分的被积函数是多元函数，积分范围是平面或空间中的一个区域.

第一节　二重积分的概念与性质

【课前导读】

二重积分是二元函数在平面区域上的积分，是某种特定形式的和的极限，同定积分类似. 本节给出二重积分的概念和性质.

一、二重积分的概念

引例 1　曲顶柱体的体积

设有一立体，它的底是 xOy 面上的闭区域 D，它的侧面是以 D 的边界曲线为准线而母线平行于 z 轴的柱面，它的顶是曲面 $z=f(x,y)$，这里 $f(x,y)\geqslant 0$ 且在 D 上连续（见图 9-1-1). 这种立体叫作**曲顶柱体**.

现在我们来讨论如何计算上述曲顶柱体的体积 V.

平顶柱体的高是不变的，它的体积计算公式为

$$体积 = 高 \times 底面积.$$

关于曲顶柱体，当点 (x,y) 在区域 D 上变动时，高度 $f(x,y)$ 是个变量，因此它的体积不能直接用上式来定义和计算，可以用微元法来解决目前的问题.

（1）分割. 用任意的曲线网把区域 D 任意分成 n 个小闭区域：

$$\Delta\sigma_1, \Delta\sigma_2, \cdots, \Delta\sigma_n.$$

分别以这些小区域的边界曲线为准线，作母线平行于 z 轴的柱面，这些柱面把原来的曲顶柱体分为 n 个小曲顶柱体（见图 9-1-2). 记第 i 个小曲顶柱体的体积为 Δv_i，当 $\Delta\sigma_i$ 的直径很小时，由于 $f(x,y)$ 连续，从而在 $\Delta\sigma_i$ 上 $f(x,y)$ 变化很小，这时小曲顶柱体可近似看成平顶柱体. 在 $\Delta\sigma_i$（小区域的面积也记作 $\Delta\sigma_i$）上任取一点 (ξ_i,η_i)，以 $f(\xi_i,\eta_i)$ 为高而底为 $\Delta\sigma_i$ 的平顶柱体的体积 $\Delta v_i \approx f(\xi_i,\eta_i)\ \Delta\sigma_i \quad (i=1,2,\cdots,n)$.

（2）求和. 这 n 个平顶柱体体积之和是整个曲顶柱体体积的近似值. 即

$$V = \sum_{i=1}^{n} \Delta v_i \approx \sum_{i=1}^{n} f(\xi_i,\eta_i)\Delta\sigma_i.$$

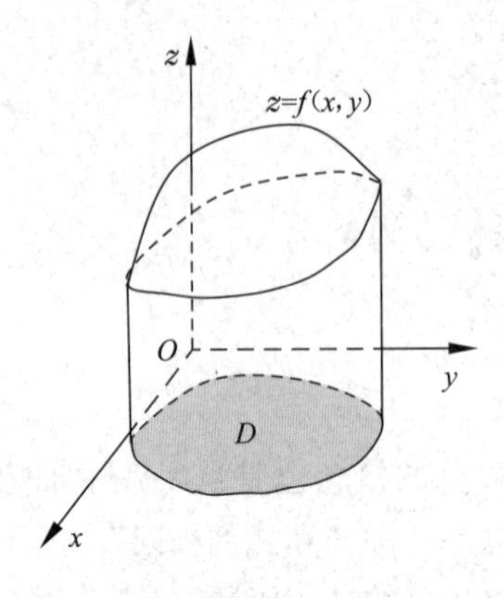

图 9-1-1

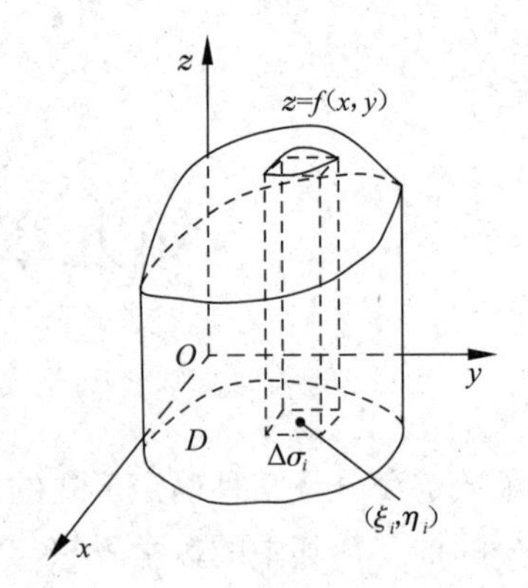

图 9-1-2

（3）取极限. 令 n 个小区域的直径中的最大值（记作 λ）趋于零，取上述和的极限，所得的极限为所求曲顶柱体的体积 V，即

$$V=\lim_{\lambda\to 0}\sum_{i=1}^{n}f(\xi_i,\eta_i)\Delta\sigma_i.$$

引例 2　平面薄片的质量

设有一平面薄片占有 xOy 面上的闭区域 D，它在点（x,y）处的面密度为 $\rho(x,y)$，这里 $\rho(x,y)>0$ 且在 D 上连续. 现在要计算该薄片的质量 M.

若薄片是均匀的，即面密度是常数，那么薄片的质量可以用公式

$$质量 = 面密度 \times 面积$$

来计算. 现在面密度 $\rho(x,y)$ 是变量，薄片的质量就不能直接用上式来计算. 可以用微元法来解决目前问题.

由于 $\rho(x,y)$ 连续，把薄片任意分成许多小块（见图 9-1-3）以后，只要小块所占的小区域 $\Delta\sigma_i$ 的直径很小，这些小块就可以近似地看作密度均匀薄片，在 $\Delta\sigma_i$ 上任取一点（ξ_i,η_i），则

$$\rho(\xi_i,\eta_i)\Delta\sigma_i\quad(i=1,2,\cdots,n)$$

可看作第 i 个小块质量的近似值. 通过求和、取极限，便得出

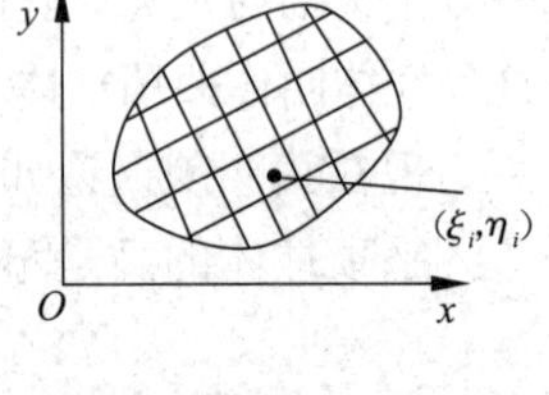

图 9-1-3

$$M=\lim_{\lambda\to 0}\sum_{i=1}^{n}\rho(\xi_i,\eta_i)\Delta\sigma_i.$$

上面两个问题的实际意义虽然不同，但所求问题都归结为同一形式的和的极限. 因此，抽象出下述二重积分的定义.

定义　设 $f(x,y)$ 是定义在有界闭区域 D 上的有界函数. 将闭区域 D 任意分成 n 个小区域 $\Delta\sigma_1$，$\Delta\sigma_2$，…，$\Delta\sigma_n$，其中 $\Delta\sigma_i$ 表示第 i 个小闭区域，也表示它的面积. 在每个 $\Delta\sigma_i$ 上任取一点（ξ_i,η_i），若

$$\lim_{\lambda\to 0}\sum_{i=1}^{n}f(\xi_i,\eta_i)\Delta\sigma_i$$

存在，λ 为小区域的直径中的最大值，则称此极限为**函数 $f(x,y)$ 在闭区域 D 上的二重积分**，记作 $\iint\limits_D f(x,y)\mathrm{d}\sigma$，即

$$\iint\limits_D f(x,y)\mathrm{d}\sigma = \lim_{\lambda\to 0}\sum_{i=1}^{n} f(\xi_i,\eta_i)\Delta\sigma_i, \tag{9.1.1}$$

其中 $f(x,y)$ 叫作**被积函数**；$f(x,y)\mathrm{d}\sigma$ 叫作**被积表达式**；$\mathrm{d}\sigma$ 叫作**面积元素**；x 与 y 叫作**积分变量**；D 叫作**积分区域**；$\sum\limits_{i=1}^{n} f(\xi_i,\eta_i)\Delta\sigma_i$ 叫作**积分和**.

根据二重积分的定义，引例中的问题可用二重积分表示如下：

曲顶柱体的体积可表示为 $V=\iint\limits_D f(x,y)\mathrm{d}\sigma$.

平面薄片的质量可表示为 $M=\iint\limits_D \rho(x,y)\mathrm{d}\sigma$.

二重积分的几何意义：

由二重积分的定义，式（9.1.1）中 $\Delta\sigma_i$ 表示小区域的面积，即 $\Delta\sigma_i>0$，所以二重积分的几何意义如下：

在积分区域 D 上，

（1）若 $f(x,y)\geqslant 0$（柱体就在 xOy 面的上方），二重积分的值是非负的，被积函数 $f(x,y)$可解释为曲顶柱体在点（x,y）处的高，则二重积分表示曲顶柱体的体积；

（2）若 $f(x,y)<0$（曲顶柱体就在 xOy 面的下方），二重积分的值是负的，则二重积分的绝对值等于曲顶柱体的体积；

（3）如果 $f(x,y)$ 在 D 的若干部分区域是正的，而在其他部分区域上是负的，则 $f(x,y)$在 D 上的二重积分就等于这些部分区域上的柱体体积的代数和.

对二重积分定义的说明：

（1）当函数 $f(x,y)$ 在有界闭区域 D 上连续时，$f(x,y)$ 在 D 上的二重积分必定存在.

（2）若函数 $f(x,y)$ 在有界闭区域 D 上有界，且 $f(x,y)$ 在 D 上除有限个点或有限条光滑曲线外都连续，则函数 $f(x,y)$ 在 D 上必可积或者二重积分不存在.

二、二重积分的性质

二重积分与定积分有类似的性质，因此不加证明地叙述如下.

性质 1　设 α，β 为常数，则

$$\iint\limits_D [\alpha f(x,y)\pm\beta g(x,y)]\mathrm{d}\sigma = \alpha\iint\limits_D f(x,y)\mathrm{d}\sigma \pm \beta\iint\limits_D g(x,y)\mathrm{d}\sigma.$$

性质 2　如果有界闭区域 D 被有限条曲线分为有限个部分闭区域，则在 D 上的二重积分等于在各部分闭区域上的二重积分的和. 例如区域 D 分为两个闭区域 D_1 与 D_2，则

$$\iint\limits_D f(x,y)\mathrm{d}\sigma = \iint\limits_{D_1} f(x,y)\mathrm{d}\sigma + \iint\limits_{D_2} f(x,y)\mathrm{d}\sigma.$$

这个性质表示二重积分对于**积分区域具有可加性**.

性质 3　如果在有界闭区域 D 上，$f(x,y)=1$，σ 为 D 的面积，则

$$\iint\limits_D 1\mathrm{d}\sigma = \iint\limits_D \mathrm{d}\sigma = \sigma.$$

此性质的几何意义：以 D 为底，高为 1 的平顶柱体的体积在数值上就等于该柱体的底面积.

性质 4　如果在有界闭区域 D 上，$f(x,y)\leqslant\varphi(x,y)$，则有不等式

$$\iint\limits_D f(x,y)\mathrm{d}\sigma \leqslant \iint\limits_D \varphi(x,y)\mathrm{d}\sigma.$$

特别地，有 $\left|\iint\limits_D f(x,y)\mathrm{d}\sigma\right| \leqslant \iint\limits_D \left|f(x,y)\right|\mathrm{d}\sigma$.

性质 5（二重积分的估值不等式） 设 M，m 分别是 $f(x,y)$ 在有界闭区域 D 上的最大值和最小值，σ 是 D 的面积，则有

$$m\sigma \leqslant \iint\limits_D f(x,y)\mathrm{d}\sigma \leqslant M\sigma.$$

性质 6（二重积分的中值定理） 设函数 $f(x,y)$ 在有界闭区域 D 上连续，σ 是 D 的面积，则在 D 上至少存在一点 (ξ,η) 使得下式成立：

$$\iint\limits_D f(x,y)\mathrm{d}\sigma = f(\xi,\eta)\cdot\sigma.$$

中值定理的几何意义：曲顶柱体的体积等于以有界闭区域 D 内某点 (ξ,η) 的函数值 $f(\xi,\eta)$ 为高的平顶柱体的体积.

注 由性质 6 可得 $\dfrac{1}{\sigma}\iint\limits_D f(x,y)\mathrm{d}\sigma = f(\xi,\eta)$.

通常将 $\dfrac{1}{\sigma}\iint\limits_D f(f(x,y)\mathrm{d}\sigma$ 称为**函数 $f(x,y)$ 在闭区域 D 上的平均值**.

习题 9-1

1. 设有一平面薄板（不计厚度），占有 xOy 面上的闭区域 D，薄板上分布有面密度为 $\mu=\mu(x,y)$ 的电荷，且 $\mu(x,y)$ 在 D 上连续，试用二重积分表达该板上的全部电荷 Q.

2. 设 $I_1 = \iint\limits_{D_1}(x^2+y^2)^3\mathrm{d}\sigma$，其中 D_1 是矩形闭区域：$-1\leqslant x\leqslant 1$，$-2\leqslant y\leqslant 2$；又 $I_2 = \iint\limits_{D_2}(x^2+y^2)^3\mathrm{d}\sigma$，其中 D_2 是矩形闭区域：$0\leqslant x\leqslant 1$，$0\leqslant y\leqslant 2$. 试用二重积分的几何意义说明 I_1 与 I_2 之间的关系.

3. 根据二重积分的性质，比较下列积分的大小：

(1) $\iint\limits_D(x+y)^2\mathrm{d}\sigma$ 与 $\iint\limits_D(x+y)^3\mathrm{d}\sigma$，其中积分区域 D 由 x 轴，y 轴与直线 $x+y=1$ 所围成；

(2) $\iint\limits_D(x+y)^2\mathrm{d}\sigma$ 与 $\iint\limits_D(x+y)^3\mathrm{d}\sigma$，其中积分区域 D 由圆 $(x-2)^2+(y-1)^2=2$ 所围成；

(3) $\iint\limits_D\ln(x+y)\mathrm{d}\sigma$ 与 $\iint\limits_D[\ln(x+y)]^2\mathrm{d}\sigma$，其中 D 是三角形闭区域，三顶点分别为 $(1,0)$，$(1,1)$，$(2,0)$；

(4) $\iint\limits_D\ln(x+y)\mathrm{d}\sigma$ 与 $\iint\limits_D[\ln(x+y)]^2\mathrm{d}\sigma$，其中 D 是矩形闭区域：$3\leqslant x\leqslant 5$，$0\leqslant y\leqslant 1$.

4. 利用二重积分的性质估计下列积分的值：

(1) $I = \iint\limits_D xy(x+y)\mathrm{d}\sigma$，其中 D 是矩形闭区域：$0\leqslant x\leqslant 1$，$0\leqslant y\leqslant 1$；

(2) $I=\iint\limits_D \sin^2 x\sin^2 y\mathrm{d}\sigma$，其中 D 是矩形闭区域：$0\leqslant x\leqslant\pi$，$0\leqslant y\leqslant\pi$；

(3) $I=\iint\limits_D (x+y+1)\mathrm{d}\sigma$，其中 D 是矩形闭区域：$0\leqslant x\leqslant 1$，$0\leqslant y\leqslant 2$；

(4) $I=\iint\limits_D (x^2+4y^2+9)\mathrm{d}\sigma$，其中 D 是圆形闭区域：$x^2+y^2\leqslant 4$.

第二节　直角坐标系下二重积分的计算法

【课前导读】

按照二重积分的定义来计算二重积分，对特殊的被积函数和积分区域来说是可行的，但对一般的函数和区域来说，这不是一种切实可行的方法. 本节介绍一种计算二重积分的方法，基本思想是把二重积分化为两次定积分来计算.

一、二重积分的计算

1. 直角坐标系下的面积元素

在二重积分的定义中对闭区域 D 的划分是任意的，如果在直角坐标系中用平行于坐标轴的直线网来划分 D，那么除了包含边界点的一些小闭区域外，其余的小闭区域都是矩形闭区域. 设矩形闭区域 $\Delta\sigma_i$ 的边长为 Δx_i 和 Δy_i，则 $\Delta\sigma_i=\Delta x_i\cdot\Delta y_i$. 因此，在直角坐标系中，把面积元素 $\mathrm{d}\sigma$ 记作 $\mathrm{d}x\mathrm{d}y$，而把二重积分记作

$$\iint\limits_D f(x,y)\mathrm{d}x\mathrm{d}y.$$

其中 $\mathrm{d}x\mathrm{d}y$ 叫作**直角坐标系中的面积元素**.

2. 直角坐标系下二重积分的计算

(1) 若积分区域 D 可用不等式表示为 $\varphi_1(x)\leqslant y\leqslant\varphi_2(x)$，$a\leqslant x\leqslant b$，其中函数 $\varphi_1(x)$，$\varphi_2(x)$ 在区间 $[a,b]$ 上连续，这种区域称为 ***X*一型区域**，如图 9-2-1 (a) 所示. ***X*一型区域**的特点：平行于 y 轴的直线穿过 D 内部，与 D 的边界交点不多于两点.

(2) 若积分区域 D 可用不等式表示为：$\psi_1(y)\leqslant x\leqslant\psi_2(y)$，$c\leqslant y\leqslant d$，其中函数 $\psi_1(x)$，$\psi_2(x)$ 在区间 $[c,d]$ 上连续，这种区域称为 ***Y*一型区域**. 如图 9-2-1 (b) 所示. Y一型区域的特点：平行于 x 轴的直线穿过 D 内部，与 D 的边界交点不多于两点.

根据二重积分的几何意义，当 $f(x,y)\geqslant 0$ 时，$\iint\limits_D f(x,y)\mathrm{d}x\mathrm{d}y$ 的值等于以 D 为底，以曲面 $z=f(x,y)$ 为顶的曲顶柱体的体积 V. 下面我们用“求平行截面面积为已知的立体的体积”的方法来求体积 V.

设积分区域 D 为 ***X*一型区域**，先计算截面面积. 在区间 $[a,b]$ 上任意取定一个点 x_0，作平行于 yOz 面的平面 $x=x_0$，该平面截曲顶柱体所得截面是一个以区间 $[\varphi_1(x_0),\varphi_2(x_0)]$ 为底，曲线 $z=f(x_0,y)$ 为曲边的曲边梯形（图 9-2-2 中阴影部分），其面积为

$$A(x_0)=\int_{\varphi_1(x_0)}^{\varphi_2(x_0)} f(x_0,y)\mathrm{d}y.$$

一般地，过区间 $[a,b]$ 上任一点 x 且平行于 yOz 面的平面，截曲顶柱体所得截面的面积为

$$A(x)=\int_{\varphi_1(x)}^{\varphi_2(x)} f(x,y)\mathrm{d}y,$$

从而

$$V=\int_a^b A(x)\mathrm{d}x=\int_a^b\left[\int_{\varphi_1(x)}^{\varphi_2(x)} f(x,y)\mathrm{d}y\right]\mathrm{d}x,$$

于是有

$$\iint_D f(x,y)\mathrm{d}\sigma=\int_a^b\left[\int_{\varphi_1(x)}^{\varphi_2(x)} f(x,y)\mathrm{d}y\right]\mathrm{d}x, \tag{9.2.1}$$

式（9.2.1）右端称为**先对 y 后对 x 的二次积分**，常记为

$$\iint_D f(x,y)\mathrm{d}\sigma=\int_a^b \mathrm{d}x\int_{\varphi_1(x)}^{\varphi_2(x)} f(x,y)\mathrm{d}y. \tag{9.2.2}$$

上述讨论中，我们假定 $f(x,y)\geqslant 0$，实际上式（9.2.1）对任意连续函数 $f(x,y)$ 都成立.

类似地，若积分区域 D 为**Y一型区域**，则

$$\iint_D f(x,y)\mathrm{d}\sigma=\int_c^d \mathrm{d}y\int_{\psi_1(y)}^{\psi_2(y)} f(x,y)\mathrm{d}x. \tag{9.2.3}$$

式（9.2.3）右端称为**先对 x 后对 y 的二次积分**.

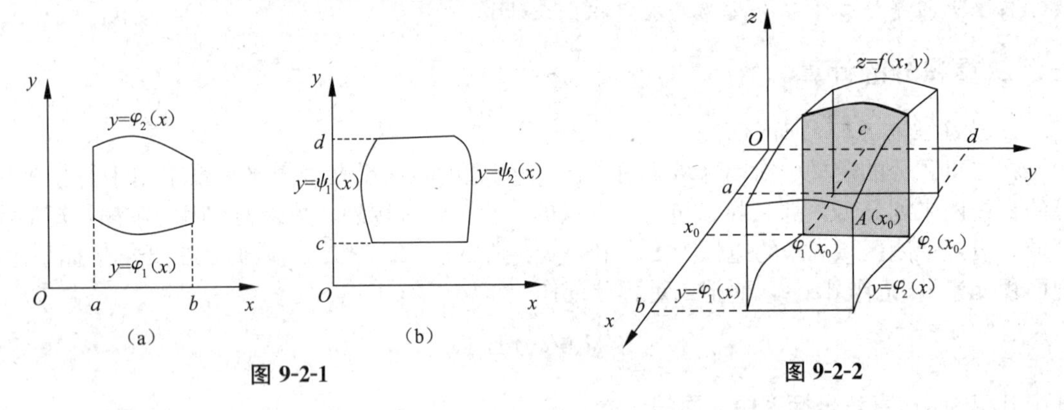

图 9-2-1　　图 9-2-2

如果积分区域 D 既不是 X一型区域，又不是 Y一型区域，如图 9-2-3 所示，则可以把 D 分成几部分，使每个部分是 X一型区域或是 Y一型区域. 各部分的二重积分求得后，利用积分区域可加性，可得在 D 上的二重积分.

二重积分化为二次积分时，**确定积分限**是一个关键. 积分限是根据积分区域 D 来确定的. 首先画出区域 D，下面给出积分限的确定步骤：

情形 1　若积分区域 D 为 X—型区域（见图 9-2-4（a））

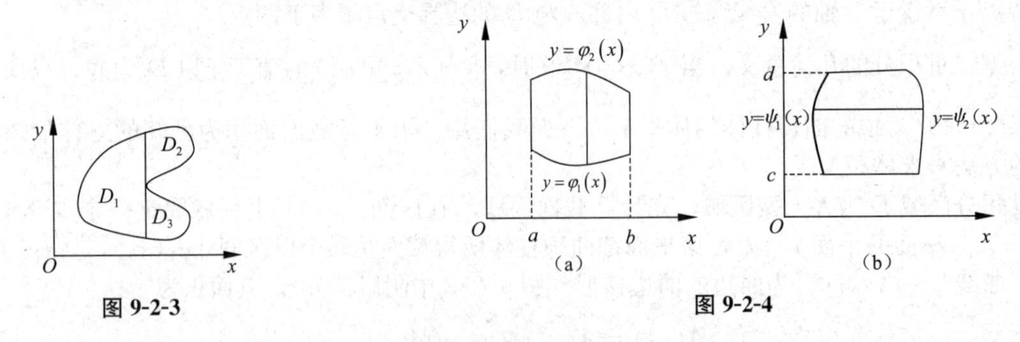

图 9-2-3　　图 9-2-4

（1）将区域 D 投影到 x 轴，若投影区间是 $[a,b]$，则积分变量 x 的积分区间为 $[a,b]$；

（2）在区域 D 内作平行于 y 轴的线段，下端点所在的曲线为 $\varphi_1(x)$，上端点所在的曲线为 $\varphi_2(x)$，则积分变量 y 的积分区间为 $[\varphi_1(x),\varphi_2(x)]$.

情形 2　若积分区域 D 为 Y—型区域（见图 9-2-4（b））

（1）将区域 D 投影到 y 轴，若投影区间是 $[c,d]$，则积分变量 y 的积分区间为 $[c,d]$；

（2）在区域 D 内作平行于 x 轴的线段，左端点所在的曲线为 $\psi_1(x)$，右端点所在的曲线为 $\psi_2(x)$，则积分变量 x 的积分区间为 $[\psi_1(x),\psi_2(x)]$.

例 1　计算 $\iint\limits_D xy\,\mathrm{d}\sigma$，其中 D 是由直线 $y=1$，$x=2$ 及 $y=x$ 围成的闭区域.

解法 1　首先画出区域 D. 将积分区域 D 看作 X—型区域（见图 9-2-5（a）），将区域 D 投影到 x 轴，投影区间是 $[1,2]$，则积分变量 x 的积分区间为 $[1,2]$. 在区域 D 内作平行于 y 轴的线段，下端点所在的曲线为 $y=1$，上端点所在的曲线为 $y=x$，则积分变量 y 的积分区间为 $[1,x]$. 利用式（9.2.1）得

$$\iint\limits_D xy\,\mathrm{d}\sigma=\int_1^2\left[\int_1^x xy\,\mathrm{d}y\right]\mathrm{d}x=\int_1^2\left[x\cdot\frac{y^2}{2}\right]_1^x\mathrm{d}x=\int_1^2\left(\frac{x^3}{2}-\frac{x}{2}\right)\mathrm{d}x=\left[\frac{x^4}{8}-\frac{x^2}{4}\right]_1^2=1\frac{1}{8}.$$

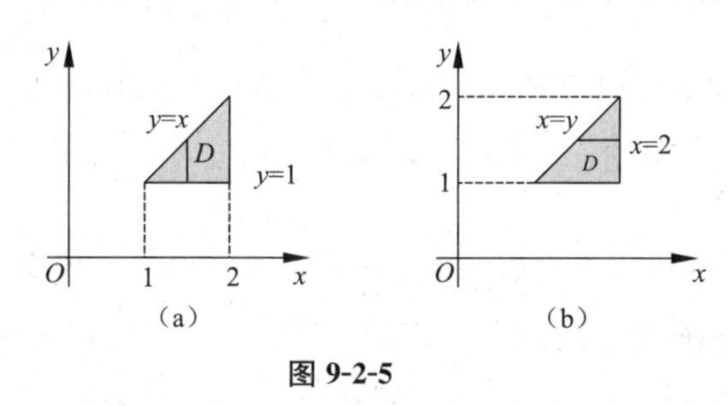

图 9-2-5

解法 2　将积分区域 D 看作 Y—型区域（见图 9-2-5（b）），将区域 D 投影到 y 轴，投影区间是 $[1,2]$，则积分变量 y 的积分区间为 $[1,2]$. 在区域 D 内作平行于 x 轴的线段，左端点所在的曲线为 $x=y$，右端点所在的曲线为 $x=2$，则积分变量 x 的积分区间为 $[y,2]$. 利用式（9.2.3）得

$$\iint\limits_D xy\,\mathrm{d}\sigma=\int_1^2\left[\int_y^2 xy\,\mathrm{d}x\right]\mathrm{d}y=\int_1^2\left[y\cdot\frac{x^2}{2}\right]_y^2\mathrm{d}y=\int_1^2\left(2y-\frac{y^3}{2}\right)\mathrm{d}y=\left[y^2-\frac{y^4}{8}\right]_1^2=1\frac{1}{8}.$$

例 2　计算 $\iint\limits_D xy\,\mathrm{d}\sigma$，其中 D 是由抛物线 $y^2=x$ 及直线 $y=x-2$ 所围成的闭区域.

解　积分区域 D 看作 Y—型区域，如图 9-2-6（a）所示，利用式（9.2.3），得

$$\iint\limits_D xy\,\mathrm{d}\sigma=\int_{-1}^2\left[\int_{y^2}^{y+2}xy\,\mathrm{d}x\right]\mathrm{d}y=\int_{-1}^2\left[\frac{x^2}{2}y\right]_{y^2}^{y+2}\mathrm{d}y=\frac{1}{2}\int_{-1}^2[y(y+2)^2-y^5]\mathrm{d}y$$

$$=\frac{1}{2}\left[\frac{y^4}{4}+\frac{4}{3}y^3+2y^2-\frac{y^6}{6}\right]_{-1}^2=5\frac{5}{8}.$$

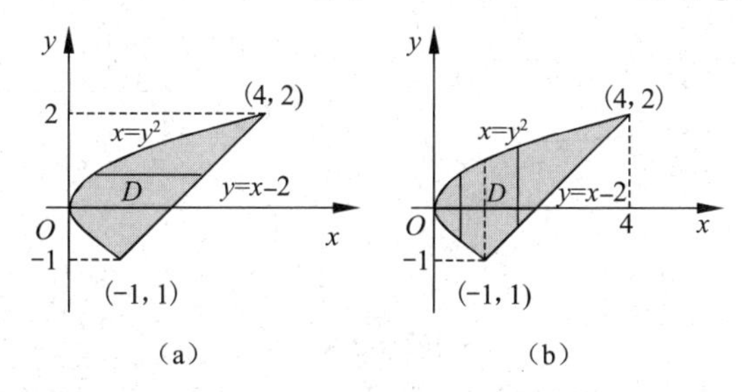

图 9-2-6

若把 D 看作 X—型区域，利用式（9.2.1）来计算. 由于在区间 $[0,1]$ 及 $[1,4]$ 上表示 $\varphi_1(x)$ 的式子不同，因此利用线段 $x=1$ 把 D 分成 D_1 和 D_2 两部分（见图 9-2-6（b）），其中

$$D_1=\{(x,y)\mid -\sqrt{x}\leqslant y\leqslant\sqrt{x},0\leqslant x\leqslant 1\},$$

$$D_2=\{(x,y)\mid x-2\leqslant y\leqslant\sqrt{x},1\leqslant x\leqslant 4\}.$$

因此，根据二重积分的性质 3，有

$$\iint_D xy\,\mathrm{d}\sigma=\iint_{D_1} xy\,\mathrm{d}\sigma+\iint_{D_2} xy\,\mathrm{d}\sigma=\int_0^1\left[\int_{-\sqrt{x}}^{\sqrt{x}} xy\,\mathrm{d}y\right]\mathrm{d}x+\int_1^4\left[\int_{x-2}^{\sqrt{x}} xy\,\mathrm{d}y\right]\mathrm{d}x.$$

由此可见，用式（9.2.1）计算比较麻烦.

上述例子说明，**在化二重积分为二次积分时，为了计算简便，需要选择恰当的二次积分的次序. 这时，既需要考虑积分区域 D 的形状，又要考虑被积函数 $f(x,y)$ 的特性**，比如下例.

例 3 计算 $\iint\limits_D \mathrm{e}^{y^2}\mathrm{d}x\mathrm{d}y$，其中 D 由 $y=x$，$y=1$ 及 y 轴所围成.

解 积分区域 D 如图 9-2-7 所示. 将 D 视为 X—型区域，则

$$\iint_D \mathrm{e}^{y^2}\mathrm{d}x\mathrm{d}y=\int_0^1\mathrm{d}x\int_x^1\mathrm{e}^{y^2}\mathrm{d}y,$$

而 $\int_x^1\mathrm{e}^{y^2}\mathrm{d}y$ 的原函数不能用初等函数表示，所以，应选择另一种积分次序. 现将 D 视为 Y—型区域，则

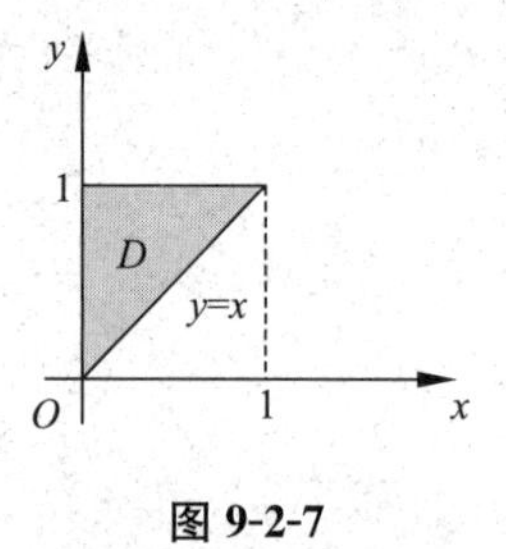

图 9-2-7

$$\iint_D \mathrm{e}^{y^2}\mathrm{d}x\mathrm{d}y=\int_0^1\mathrm{d}y\int_0^y\mathrm{e}^{y^2}\mathrm{d}x=\int_0^1\mathrm{e}^{y^2}\left[x\Big|_0^y\right]\mathrm{d}y=\int_0^1 y\mathrm{e}^{y^2}\mathrm{d}y$$

$$=\frac{1}{2}\int_0^1\mathrm{e}^{y^2}\mathrm{d}y^2=\frac{1}{2}\mathrm{e}^{y^2}\Big|_0^1=\frac{1}{2}(\mathrm{e}-1).$$

例 4 求由两个底圆半径都等于 R 的直交圆柱面所围成的立体的体积.

解 设这两个圆柱面的方程分别为

$$x^2+y^2=R^2\quad 及\quad x^2+z^2=R^2.$$

利用立体关于坐标平面的对称性，只要算出它在第一卦限部分（见图 9-2-8（a））的体积 V_1，然后乘以 8 就行了.

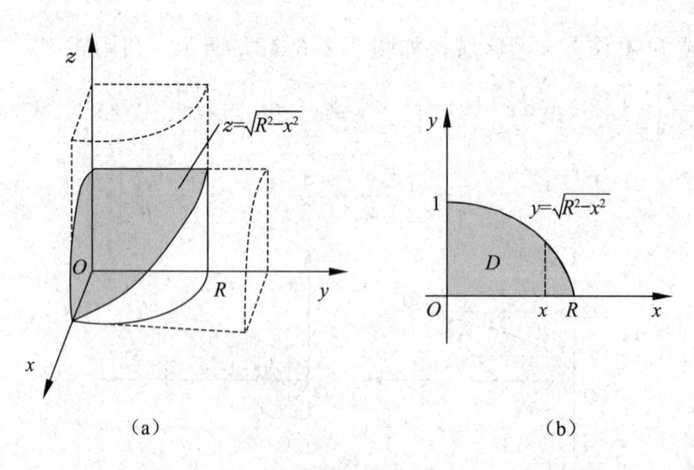

图 9-2-8

所求立体在第一卦限部分可以看成一个曲顶柱体，它的底（见图 9-2-8（b））为

$$D=\{(x,y)\,|\,0\leqslant y\leqslant \sqrt{R^2-x^2},0\leqslant x\leqslant R\},$$

顶是柱面 $z=\sqrt{R^2-x^2}$．于是，

$$V_1=\iint_D \sqrt{R^2-x^2}\,\mathrm{d}\sigma=\int_0^R\left(\int_0^{\sqrt{R^2-x^2}}\sqrt{R^2-x^2}\,\mathrm{d}y\right)\mathrm{d}x=\int_0^R\left[\sqrt{R^2-x^2}\,y\right]_0^{\sqrt{R^2-x^2}}\mathrm{d}x$$

$$=\int_0^R(R^2-x^2)\mathrm{d}x=\frac{2}{3}R^3.$$

从而所求立体体积为 $V=8V_1=\frac{16}{3}R^3$.

在概率论中，关于二维连续型随机变量的一些问题，常常也表现为二重积分的计算问题．下面例5、例6和例7三个例题，是概率论问题求解常用的二重积分的形式.

例5　设函数 $f(x,y)=\begin{cases}k(6-x-y), & (x,y)\in D,\\ 0, & (x,y)\notin D,\end{cases}$ 其中 D：$\{(x,y)\,|\,0\leqslant x\leqslant 2,\ 2\leqslant y\leqslant 4\}$，且 $\iint_{\mathbf{R}^2}f(x,y)\mathrm{d}\sigma=1$.（1）求常数 k；（2）设 G：$x+y>4$，求 $\iint_G f(x,y)\mathrm{d}\sigma$.

解　（1）区域 D 如图9-2-9（a）所示，由题设可得：

$$\iint_{\mathbf{R}^2}f(x,y)\mathrm{d}\sigma=\iint_D f(x,y)\mathrm{d}\sigma=\iint_D k(6-x-y)\mathrm{d}\sigma=1,$$

因为

$$\iint_D k(6-x-y)\mathrm{d}\sigma=k\int_0^2\mathrm{d}x\int_2^4(6-x-y)\mathrm{d}y$$

$$=k\int_0^2\left[\left(6y-xy-\frac{1}{2}y^2\right)\Big|_2^4\right]\mathrm{d}x$$

$$=k\int_0^2(6-2x)\mathrm{d}x=8k=1,$$

所以，$k=\frac{1}{8}$.

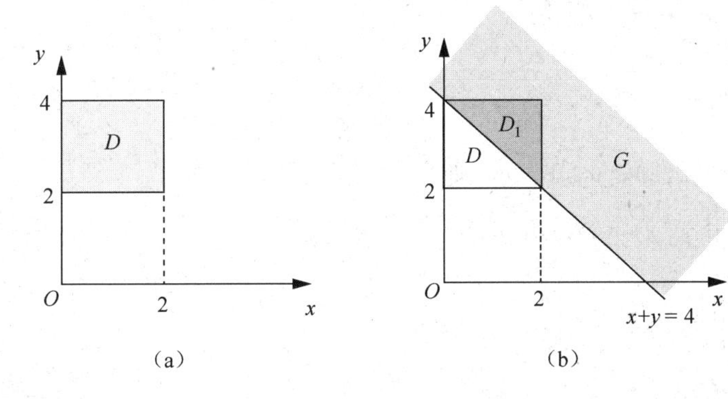

图 9-2-9

（2）在区域 G 上，$f(x,y)=\begin{cases}\frac{1}{8}(6-x-y), & (x,y)\in D_1,\\ 0, & (x,y)\in G-D_1\end{cases}$ 如图9-2-9（b）所示，则

$$\iint_G f(x,y)\mathrm{d}\sigma=\iint_{D_1} f(x,y)\mathrm{d}\sigma=\frac{1}{8}\int_0^2\mathrm{d}x\int_{4-x}^4(6-x-y)\mathrm{d}y$$
$$=\frac{1}{8}\int_0^2\left(2x-\frac{1}{2}x^2\right)\mathrm{d}x=\frac{1}{3}.$$

例 6 设函数 $f(x,y)=\begin{cases}\dfrac{x+y}{8}, & (x,y)\in D,\\ 0, & (x,y)\notin D,\end{cases}$ 其中 D：$\{(x,y)\mid 0\leqslant x\leqslant 2，0\leqslant y\leqslant 2\}$（见图 9-2-10），求：(1) $\iint_{\mathbf{R}^2} xf(x,y)\mathrm{d}x\mathrm{d}y$；(2) $\int_{-\infty}^{+\infty}f(x,y)\mathrm{d}x$.

解 (1) $\iint_{\mathbf{R}^2} xf(x,y)\mathrm{d}x\mathrm{d}y=\iint_D x\,\dfrac{(x+y)}{8}\mathrm{d}x\mathrm{d}y$

$$=\int_0^2\mathrm{d}x\int_0^2\frac{x}{8}(x+y)\mathrm{d}y$$
$$=\int_0^2\frac{x}{8}\left(xy+\frac{1}{2}y^2\right)\Big|_0^2\mathrm{d}x$$
$$=\frac{1}{4}\int_0^2(x^2+x)\mathrm{d}x=\frac{7}{6};$$

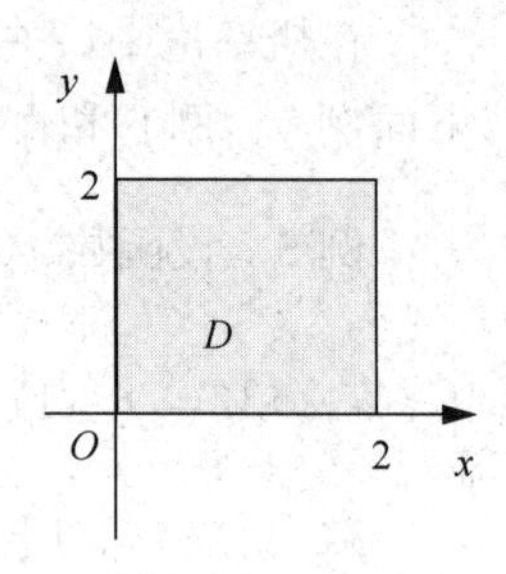

图 9-2-10

(2) $\int_{-\infty}^{+\infty}f(x,y)\mathrm{d}x=\int_0^2 f(x,y)\mathrm{d}x=\begin{cases}\displaystyle\int_0^2\frac{(x+y)}{8}\mathrm{d}x, & 0\leqslant y\leqslant 2,\\ 0, & \text{其他}\end{cases}$

$$=\begin{cases}\dfrac{1}{8}\left(\dfrac{1}{2}x^2+yx\right)\Big|_0^2, & 0\leqslant y\leqslant 2,\\ 0, & \text{其他}\end{cases}=\begin{cases}\dfrac{1}{4}(1+y), & 0\leqslant y\leqslant 2,\\ 0, & \text{其他}.\end{cases}$$

例 7 设函数 $f(x)=\begin{cases}2x, & 0\leqslant x\leqslant 1,\\ 0, & \text{其他},\end{cases}$ $f(y)=\begin{cases}\dfrac{1}{2}y, & 0\leqslant y\leqslant 2,\\ 0, & \text{其他},\end{cases}$ 若区域 G 为 $x+y\leqslant 1$（见图 9-2-11），求 $\iint_G f(x)\cdot f(y)\mathrm{d}x\mathrm{d}y$.

解 由已知可得：$f(x)\cdot f(y)=\begin{cases}xy, & 0\leqslant x\leqslant 1，0\leqslant y\leqslant 2,\\ 0, & \text{其他},\end{cases}$

设 D 为：$0\leqslant x\leqslant 1$，$0\leqslant y\leqslant 1-x$，则

$$\iint_G f(x)\cdot f(y)\mathrm{d}x\mathrm{d}y$$
$$=\iint_D xy\mathrm{d}x\mathrm{d}y=\int_0^1\mathrm{d}x\int_0^{1-x}xy\mathrm{d}y$$
$$=\int_0^1\frac{x}{2}\left[y^2\right]_0^{1-x}\mathrm{d}x=\frac{1}{2}\int_0^1 x(1-x)^2\mathrm{d}x$$
$$=\frac{1}{2}\left(\frac{1}{2}x^2-\frac{2}{3}x^3+\frac{1}{4}x^4\right)\Big|_0^1=\frac{1}{24}.$$

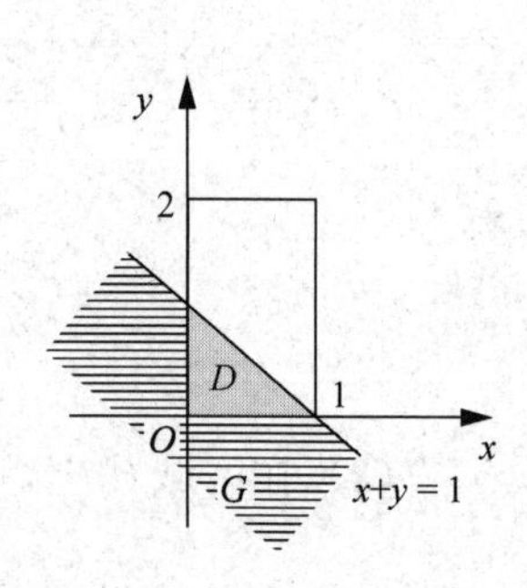

图 9-2-11

二、交换积分次序

从例 2、例 3 可知，计算二重积分时，合理选择积分次序是比较重要的一步，积分次序选择不当会使积分计算烦琐，甚至无法计算出结果.

一般地，**交换给定二次积分的积分次序的步骤如下：**

（1）根据已给积分式，写出描述积分区域 D 的不等式，并画出积分区域；

（2）根据积分区域的形状，按新的次序确定积分限.

例 8　交换二次积分 $\int_0^1 dx\int_{x^2}^{x} f(x,y)dy$ 的积分次序.

解　所给二次积分的积分限为

$$0\leqslant x\leqslant 1,\quad x^2\leqslant y\leqslant x.$$

积分区域如图 9-2-12 阴影部分所示，重新确定积分区域的积分限：

$$0\leqslant y\leqslant 1,\ y\leqslant x\leqslant \sqrt{y},$$

所以

$$\int_0^1 dx\int_{x^2}^{x} f(x,y)dy=\int_0^1 dy\int_y^{\sqrt{y}} f(x,y)dx.$$

例 9　设函数 $f(x,y)$ 连续，证明：$\int_a^b dx\int_a^x f(x,y)dy=\int_a^b dy\int_y^b f(x,y)dx$.

证明　设 $\int_a^b dx\int_a^x f(x,y)dy=\iint\limits_D f(x,y)d\sigma$，其中积分区域 D 为 $a\leqslant x\leqslant b$，$a\leqslant y\leqslant x$（见图 9-2-13）. 积分区域也可表示为 $a\leqslant y\leqslant b$，$y\leqslant x\leqslant b$，于是，改变积分次序可得

$$\iint\limits_D f(x,y)d\sigma=\int_a^b dy\int_y^b f(x,y)dx,$$

故

$$\int_a^b dx\int_a^x f(x,y)dy=\int_a^b dy\int_y^b f(x,y)dx.$$

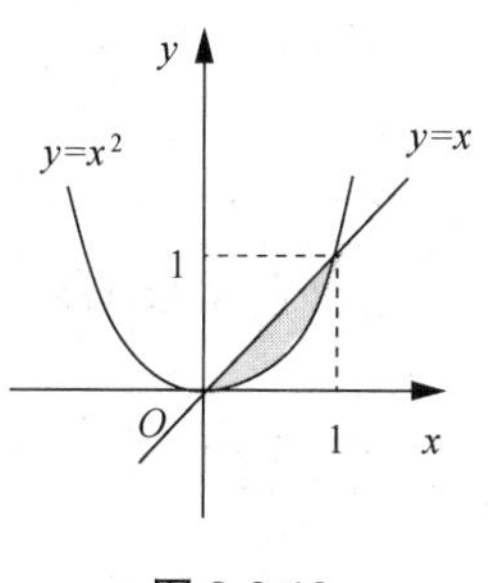

图 9-2-12

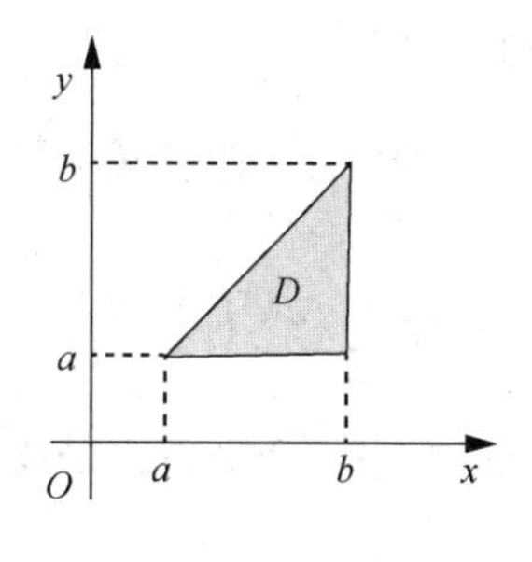

图 9-2-13

三、二重积分的对称性

在定积分的计算中，利用其对称性可简化某些定积分的计算. 根据二重积分的定义容易证明下述关于对称性的结论，以下设 $f(x,y)$ 在区域 D 上可积.

1. 若积分区域 D 关于 y 轴对称，则

①当 $f(x,y)=-f(-x,y)$ （$(x,y)\in D$）时，$\iint\limits_D f(x,y)dxdy=0$.

②当 $f(x,y)=f(-x,y)$（$(x,y)\in D$）时，$\iint\limits_{D} f(x,y)\mathrm{d}x\mathrm{d}y = 2\iint\limits_{D_1} f(x,y)\mathrm{d}x\mathrm{d}y$，其中 $D_1=\{(x,y)\mid (x,y)\in D,\ x\geqslant 0\}$.

2. 若积分区域 D 关于 x 轴对称，则

①当 $f(x,y)=-f(x,-y)$（$(x,y)\in D$）时，$\iint\limits_{D} f(x,y)\mathrm{d}x\mathrm{d}y = 0$.

②当 $f(x,y)=f(x,-y)$（$(x,y)\in D$）时，$\iint\limits_{D} f(x,y)\mathrm{d}x\mathrm{d}y=2\iint\limits_{D_1} f(x,y)\mathrm{d}x\mathrm{d}y$，其中 $D_1=\{(x,y)\mid (x,y)\in D,\ y\geqslant 0\}$.

3.（轮换对称性）若积分区域 D 关于直线 $y=x$ 对称，则

$$\iint\limits_{D} f(x,y)\mathrm{d}x\mathrm{d}y=\iint\limits_{D} f(y,x)\mathrm{d}x\mathrm{d}y=\frac{1}{2}\left(\iint\limits_{D} f(x,y)\mathrm{d}x\mathrm{d}y+\iint\limits_{D} f(y,x)\mathrm{d}x\mathrm{d}y\right).$$

例 10 计算 $\iint\limits_{D} y\left[1+xf(x^2+y^2)\right]\mathrm{d}x\mathrm{d}y$，其中积分区域 D 由 $y=x^2$ 与 $y=1$ 所围成.

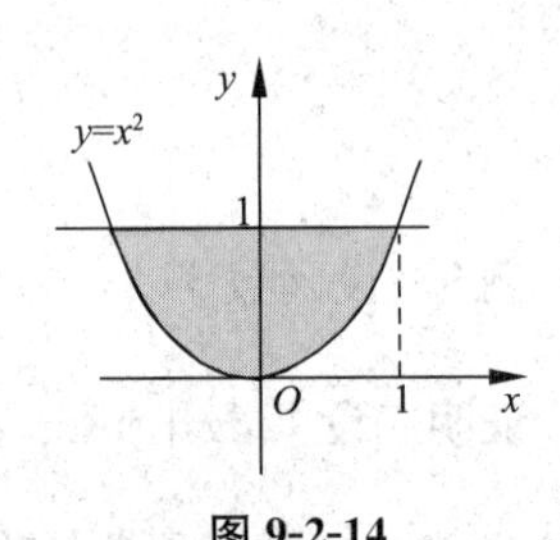

图 9-2-14

解 积分区域 D 关于 y 轴对称（见图 9-2-14），令 $g(x,y)=xyf(x^2+y^2)$，则 $g(x,y)=-g(-x,y)$，所以

$$\iint\limits_{D} y[1+xf(x^2+y^2)\mathrm{d}x\mathrm{d}x=\iint\limits_{D} y\mathrm{d}x\mathrm{d}y=2\int_0^1\mathrm{d}x\int_{x^2}^1 y\mathrm{d}y$$

$$=\int_0^1(1-x^4)\mathrm{d}x=\frac{4}{5}.$$

习题 9-2

1. 计算下列二重积分：

(1) $\iint\limits_{D}(x^2+y^2)\mathrm{d}\sigma$，其中 D 是矩形区域：$|x|\leqslant 1$，$|y|\leqslant 1$；

(2) $\iint\limits_{D}(3x+2y)\mathrm{d}\sigma$，其中 D 是由两坐标轴及直线 $x+y=2$ 所围成的闭区域；

(3) $\iint\limits_{D}x\sqrt{y}\,\mathrm{d}\sigma$，其中 D 是由两条抛物线 $y=\sqrt{x}$，$y=x^2$ 所围成的闭区域；

(4) $\iint\limits_{D}xy^2\mathrm{d}\sigma$，其中 D 是由圆周 $x^2+y^2=4$ 及 y 轴所围成的右半闭区域；

(5) $\iint\limits_{D}\mathrm{e}^{x+y}\mathrm{d}\sigma$，其中 D 是由 $|x|+|y|\leqslant 1$ 所确定的闭区域；

(6) $\iint\limits_{D}x\cos(x+y)\mathrm{d}\sigma$，其中 D 是顶点分别为 $(0,0)$，$(\pi,0)$，(π,π) 的三角形闭区域.

2. 交换下列二次积分的积分次序：

(1) $\int_0^1\mathrm{d}y\int_0^y f(x,y)\mathrm{d}x$；　　(2) $\int_0^2\mathrm{d}y\int_{y^2}^{2y} f(x,y)\mathrm{d}x$；

(3) $\int_0^1 dy \int_{-\sqrt{1-y^2}}^{\sqrt{1-y^2}} f(x,y)dx$；　　(4) $\int_1^e dx \int_0^{\ln x} f(x,y)dy$；

(5) $\int_0^3 dx \int_{x^2}^{3x} f(x,y)dy$；　　(6) $\int_1^2 dy \int_1^y f(x,y)dx + \int_2^4 dy \int_{\frac{y}{2}}^2 f(x,y)dx$.

3. 用二重积分表示由曲面 $z=0$，$x+y+z=1$，$x^2+y^2=1$ 所围立体的体积.

4. 应用二重积分求下列区域的面积或体积：

(1) 求由曲线 $y=x+2$，$y=x^2$ 所围成的区域的面积；

(2) 计算由四个平面 $x=0$，$y=0$，$x=1$，$y=1$ 所围成的柱体被平面 $z=0$ 及 $2x+3y+z=6$ 截得的立体的体积；

(3) 求由平面 $x=0$，$y=0$，$x+y=1$ 所围成的柱体被平面 $z=0$ 及抛物面 $x^2+y^2=6-z$ 截得的立体的体积.

5. 计算下列积分：

(1) 设函数 $f(x,y)=\begin{cases} c, & x^2+y^2\leqslant 4, \\ 0, & 其他, \end{cases}$ 若 $\iint\limits_{\mathbf{R}^2} f(x,y)dxdy=1$，求 c 的值；

(2) 设函数 $f(x,y)=\begin{cases} e^{-(2x+y)}, & x\geqslant 0,\ y\geqslant 0, \\ 0, & 其他, \end{cases}$ 求 $\iint\limits_{\mathbf{R}^2} f(x,y)dxdy$；

(3) 设函数 $f(x,y)=\begin{cases} 6xy, & (x,y)\in D, \\ 0, & (x,y)\notin D, \end{cases}$ 其中 D：$\{(x,y)\mid 0\leqslant x\leqslant 1,\ 0\leqslant y\leqslant 1\}$，求 $\int_{-\infty}^{+\infty} f(x,y)dy$；

(4) 设函数 $f(x)=\begin{cases} \frac{2}{3}x, & 1\leqslant x\leqslant 2, \\ 0, & 其他, \end{cases}$ $f(y)=\begin{cases} 2y, & 0\leqslant y\leqslant 1, \\ 0, & 其他, \end{cases}$ 若区域 G 为 $x+y\leqslant 2$，求 $\iint\limits_G f(x)\cdot f(y)dxdy$.

第三节　极坐标系下二重积分的计算

【课前导读】

若积分区域 D 的边界曲线用极坐标方程表示比较方便，且被积函数用极坐标变量 r，θ 表示比较简单，则可以考虑利用极坐标计算二重积分.

一、极坐标与直角坐标的关系

把直角坐标系的原点取为极点，把 x 轴的正半轴取为极轴，那么直角坐标与极坐标之间（见图 9-3-1）的关系为

$$\begin{cases} x = r\cos\theta, \\ y = r\sin\theta. \end{cases}$$

其中 $r(r\geqslant 0)$ 称为极径；$\theta(0\leqslant\theta\leqslant 2\pi)$ 称为极角，由极轴逆时针旋转形成的极角规定为正.

二、二重积分的计算

1. 极坐标系下二重积分的形式

根据二重积分的定义，在极坐标系下，用以极点为中心的一族同心圆和从极点 O 出发的一族射线把区域 D 分成 n 个小闭区域（见图 9-3-2）. 除了包含边界点的一些小闭区域外，其他小闭区域的面积 $\Delta\sigma$ 可计算如下：$\Delta\sigma=\frac{1}{2}(r+\Delta r)^2\cdot\Delta\theta-\frac{1}{2}r^2\cdot\Delta\theta=\frac{1}{2}(2r+\Delta r)\Delta r\cdot\Delta\theta=r\Delta r\Delta\theta+\frac{1}{2}(\Delta r)^2\Delta\theta$，当积分区域 D 划分得充分细时，$\Delta\sigma\approx r\Delta r\Delta\theta$.

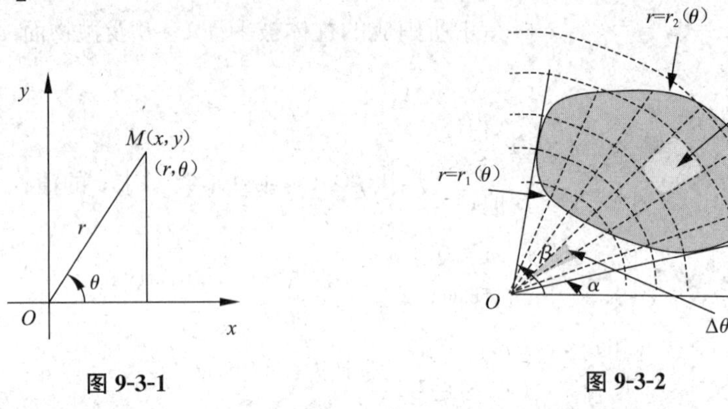

图 9-3-1　　图 9-3-2

于是，可得极坐标系下的面积元素

$$d\sigma = r\mathrm{d}r\mathrm{d}\theta.$$

利用直角坐标系与极坐标系之间的关系，极坐标系下二重积分的形式为

$$\iint_D f(x,y)\mathrm{d}\sigma=\iint_D f(r\cos\theta,r\sin\theta)r\mathrm{d}r\mathrm{d}\theta. \tag{9.3.1}$$

式（9.3.1）表明，把二重积分化为极坐标系下的二重积分，不仅要把被积函数中的 x，y 分别换成 $r\cos\theta$，$r\sin\theta$，而且还要把直角坐标系中的面积元素 $\mathrm{d}x\mathrm{d}y$ 换成极坐标系下的面积元素 $r\mathrm{d}r\mathrm{d}\theta$.

2. 极坐标系下二重积分的计算

极坐标系下的二重积分，同样是化为二次积分来计算. 现分三种情况来讨论，下面讨论中，假定所给函数在指定区间上均为连续的.

（1）**极点在积分区域 D 的外部**（见图 9-3-3（a）），积分区域 D 可用不等式表示为

$$\varphi_1(\theta)\leqslant r\leqslant\varphi_2(\theta),\quad \alpha\leqslant\theta\leqslant\beta,$$

则式（9.3.1）的二重积分形式为

$$\iint_D f(r\cos\theta,r\sin\theta)r\mathrm{d}r\mathrm{d}\theta=\int_\alpha^\beta\left[\int_{\varphi_1(\theta)}^{\varphi_2(\theta)}f(r\cos\theta,r\sin\theta)r\mathrm{d}r\right]\mathrm{d}\theta.$$

上式一般也写成下列形式

$$\iint_D f(r\cos\theta,r\sin\theta)r\mathrm{d}r\mathrm{d}\theta=\int_\alpha^\beta\mathrm{d}\theta\int_{\varphi_1(\theta)}^{\varphi_2(\theta)}f(r\cos\theta,r\sin\theta)r\mathrm{d}r. \tag{9.3.2}$$

（2）**极点在积分区域 D 的边界上**（见图 9-3-3（b）），积分区域 D 可用不等式表示为

$$0\leqslant r\leqslant\varphi(\theta),\quad \alpha\leqslant\theta\leqslant\beta,$$

则式（9.3.1）的二重积分形式为

$$\iint_D f(r\cos\theta, r\sin\theta)r\mathrm{d}r\mathrm{d}\theta = \int_\alpha^\beta \mathrm{d}\theta\int_0^{\varphi(\theta)} f(r\cos\theta, r\sin\theta)r\mathrm{d}r. \qquad (9.3.3)$$

（3）**极点在积分区域 D 的内部**（见图 9-3-3（c）），积分区域 D 可以用不等式表示为

$$0\leqslant r\leqslant\varphi(\theta),\quad 0\leqslant\theta\leqslant 2\pi,$$

则式（9.3.1）的二重积分形式为

$$\iint_D f(r\cos\theta, r\sin\theta)r\mathrm{d}r\mathrm{d}\theta = \int_0^{2\pi} \mathrm{d}\theta\int_0^{\varphi(\theta)} f(r\cos\theta, r\sin\theta)r\mathrm{d}r. \qquad (9.3.4)$$

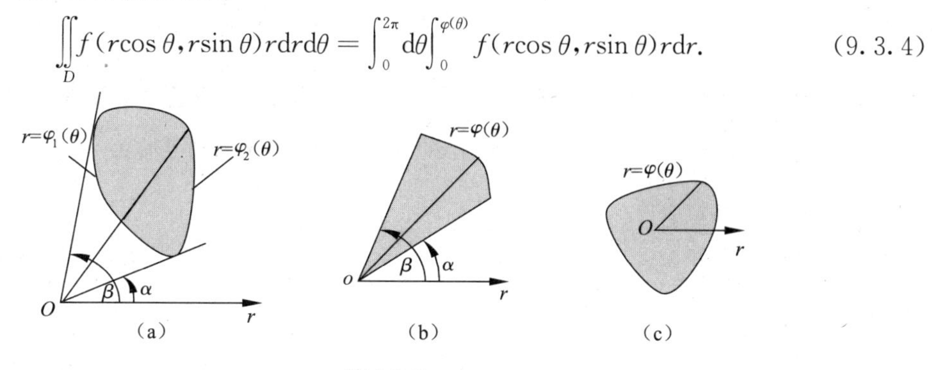

图 9-3-3

下面给出极坐标系下二重积分计算的几点说明：

①根据二重积分的性质，闭区域 D 的面积 σ 在极坐标系下可以表示为 $\sigma=\iint_D \mathrm{d}\sigma=\iint_D r\mathrm{d}r\mathrm{d}\theta$.

②在计算二重积分时，是否采用极坐标变换，应根据积分区域 D 与被积函数的形式来决定．一般来说，当积分区域为圆、圆环、扇形、扇环，被积函数可表示为 $f(x^2+y^2)$ 或 $f\left(\dfrac{y}{x}\right)$等形式时，采用极坐标来简化二重积分的计算.

③对于极坐标系中的二重积分，一般化为“先 r 后 θ”的二次积分，很少采用“先 θ 后 r”的积分次序，这是因为第一次积分的积分变量 θ 的积分限往往是反三角函数，第二次积分可能不方便.

例 1 计算 $\iint_D \mathrm{e}^{-x^2-y^2}\mathrm{d}x\mathrm{d}y$，其中 D 是由中心在原点、半径为 a 的圆周所围成的闭区域.

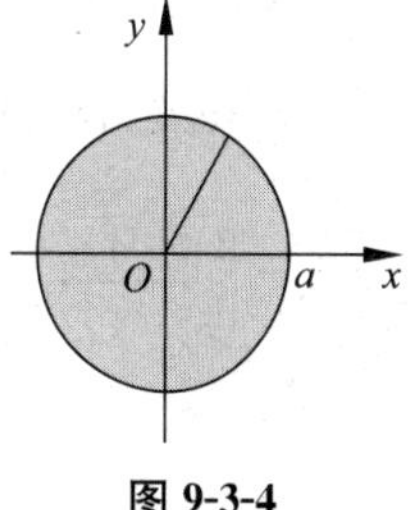

图 9-3-4

解 在极坐标系中，根据式（9.3.4），积分区域 D（见图 9-3-4）可表示为

$$0\leqslant r\leqslant a,\quad 0\leqslant\theta\leqslant 2\pi.$$

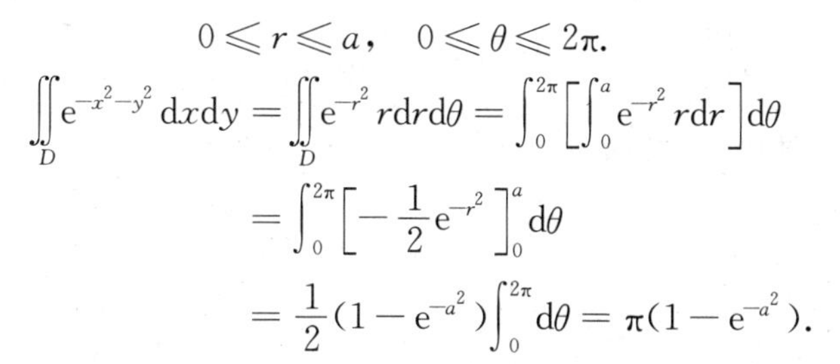

$$\begin{aligned}\iint_D \mathrm{e}^{-x^2-y^2}\mathrm{d}x\mathrm{d}y &= \iint_D \mathrm{e}^{-r^2} r\mathrm{d}r\mathrm{d}\theta = \int_0^{2\pi}\left[\int_0^a \mathrm{e}^{-r^2} r\mathrm{d}r\right]\mathrm{d}\theta \\ &= \int_0^{2\pi}\left[-\frac{1}{2}\mathrm{e}^{-r^2}\right]_0^a \mathrm{d}\theta \\ &= \frac{1}{2}(1-\mathrm{e}^{-a^2})\int_0^{2\pi}\mathrm{d}\theta = \pi(1-\mathrm{e}^{-a^2}).\end{aligned}$$

本题不能用直角坐标计算，由于积分 $\int \mathrm{e}^{-x^2}\mathrm{d}x$ 不能用初等函数表示.

例 2 利用例 1 的结论计算概率积分：$\int_0^{+\infty}\mathrm{e}^{-x^2}\mathrm{d}x$.

解　设 $I(R)=\int_0^R \mathrm{e}^{-x^2}\mathrm{d}x$，其平方为

$$I^2(R)=\int_0^R \mathrm{e}^{-x^2}\mathrm{d}x\cdot\int_0^R \mathrm{e}^{-x^2}\mathrm{d}x=\int_0^R \mathrm{e}^{-x^2}\mathrm{d}x\cdot\int_0^R \mathrm{e}^{-y^2}\mathrm{d}y=\iint\limits_{\substack{0\leqslant x\leqslant R\\0\leqslant y\leqslant R}} \mathrm{e}^{-(x^2+y^2)}\mathrm{d}x\mathrm{d}y.$$

记积分区域 $D=\{(x,y)\,|\,0\leqslant x\leqslant R,\ 0\leqslant y\leqslant R\}$，$D_1=\{(x,y)\,|\,x^2+y^2\leqslant R^2,\ x\geqslant 0,\ y\geqslant 0\}$，

$$D_2=\{(x,y)\mid x^2+y^2\leqslant 2R^2, x\geqslant 0, y\geqslant 0\}.$$

显然 $D_1\subset D\subset D_2$（见图 9-3-5）. 由于 $\mathrm{e}^{-x^2-y^2}>0$，从而在这些闭区域上的二重积分之间有不等式

$$\iint\limits_{D_1}\mathrm{e}^{-x^2-y^2}\mathrm{d}x\mathrm{d}y<\iint\limits_{D}\mathrm{e}^{-x^2-y^2}\mathrm{d}x\mathrm{d}y<\iint\limits_{D_2}\mathrm{e}^{-x^2-y^2}\mathrm{d}x\mathrm{d}y.$$

应用上例的结果有

$$\iint\limits_{D_1}\mathrm{e}^{-x^2-y^2}\mathrm{d}x\mathrm{d}y=\frac{\pi}{4}(1-\mathrm{e}^{-R^2}),$$

$$\iint\limits_{D_2}\mathrm{e}^{-x^2-y^2}\mathrm{d}x\mathrm{d}y=\frac{\pi}{4}(1-\mathrm{e}^{-2R^2}).$$

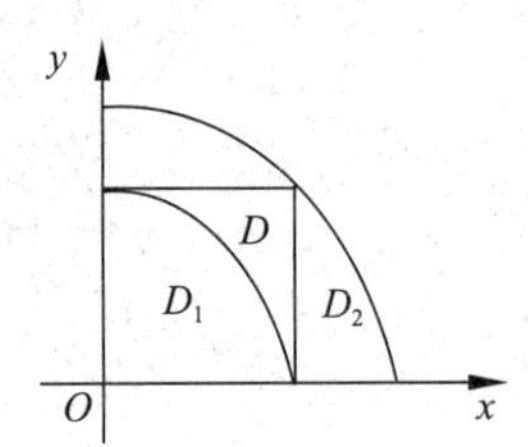

图 9-3-5

于是上面的不等式可写成

$$\frac{\pi}{4}(1-\mathrm{e}^{-R^2})<\left(\int_0^R \mathrm{e}^{-x^2}\mathrm{d}x\right)^2<\frac{\pi}{4}(1-\mathrm{e}^{-2R^2}).$$

令 $R\to+\infty$，上式两端趋于同一极限$\frac{\pi}{4}$，则

$$\int_0^{+\infty}\mathrm{e}^{-x^2}\mathrm{d}x=\frac{\sqrt{\pi}}{2}.$$

例 3　计算$\iint\limits_D\frac{\sin(\pi\sqrt{x^2+y^2})}{\sqrt{x^2+y^2}}\mathrm{d}x\mathrm{d}y$，其中 D 是由 $1\leqslant x^2+y^2\leqslant 4$ 所围成的圆环域.

解　积分区域 D 如图 9-3-6 所示，因为积分区域和被积函数均关于原点对称，所以只需计算第一象限部分 D_1 的值，再乘以 4 即可. 在极坐标系下，D_1 可用不等式表示为$1\leqslant r\leqslant 2$，$0\leqslant\theta\leqslant\frac{\pi}{2}$. 则

$$\iint\limits_D\frac{\sin(\pi\sqrt{x^2+y^2})}{\sqrt{x^2+y^2}}\mathrm{d}x\mathrm{d}y=4\iint\limits_{D_1}\frac{\sin(\pi\sqrt{x^2+y^2})}{\sqrt{x^2+y^2}}\mathrm{d}x\mathrm{d}y$$

$$=4\int_0^{\frac{\pi}{2}}\mathrm{d}\theta\int_1^2\frac{\sin\pi r}{r}\cdot r\mathrm{d}r=-4.$$

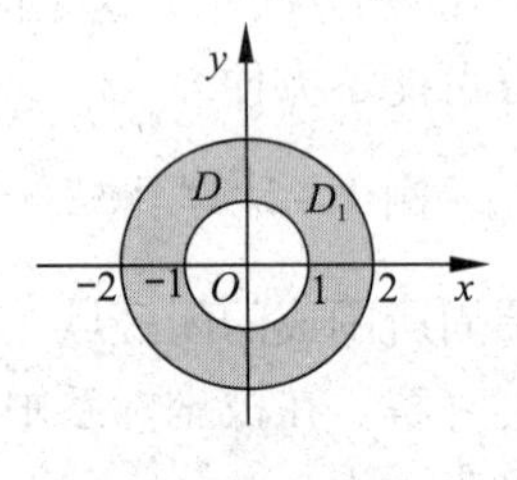

图 9-3-6

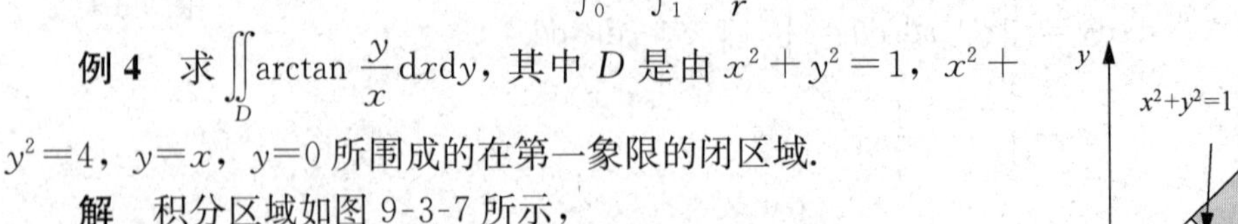

例 4　求$\iint\limits_D\arctan\frac{y}{x}\mathrm{d}x\mathrm{d}y$，其中 D 是由 $x^2+y^2=1$，$x^2+y^2=4$，$y=x$，$y=0$ 所围成的在第一象限的闭区域.

解　积分区域如图 9-3-7 所示，

$$\iint\limits_D\arctan\frac{y}{x}\mathrm{d}x\mathrm{d}y=\iint\limits_D\theta\cdot r\mathrm{d}r\mathrm{d}\theta=\int_0^{\frac{\pi}{4}}\theta\mathrm{d}\theta\int_1^2 r\mathrm{d}r$$

$$=\frac{3}{2}\int_0^{\frac{\pi}{4}}\theta\mathrm{d}\theta=\frac{3}{4}\theta^2\Big|_0^{\frac{\pi}{4}}=\frac{3\pi^2}{64}.$$

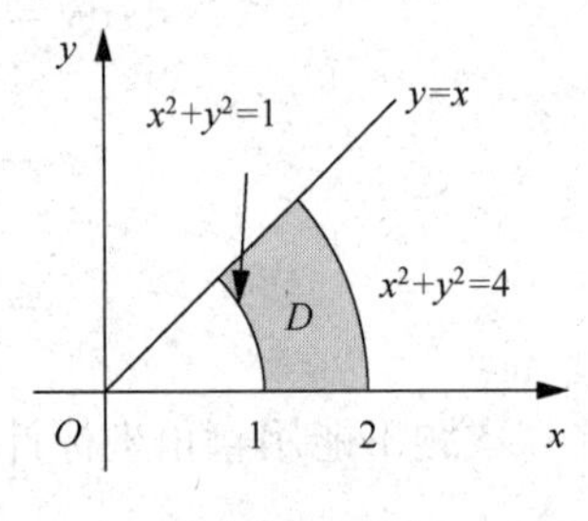

图 9-3-7

*三、二重积分的换元法

利用极坐标计算二重积分时，通过变量代换：$x=r\cos\theta$，$y=r\sin\theta$，把平面上点 M 用两种不同的坐标 (x,y) 和 (r,θ) 表示. 其实，我们也可以把上述代换理解为从极坐标平面到直角坐标平面的一种变换．即这种变换把两个坐标平面上的点建立了一一对应的关系（除坐标原点）. 除这种特殊的变量代换外，有时还需要其他变量代换，从而使得积分更容易计算. 对于一般的变量代换，有下列二重积分换元公式.

定理　设函数 $f(x,y)$ 在 xOy 平面上的闭区域 D_{xy} 上连续，若变换

$$T:x=x(u,v),y=y(u,v),$$

将 uOv 平面上的闭区域 D_{uv} 变为 xOy 平面上的 D_{xy}，且满足

(1) $x=x(u,v),y=y(u,v)$ 在 D_{uv} 上具有一阶连续偏导数；

(2) 在 D_{uv} 上雅可比行列式 $J=\dfrac{\partial(x,y)}{\partial(u,v)}=\begin{vmatrix}\dfrac{\partial x}{\partial u} & \dfrac{\partial y}{\partial u}\\ \dfrac{\partial x}{\partial v} & \dfrac{\partial y}{\partial v}\end{vmatrix}\neq0$；

(3) 变换 T：$D_{uv}\to D_{xy}$ 是一一对应的，则有

$$\iint\limits_{D_{xy}} f(x,y)\mathrm{d}x\mathrm{d}y=\iint\limits_{D_{uv}} f[x(u,v),y(u,v)]\cdot|J|\mathrm{d}u\mathrm{d}v.$$

例 5　计算 $\iint\limits_D \mathrm{e}^{\frac{x-y}{x+y}}\mathrm{d}x\mathrm{d}y$，其中 D：$x=0$，$y=0$，$x+y=2$ 所围闭区域.

解　令 $u=x-y$，$v=x+y$，则 $x=\dfrac{u+v}{2}$，$y=\dfrac{v-u}{2}$，在该变换下，积分区域 D 变为 D_{uv}：$u=-v$，$u=v$，$v=2$，如图 9-3-8 所示.

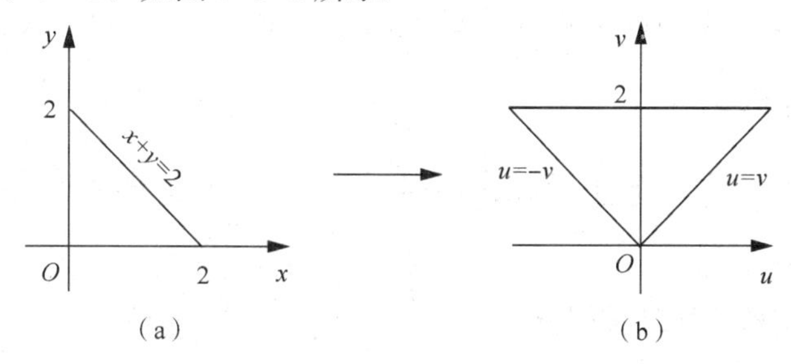

图 9-3-8

$$J=\frac{\partial(x,y)}{\partial(u,v)}=\begin{vmatrix}\dfrac{1}{2} & -\dfrac{1}{2}\\ \dfrac{1}{2} & \dfrac{1}{2}\end{vmatrix}=\frac{1}{2}\neq0,$$

所以　$\iint\limits_D \mathrm{e}^{\frac{x-y}{x+y}}\mathrm{d}x\mathrm{d}y=\iint\limits_D \mathrm{e}^{\frac{u}{v}}\cdot\dfrac{1}{2}\mathrm{d}u\mathrm{d}v=\dfrac{1}{2}\int_0^2\mathrm{d}v\int_{-v}^{v}\mathrm{e}^{\frac{u}{v}}\mathrm{d}u=\dfrac{\mathrm{e}-\mathrm{e}^{-1}}{2}\int_0^2 v\mathrm{d}v=\mathrm{e}-\mathrm{e}^{-1}.$

例 6　计算 $\iint\limits_D\left(1-\dfrac{x^2}{a^2}-\dfrac{y^2}{b^2}\right)^{\frac{3}{2}}\mathrm{d}x\mathrm{d}y$，其中 D：$\dfrac{x^2}{a^2}+\dfrac{y^2}{b^2}\leqslant1$ $(a>0,\ b>0)$.

解　令 $x=ar\cos\theta$，$y=br\sin\theta$，其中 $r\geqslant 0$，$0\leqslant\theta\leqslant 2\pi$，则在该变换下，积分区域 D 变为 $D_{r\theta}$：$0\leqslant r\leqslant 1$，$0\leqslant\theta\leqslant 2\pi$，且 $J=\dfrac{\partial(x,y)}{\partial(r,\theta)}=abr$，仅当 $r=0$ 时，$J=0$，所以

$$\iint\limits_{D}\left(1-\frac{x^2}{a^2}-\frac{y^2}{b^2}\right)^{\frac{3}{2}}\mathrm{d}x\mathrm{d}y=\iint\limits_{D_{r\theta}}(1-r^2)^{\frac{3}{2}}abr\,\mathrm{d}r\mathrm{d}\theta=ab\int_0^{2\pi}\mathrm{d}\theta\int_0^1(1-r^2)^{\frac{3}{2}}r\mathrm{d}r=\frac{2\pi ab}{5}.$$

习题 9-3

1. 画出积分区域，并将积分区域 D 表示为极坐标形式的不等式：

（1）$x^2+y^2\leqslant a^2$（$a>0$）；　　（2）$x^2+y^2\leqslant 2x$；

（3）$a^2\leqslant x^2+y^2\leqslant b^2$，其中 $0<a<b$；　　（4）$0\leqslant y\leqslant 1-x$，其中 $0\leqslant x\leqslant 1$.

2. 把下列积分化为极坐标形式，并计算积分值：

（1）$\displaystyle\int_0^1\mathrm{d}x\int_{x^2}^{x}(x^2+y^2)^{-\frac{1}{2}}\mathrm{d}y$；　　（2）$\displaystyle\int_0^a\mathrm{d}x\int_0^{\sqrt{a^2-x^2}}(x^2+y^2)\mathrm{d}y$.

3. 利用极坐标计算下列各题：

（1）$\displaystyle\iint\limits_{D}\mathrm{e}^{x^2+y^2}\mathrm{d}\sigma$，其中 D 是由圆周 $x^2+y^2=4$ 围成的闭区域；

（2）$\displaystyle\iint\limits_{D}\ln(1+x^2+y^2)\mathrm{d}\sigma$，其中 D 是由圆周 $x^2+y^2=1$ 及坐标轴所围成的在第一象限内的闭区域；

（3）$\displaystyle\iint\limits_{D}\sqrt{x^2+y^2}\mathrm{d}\sigma$，其中 D 是圆环形闭区域 $a^2\leqslant x^2+y^2\leqslant b^2$；

（4）$\displaystyle\iint\limits_{D}\arctan\frac{y}{x}\mathrm{d}\sigma$，其中 D 是由圆周 $x^2+y^2=4$，$x^2+y^2=1$ 及直线 $y=0$，$y=x$ 所围成的在第一象限内的闭区域；

（5）$\displaystyle\iint\limits_{D}\sqrt{\frac{1-x^2-y^2}{1+x^2+y^2}}\mathrm{d}\sigma$，其中 D 是由圆周 $x^2+y^2=1$ 及坐标轴所围成的在第一象限内的闭区域.

4. 作适当变换，求下列二重积分.

（1）计算 $\displaystyle\iint\limits_{D}(x-y)^2\sin^2(x+y)\mathrm{d}x\mathrm{d}y$，$D$ 是以（π,0），（2π,π），（π,2π），（0,π）为顶点的平行四边形区域；

（2）计算 $\displaystyle\iint\limits_{D}x^2y^2\mathrm{d}x\mathrm{d}y$，$D$ 是由曲线 $xy=1$，$xy=2$，直线 $y=x$，$y=4x$ 所围成的在第一象限内的闭区域；

（3）计算 $\displaystyle\iint\limits_{D}\left(\frac{x^2}{a^2}+\frac{y^2}{b^2}\right)\mathrm{d}x\mathrm{d}y$，$D$ 是由椭圆 $\dfrac{x^2}{a^2}+\dfrac{y^2}{b^2}=1$ 所围成的闭区域.

5. 证明：$\displaystyle\int_0^1\mathrm{d}y\int_y^{2-y}\frac{x+y}{x^2}\mathrm{e}^{x+y}\mathrm{d}x=\int_0^1\mathrm{d}v\int_0^2\mathrm{e}^u\mathrm{d}u$.

第四节　三重积分的概念及计算方法

一、三重积分的概念

定积分及二重积分作为和的极限的概念，可以很自然地推广到三重积分.

定义　设 $f(x,y,z)$ 是空间有界闭区域 Ω 上的有界函数，将 Ω 任意分成 n 个小区域 $\Delta v_1,\Delta v_2,\cdots,\Delta v_n$，其中 Δv_i 表示第 i 个小闭区域，也表示它的体积. 在每个 Δv_i 上任取一点 (ξ_i,η_i,ζ_i)，作乘积 $f(\xi_i,\eta_i,\zeta_i)\Delta v_i(i=1,2,\cdots,n)$，并作和 $\sum\limits_{i=1}^{n} f(\xi_i,\eta_i,\zeta_i)\Delta v_i$. 如果当各小区域的直径中的最大值 λ 趋于零时，和的极限总存在，则称此**极限为函数在闭区域 Ω 上的三重积分**，记作 $\iiint\limits_{\Omega} f(x,y,z)\,\mathrm{d}v$，即

$$\iiint\limits_{\Omega} f(x,y,z)\mathrm{d}v = \lim_{\lambda\to 0}\sum_{i=1}^{n} f(\xi_i,\eta_i,\zeta_i)\Delta v_i, \tag{9.4.1}$$

其中 $\mathrm{d}v$ 叫作**体积微元.**

在直角坐标系中，如果用平行于坐标面的平面来划分 Ω，那么除了包含 Ω 的边界点的一些不规则小区域外，得到的小区域 Δv_i 为长方体. 设长方体小闭区域 Δv_i 的边长为 Δx_i，Δy_i，Δz_i，则 $\Delta v_i=\Delta x_i\Delta y_i\Delta z_i$. 因此在直角坐标系中，把体积元素 $\mathrm{d}v$ 记作 $\mathrm{d}x\mathrm{d}y\mathrm{d}z$，则**三重积分在直角坐标系下**记作

$$\iiint\limits_{\Omega} f(x,y,z)\mathrm{d}x\mathrm{d}y\mathrm{d}z,$$

其中 $\mathrm{d}x\mathrm{d}y\mathrm{d}z$ 叫作**直角坐标系下的体积微元.**

根据定义，**密度为** $f(x,y,z)$ **的空间立体** Ω **的质量** M 为

$$M=\iiint\limits_{\Omega} f(x,y,z)\mathrm{d}v.$$

这也是三重积分的物理意义.

三重积分具有与二重积分类似的性质，这里不再叙述，只指出其中一点：若 $f(x,y,z)=1$，设积分区域 Ω 的体积为 V，则

$$V=\iiint\limits_{\Omega} 1\cdot\mathrm{d}v=\iiint\limits_{\Omega}\mathrm{d}v. \tag{9.4.2}$$

式（9.4.2）的物理意义：密度为 1 的均质立体 Ω 的质量在数值上等于 Ω 的体积.

当函数 $f(x,y,z)$ 在闭区域 Ω 上连续时，式（9.4.1）右端的和的极限必定存在，也就是函数 $f(x,y,z)$ 在闭区域 Ω 上的三重积分必定存在. 下面讨论中，总是假定函数 $f(x,y,z)$ 是在有界闭区域 Ω 上连续.

二、空间直角坐标系下三重积分的计算

三重积分的计算，与二重积分类似，其**基本思想是化为累次积分**. 下面借助三重积分的物理意义来导出将三重积分化为累次积分的方法.

1. *投影法*

设平行于 z 轴且穿过闭区域 Ω 内部的直线与闭区域 Ω 的边界曲面 S 相交不多于两点.

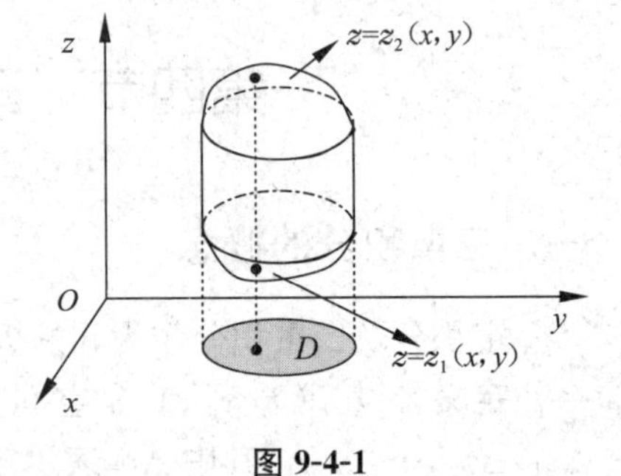

图 9-4-1

把闭区域 Ω 投影到 xOy 面上，得一平面闭区域 D（见图 9-4-1）．以 D 的边界为准线作母线平行于 z 轴的柱面．该柱面与曲面 S 的交线从 S 中分出上下两部分，它们的方程分别为

$$S_1: z = z_1(x,y),$$
$$S_2: z = z_2(x,y),$$

其中 $z_1(x,y)$ 与 $z_2(x,y)$ 都是 D 上的连续函数，且 $z_1(x,y)\leqslant z_2(x,y)$.

过 D 内任一点 (x,y) 作平行于 z 轴的直线，这条直线通过曲面 S_1 穿入 Ω 内，然后通过曲面 S_2 穿出 Ω 外，穿入点与穿出点的竖坐标分别为 $z_1(x,y)$ 与 $z_2(x,y)$，于是积分区域 Ω 可表示为

$$z_1(x,y)\leqslant z\leqslant z_2(x,y),\quad (x,y)\in D.$$

先将 x,y 看作定值，将 $f(x,y,z)$ 只看作 z 的函数，在区间 $[z_1(x,y),\ z_2(x,y)]$ 上对 z 积分，积分的结果是 x,y 的函数，记为 $F(x,y)$，即

$$F(x,y)=\int_{z_1(x,y)}^{z_2(x,y)} f(x,y,z)\mathrm{d}z.$$

然后算出 $F(x,y)$ 在闭区域 D 上的二重积分

$$\iint_D F(x,y)\mathrm{d}\sigma=\iint_D\left[\int_{z_1(x,y)}^{z_2(x,y)} f(x,y,z)\mathrm{d}z\right]\mathrm{d}\sigma.$$

若闭区域 D 可用不等式

$$y_1(x)\leqslant y\leqslant y_2(x),\quad a\leqslant x\leqslant b$$

来表示，把上式的二重积分化为二次积分，将得到**三重积分的计算公式**

$$\iiint_\Omega f(x,y,z)\mathrm{d}v=\int_a^b \mathrm{d}x\int_{y_1(x)}^{y_2(x)}\mathrm{d}y\int_{z_1(x,y)}^{z_2(x,y)} f(x,y,z)\mathrm{d}z. \tag{9.4.3}$$

式（9.4.3）把三重积分化为先对 z，次对 y，最后对 x 的三次积分.

如果平行于 x 轴或 y 轴且穿过闭区域 Ω 内部的直线与 Ω 的边界曲面 S 交点不多于两点，也可把闭区域 Ω 投影到 yOz 面上或 xOz 面上，这样便可把三重积分化为按其他顺序的三次积分. 如果平行于坐标轴且穿过闭区域 Ω 内部的直线与 Ω 的边界曲面 S 的交点多于两个，也可像处理二重积分那样，把 Ω 分成若干部分，使 Ω 的三重积分化为各部分闭区域上的三重积分的和.

例 1　计算三重积分 $\iiint\limits_\Omega x\,\mathrm{d}x\mathrm{d}y\mathrm{d}z$，其中 Ω 为三个坐标平面及平面 $x+2y+z=1$ 所围成的闭区域.

解　作闭区域 Ω 如图 9-4-2 所示.

将 Ω 投影到 xOy 面上，得投影区域 D 为三角形闭区域 OAB. 直线 OA，OB 及 AB 的方程依次为 $y=0$，$x=0$ 及 $x+2y=1$，所以 D 可表示为不等式

$$0\leqslant y\leqslant\frac{1-x}{2},\quad 0\leqslant x\leqslant 1.$$

在 D 内任取一点 (x,y)，过此点作平行于 z 轴的直线，该直线通过平面 $z=0$ 穿入 Ω 内，然后通过平面 $z=1-x-2y$ 穿出 Ω 外，于是，

$$\iiint_\Omega x\mathrm{d}x\mathrm{d}y\mathrm{d}z=\int_0^1\mathrm{d}x\int_0^{\frac{1-x}{2}}\mathrm{d}y\int_0^{1-x-2y}x\mathrm{d}z=\int_0^1 x\mathrm{d}x\int_0^{\frac{1-x}{2}}(1-x-2y)\mathrm{d}y$$
$$=\frac{1}{4}\int_0^1(x-2x^2+x^3)\mathrm{d}x=\frac{1}{48}.$$

2. 截面法

三重积分也可以化为先计算一个二重积分，再计算一个定积分，即有下述计算公式.

设空间区域

$$\Omega=\{(x,y,z)\mid(x,y)\in D_z,c_1\leqslant z\leqslant c_2\},$$

其中 D_z 是竖坐标为 z 的平面截闭区域 Ω 所得到的一个平面闭区域（见图 9-4-3），则有

$$\iiint_{\Omega}f(x,y,z)\mathrm{d}v=\int_{c_1}^{c_2}\mathrm{d}z\iint_{D_z}f(x,y,z)\mathrm{d}x\mathrm{d}y.$$

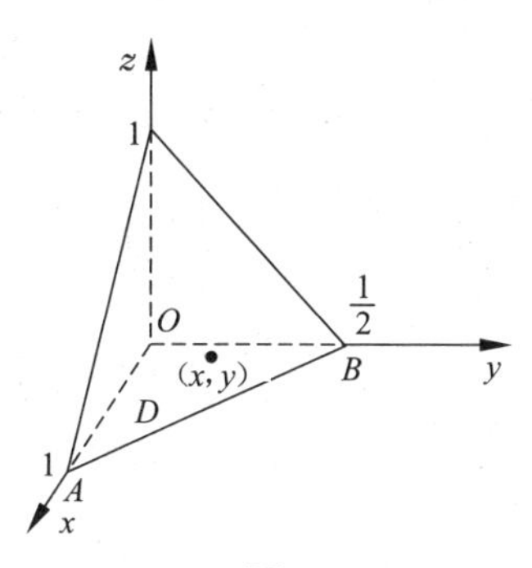

图 9-4-2

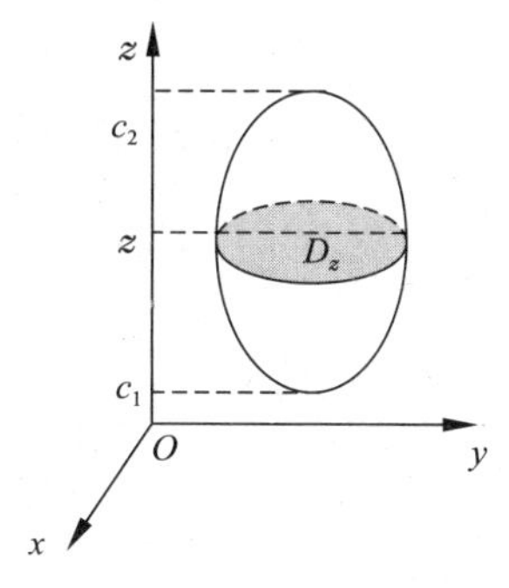

图 9-4-3

类似地，可以考虑其他积分次序.

例 2　计算三重积分 $\iiint_{\Omega}z^2\mathrm{d}x\mathrm{d}y\mathrm{d}z$，其中 Ω 是椭球面

$$\frac{x^2}{a^2}+\frac{y^2}{b^2}+\frac{z^2}{c^2}=1\quad(a>0,b>0,c>0)$$

所围成的空间闭区域.

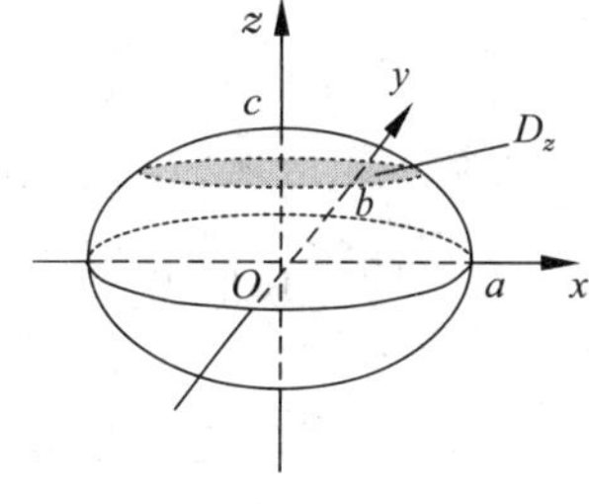

图 9-4-4

解　空间区域 Ω（见图 9-4-4）可表示为

$$\left\{(x,y,z)\left|\frac{x^2}{a^2}+\frac{y^2}{b^2}\leqslant1-\frac{z^2}{c^2},-c\leqslant z\leqslant c\right.\right\},\text{则}$$

$$\iiint_{\Omega}z^2\mathrm{d}x\mathrm{d}y\mathrm{d}z=\int_{-c}^{c}z^2\mathrm{d}z\iint_{D_z}\mathrm{d}x\mathrm{d}y=\pi ab\int_{-c}^{c}\left(1-\frac{z^2}{c^2}\right)z^2\mathrm{d}z=\frac{4}{15}\pi abc^3.$$

三、柱面坐标系下三重积分的计算

1. 柱面坐标系

设 $M(x,y,z)$ 为空间内一点，并设点 M 在 xOy 面上的投影 M' 的极坐标为 (r,θ)，则 r、θ、z 就叫作**点 M 的柱面坐标**（见图 9-4-5）. 规定 r、θ、z 的变化范围为

$$0\leqslant r<+\infty,0\leqslant\theta\leqslant2\pi\text{ 或 }-\pi\leqslant\theta\leqslant\pi,-\infty<z<+\infty.$$

柱面坐标中的三组坐标面分别为

r=常数，即以 z 轴为中心轴的圆柱面.

θ=常数，即以 z 轴为边界的半平面.

z=常数，即垂直于 z 轴的平面.

显然，点 M 的**直角坐标与柱面坐标的关系**为 $\begin{cases}x=r\cos\theta,\\y=r\sin\theta,\\z=z.\end{cases}$

2. 柱面坐标系中三重积分的计算

柱面坐标系中的体积元素（见图 9-4-6）：$\mathrm{d}v=r\mathrm{d}r\mathrm{d}\theta\mathrm{d}z$，

柱面坐标系下三重积分表达式：

$$\iiint_{\Omega} f(x,y,z)\mathrm{d}x\mathrm{d}y\mathrm{d}z=\iiint_{\Omega} f(r\cos\theta,r\sin\theta,z)r\mathrm{d}r\mathrm{d}\theta\mathrm{d}z.$$

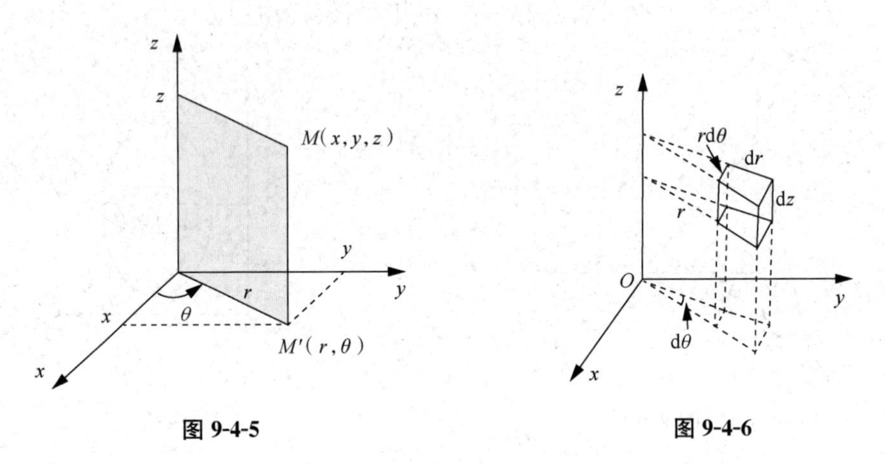

图 9-4-5　　图 9-4-6

例 3　利用柱面坐标计算三重积分 $\iiint_{\Omega} z\mathrm{d}x\mathrm{d}y\mathrm{d}z$，其中 Ω 是由曲面 $z=x^2+y^2$ 与平面 $z=4$ 所围成的闭区域（见图 9-4-7）.

解　闭区域 Ω 可表示为 $r^2\leqslant z\leqslant 4$，$0\leqslant r\leqslant 2$，$0\leqslant\theta\leqslant 2\pi$，于是

$$\iiint_{\Omega} z\mathrm{d}x\mathrm{d}y\mathrm{d}z=\iiint_{\Omega} zr\mathrm{d}r\mathrm{d}\theta\mathrm{d}z=\int_0^{2\pi}\mathrm{d}\theta\int_0^2 r\mathrm{d}r\int_{r^2}^4 z\mathrm{d}z=\pi\int_0^2 r(16-r^4)\mathrm{d}r=\frac{64}{3}\pi.$$

例 4　计算三重积分 $\iiint_{\Omega} z\sqrt{x^2+y^2}\,\mathrm{d}v$，其中 Ω：$x^2+y^2=2x$，$z=0$，$z=a$ $(a>0)$，$y\geqslant 0$ 所围成半圆柱体（见图 9-4-8）.

解　闭区域 Ω 可表示为 $0\leqslant z\leqslant a$，$0\leqslant r\leqslant 2\cos\theta$，$0\leqslant\theta\leqslant\frac{\pi}{2}$，于是

$$\begin{aligned}\iiint_{\Omega} z\sqrt{x^2+y^2}\,\mathrm{d}v&=\iiint_{\Omega} zr^2\mathrm{d}r\mathrm{d}\theta\mathrm{d}z=\int_0^a z\mathrm{d}z\int_0^{\frac{\pi}{2}}\mathrm{d}\theta\int_0^{2\cos\theta} r^2\mathrm{d}r\\&=\frac{1}{2}a^2\cdot\frac{8}{3}\int_0^{\frac{\pi}{2}}\cos^3\theta\mathrm{d}\theta=\frac{8a^2}{9}.\end{aligned}$$

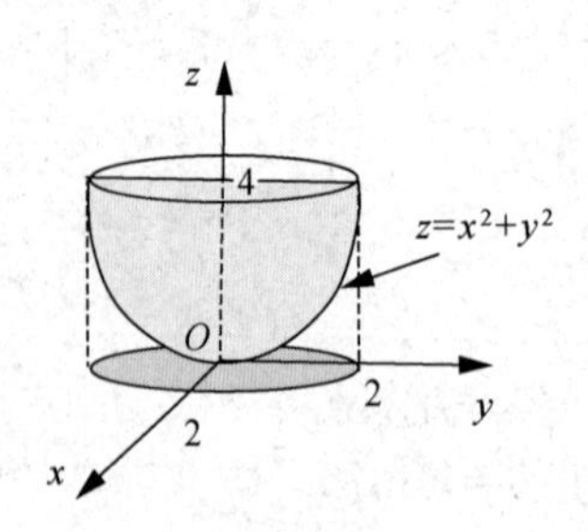

图 9-4-7

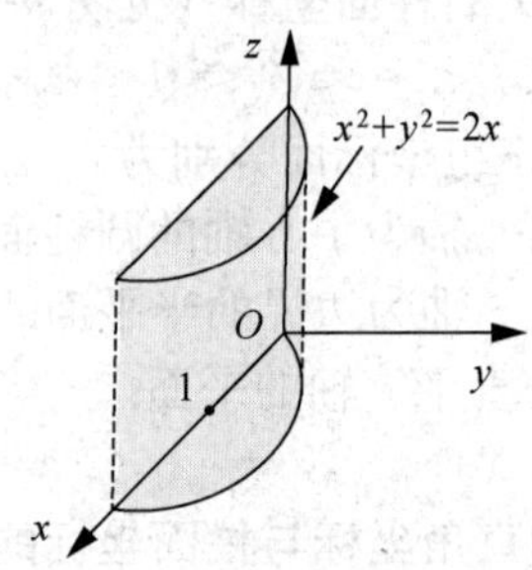

图 9-4-8

四、球面坐标下三重积分的计算

1. 球面坐标系

设 $M(x,y,z)$ 为空间内一点，则点 M 也可用这样三个有次序的数 r、φ、θ 来确定，其中 r 为原点 O 与点 M 间的距离，φ 为 $\overrightarrow{OM}$ 与 z 轴正向所夹的角，θ 为从正 z 轴来看自 x 轴按逆时针方向转到有向线段 $\overrightarrow{OM'}$ 的角，这里 M' 为点 M 在 xOy 面上的投影，这样的三个数 r、φ、θ 叫作点 M 的**球面坐标**（见图 9-4-9）.

规定 r、φ、θ 的变化范围为 $0\leqslant r<+\infty$，$0\leqslant\varphi\leqslant\pi$，$0\leqslant\theta\leqslant 2\pi$ 或 $-\pi\leqslant\theta\leqslant\pi$.

三组坐标面分别为

$r=$常数，即以原点为球心的球面.

$\theta=$常数，即以 z 轴为边界的半平面.

$\varphi=$常数，即以原点为顶点，z 轴为中心轴的圆锥面.

点 M 的**直角坐标与球面坐标的关系**：

$$\begin{cases} x = r\sin\varphi\cos\theta, \\ y = r\sin\varphi\sin\theta, \\ z = r\cos\varphi. \end{cases}$$

2. 球面坐标系中三重积分的计算

球面坐标系中的体积元素（见图 9-4-10）：$\mathrm{d}v=r^2\sin\varphi\mathrm{d}r\mathrm{d}\varphi\mathrm{d}\theta$.

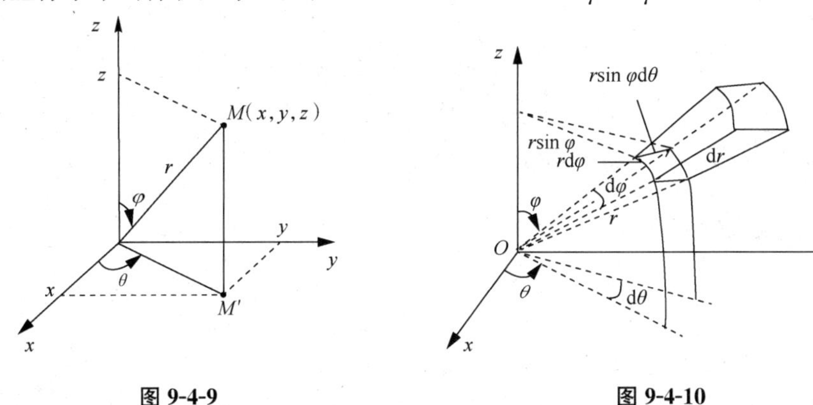

图 9-4-9　　　　图 9-4-10

球面坐标系下三重积分的表达式：

$$\iiint_{\Omega} f(x,y,z)\mathrm{d}v = \iiint_{\Omega} f(r\sin\varphi\cos\theta, r\sin\varphi\sin\theta, r\cos\varphi)r^2\sin\varphi\mathrm{d}r\mathrm{d}\varphi\mathrm{d}\theta.$$

例 5　求半径为 a 的球面与半顶角为 α 的内接锥面所围成的立体的体积.

解　建立如图 9-4-11 所示坐标系，球面方程为 $x^2+y^2+(z-a)^2=a^2$.

该立体所占区域 Ω 可表示为 $0\leqslant r\leqslant 2a\cos\varphi$，$0\leqslant\varphi\leqslant\alpha$，$0\leqslant\theta\leqslant 2\pi$. 于是所求立体的体积为

$$V=\iiint_{\Omega}\mathrm{d}x\mathrm{d}y\mathrm{d}z=\iiint_{\Omega}r^2\sin\varphi\mathrm{d}r\mathrm{d}\varphi\mathrm{d}\theta$$

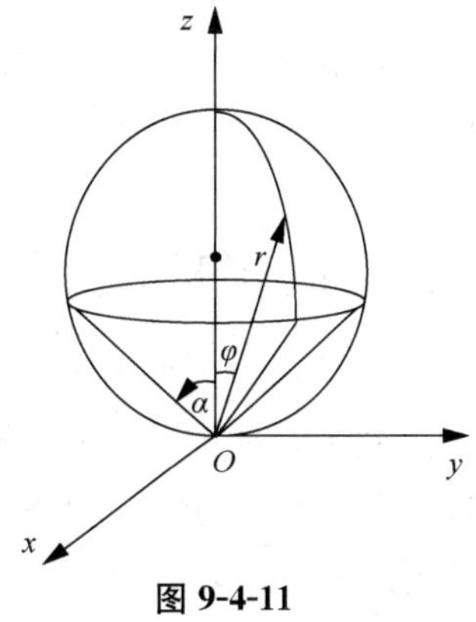

图 9-4-11

$$=\int_0^{2\pi}\mathrm{d}\theta\int_0^{\alpha}\mathrm{d}\varphi\int_0^{2a\cos\varphi}r^2\sin\varphi\mathrm{d}r$$

$$=2\pi\int_0^{\alpha}\sin\varphi\mathrm{d}\varphi\int_0^{2a\cos\varphi}r^2\mathrm{d}r$$

$$=\frac{16\pi a^3}{3}\int_0^{\alpha}\cos^3\varphi\sin\varphi\mathrm{d}\varphi$$

$$=\frac{4\pi a^3}{3}(1-\cos^4\alpha).$$

例 6　计算三重积分 $\iiint\limits_{\Omega}z\,\mathrm{d}v$，其中 Ω：$z\leqslant\sqrt{x^2+y^2}\leqslant\sqrt{3}\,z$，$0\leqslant z\leqslant 4$.

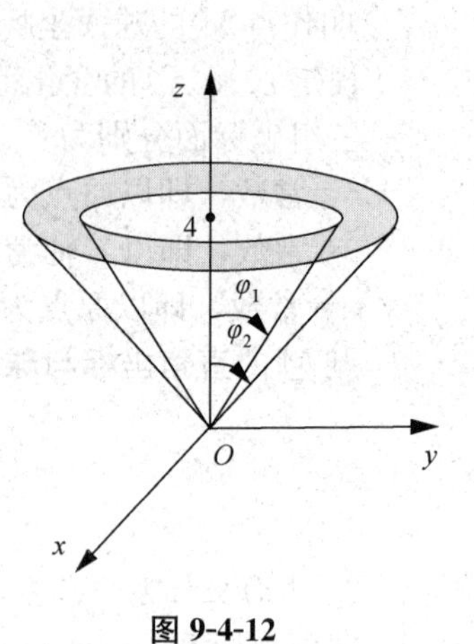

图 9-4-12

解　Ω 是介于两圆锥面之间的空间区域（见图 9-4-12），易知：

$z=4\Rightarrow r\cos\varphi=4\Rightarrow r=\dfrac{4}{\cos\varphi}$. 由$\begin{cases}x=0\\ \sqrt{x^2+y^2}=z\end{cases}\Rightarrow\dfrac{y}{z}=1\Rightarrow\varphi_1=\dfrac{\pi}{4}$，同理，$\varphi_2=\dfrac{\pi}{3}$.

该立体所占区域 Ω 可表示为 $0\leqslant r\leqslant\dfrac{4}{\cos\varphi}$，$\dfrac{\pi}{4}\leqslant\varphi\leqslant\dfrac{\pi}{3}$，$0\leqslant\theta\leqslant 2\pi$.

$$\iiint\limits_{\Omega}z\,\mathrm{d}v=\int_0^{2\pi}\mathrm{d}\theta\int_{\frac{\pi}{4}}^{\frac{\pi}{3}}\mathrm{d}\varphi\int_0^{\frac{4}{\cos\varphi}}r\cos\varphi r^2\sin\varphi\mathrm{d}r$$

$$=2\pi\int_{\frac{\pi}{4}}^{\frac{\pi}{3}}\cos\varphi\sin\varphi\mathrm{d}\varphi\int_0^{\frac{4}{\cos\varphi}}r^3\mathrm{d}r=128\pi.$$

例 7　利用球面坐标计算三重积分 $I=\iiint\limits_{\Omega}(x^2+z^2)\mathrm{d}v$，其中 Ω 为 $x^2+y^2+z^2\leqslant 1$ 所围成空间区域.

解　$I=\iiint\limits_{\Omega}x^2\mathrm{d}v+\iiint\limits_{\Omega}z^2\mathrm{d}v$

$$=\iiint\limits_{\Omega}r^2\sin^2\varphi\cos^2\theta\cdot r^2\sin\varphi\mathrm{d}r\mathrm{d}\varphi\mathrm{d}\theta+\iiint\limits_{\Omega}r^2\cos^2\varphi\cdot r^2\sin\varphi\mathrm{d}r\mathrm{d}\varphi\mathrm{d}\theta$$

$$=\int_0^{2\pi}\cos^2\theta\mathrm{d}\theta\int_0^{\pi}\sin^3\varphi\mathrm{d}\varphi\int_0^1 r^4\mathrm{d}r+\int_0^{2\pi}\mathrm{d}\theta\int_0^{\pi}\cos^2\varphi\sin\varphi\mathrm{d}\varphi\int_0^1 r^4\mathrm{d}r=\frac{8\pi}{15}.$$

习题 9-4

1. 化三重积分 $I=\iiint\limits_{\Omega}f(x,y,z)\mathrm{d}x\mathrm{d}y\mathrm{d}z$ 为三次积分，其中积分区域 Ω 分别是：

（1）由双曲抛物面 $xy=z$ 及平面 $x+y-1=0$，$z=0$ 所围成的闭区域；

（2）由曲面 $z=x^2+y^2$ 及平面 $z=1$ 所围成的闭区域.

2. 设有一物体，占有空间区域 Ω：$0\leqslant x\leqslant 1$，$0\leqslant y\leqslant 1$，$0\leqslant z\leqslant 1$，在点 (x,y,z) 处的密度为 $\rho(x,y,z)=x+y+z$，计算该物体的质量.

3. 在直角坐标系下计算下列三重积分：

(1) $\iiint\limits_{\Omega} xy^2z^3\mathrm{d}x\mathrm{d}y\mathrm{d}z$，其中 Ω 是由曲面 $z=xy$，平面 $y=x$，$x=1$ 和 $z=0$ 所围成的闭区域；

(2) $\iiint\limits_{\Omega} xyz\mathrm{d}x\mathrm{d}y\mathrm{d}z$，其中 Ω 是由球面 $x^2+y^2+z^2=1$ 及三个坐标平面所围成的在第一卦限内的闭区域；

(3) $\iiint\limits_{\Omega} z\mathrm{d}x\mathrm{d}y\mathrm{d}z$，其中 Ω 是由锥面 $z=\sqrt{x^2+y^2}$ 与平面 $z=1$ 所围成的闭区域.

4. 在柱面坐标系下计算下列三重积分：

(1) $\iiint\limits_{\Omega} xy^2z^3\mathrm{d}v$，其中 Ω 是由曲面 $z=\sqrt{2-x^2-y^2}$ 及 $z=x^2+y^2$ 所围成的闭区域；

(2) $\iiint\limits_{\Omega} (x^2+y^2)\mathrm{d}v$，其中 Ω 是由曲面 $x^2+y^2=2z$ 及平面 $z=2$ 所围成的闭区域；

(3) $\iiint\limits_{\Omega} \mathrm{d}v$，其中 Ω 是由曲面 $x^2+y^2=2x$，$z=x^2+y^2$ 及平面 $z=0$ 所围成的闭区域.

5. 在球面坐标系下计算下列三重积分：

(1) $\iiint\limits_{\Omega} (x^2+y^2+z^2)\mathrm{d}v$，其中 Ω 是由球面 $x^2+y^2+z^2=1$ 所围成的闭区域；

(2) $\iiint\limits_{\Omega} z\mathrm{d}v$，其中 Ω 是由 $x^2+y^2+(z-1)^2\leqslant 1$，$x^2+y^2\leqslant z^2$ 所围成的闭区域；

(3) $\iiint\limits_{\Omega} z^2\mathrm{d}v$，其中 Ω 是由 $x^2+y^2+z^2=R^2$ 与 $x^2+y^2+z^2=2Rz$ $(R>0)$ 围成的闭区域.

第五节　重积分的应用

一、曲面的面积

设曲面 S 由方程 $z=f(x,y)$ 给出，D 为曲面 S 在 xOy 面上的投影区域，函数 $f(x,y)$ 在 D 上具有连续偏导数 $f_x(x,y)$ 和 $f_y(x,y)$. 现求曲面的面积 A.

在区域 D 内任取一点 $P(x,y)$，并在区域 D 内取一包含点 $P(x,y)$ 的小闭区域 $\mathrm{d}\sigma$，其面积也记为 $\mathrm{d}\sigma$. 在曲面 S 上对应有一点 $M(x,y,f(x,y))$，即点 M 在 xOy 坐标面上的投影为点 P，点 M 处曲面 S 的切平面为 T（见图 9-5-1），再作以小区域 $\mathrm{d}\sigma$ 的边界曲线为准线、母线平行于 z 轴的柱面. 将含于柱面内的小块切平面的面积作为含于柱面内的小块曲面面积的近似值，记为 $\mathrm{d}A$. 又设切平面 T 的法向量（指向朝上）与 z 轴所成的角为 γ，则

$$\mathrm{d}A=\frac{\mathrm{d}\sigma}{\cos\gamma}=\sqrt{1+f_x^2(x,y)+f_y^2(x,y)}\,\mathrm{d}\sigma, \tag{9.5.1}$$

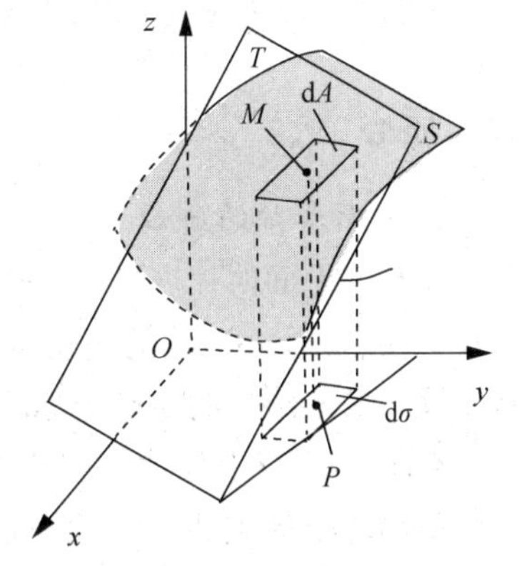

图 9-5-1

这就是**曲面 S 的面积元素**，其中 $\cos\gamma$ 依据式（8.6.17）给出. 于是**曲面 S 的面积**为

$$A=\iint\limits_{D}\sqrt{1+f_x^2(x,y)+f_y^2(x,y)}\,\mathrm{d}\sigma, \tag{9.5.2}$$

或

$$A=\iint\limits_{D}\sqrt{1+\left(\frac{\partial z}{\partial x}\right)^2+\left(\frac{\partial z}{\partial y}\right)^2}\,\mathrm{d}x\mathrm{d}y. \tag{9.5.2'}$$

例 1 求半径为 R 的球的表面积.

解 上半球面方程为 $z=\sqrt{R^2-x^2-y^2}$，$x^2+y^2\leqslant R^2$.

因为 z 对 x 和对 y 的偏导数在 D：$x^2+y^2\leqslant R^2$ 上无界，所以上半球面面积不能直接求出. 因此先求在区域 D_1：$x^2+y^2\leqslant a^2$（$a<R$）上的上半球面面积，然后取极限.

由于 $\sqrt{1+\left(\frac{\partial z}{\partial x}\right)^2+\left(\frac{\partial z}{\partial x}\right)^2}=\sqrt{1+\frac{x^2}{R^2-x^2-y^2}+\frac{y^2}{R^2-x^2-y^2}}=\frac{R}{\sqrt{R^2-x^2-y^2}}$，所以在区域 D_1 上的上半球面面积为：

$$\iint\limits_{x^2+y^2\leqslant a^2}\frac{R}{\sqrt{R^2-x^2-y^2}}\mathrm{d}x\mathrm{d}y=R\int_0^{2\pi}\mathrm{d}\theta\int_0^a\frac{r\mathrm{d}r}{\sqrt{R^2-r^2}}=2\pi R(R-\sqrt{R^2-a^2}).$$

于是上半球面面积为 $\lim\limits_{a\to R}2\pi R(R-\sqrt{R^2-a^2})=2\pi R^2$. 整个球面面积为 $A=4\pi R^2$.

例 2 求球面 $x^2+y^2+z^2=a^2$ 含在柱面 $x^2+y^2=ax$（$a>0$）内部的面积.

解 如图 9-5-2 所示，上半球面方程为 $z=\sqrt{a^2-x^2-y^2}$.

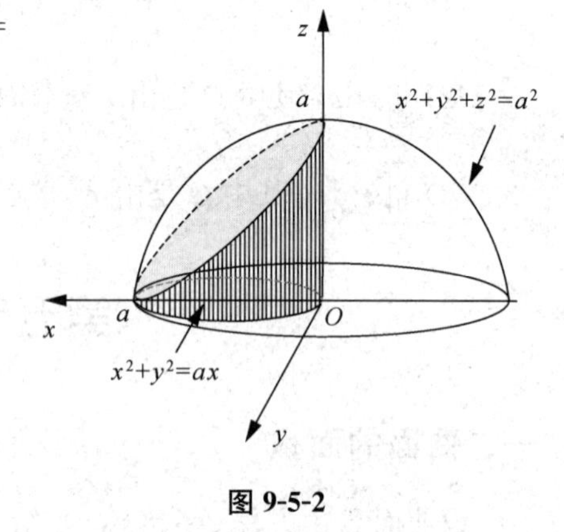

图 9-5-2

$$\frac{\partial z}{\partial x}=\frac{-x}{\sqrt{a^2-x^2-y^2}},\frac{\partial z}{\partial y}=\frac{-y}{\sqrt{a^2-x^2-y^2}},$$

则 $\sqrt{1+z_x^2+z_y^2}=\frac{a}{\sqrt{a^2-x^2-y^2}}$，由题设可知投影区域 D：$x^2+y^2\leqslant ax$. 根据式（9.5.2）及曲面的对称性得：

$$A=2\iint\limits_{D}\frac{a}{\sqrt{a^2-x^2-y^2}}\mathrm{d}\sigma=2a\int_{-\frac{\pi}{2}}^{\frac{\pi}{2}}\mathrm{d}\theta\int_0^{a\cos\theta}\frac{r\mathrm{d}r}{\sqrt{a^2-r^2}}$$

$$=2a\int_{-\frac{\pi}{2}}^{\frac{\pi}{2}}(a-a|\sin\theta|)\mathrm{d}\theta=4a\int_0^{\frac{\pi}{2}}(a-a\sin\theta)\mathrm{d}\theta=2(\pi-2)a^2.$$

二、质心

1. 平面薄片的质心

设有一平面薄片（见图 9-5-3），占有 xOy 面上的有界闭区域 D，在点 (x,y) 处的面密度为 $\mu(x,y)$，假定 $\mu(x,y)$ 在 D 上连续，求该薄片的质心坐标.

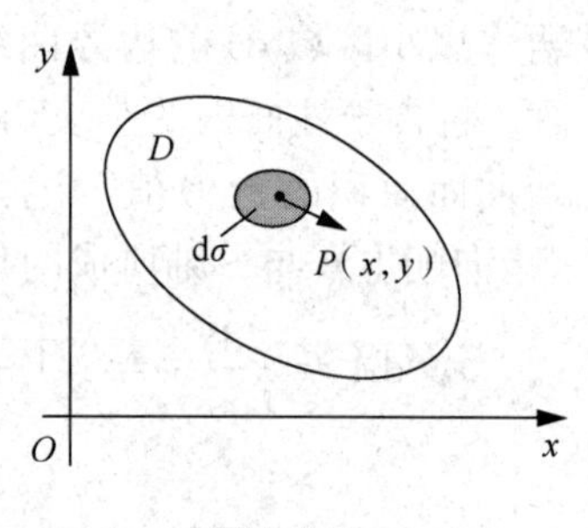

图 9-5-3

在闭区域 D 上任取一点 $P(x,y)$，及包含点 $P(x,y)$ 的一直径很小的闭区域 $\mathrm{d}\sigma$（其面积也记为 $\mathrm{d}\sigma$），因为 $\mathrm{d}\sigma$ 的直径很小，所以闭区域 $\mathrm{d}\sigma$ 的质量近似等于 $\mu(x,y)\mathrm{d}\sigma$，这部分的质量可近似看作集中在点 $P(x,y)$ 上，则闭区域 $\mathrm{d}\sigma$ 对 x 轴和对 y 轴的**力矩**

元素（仅考虑大小）分别为

$$dM_x = y\mu(x,y)d\sigma, dM_y = x\mu(x,y)d\sigma .$$

以力矩元素为被积表达式，可得平面薄片区域 D 对 x 轴和对 y 轴的力矩分别为

$$M_x = \iint_D y\mu(x,y)d\sigma, M_y = \iint_D x\mu(x,y)d\sigma.$$

设平面薄片的质心坐标为（$\bar{x}$，$\bar{y}$），平面薄片的质量为 $M = \iint_D \mu(x,y)d\sigma$，则由 $M \cdot \bar{x} = M_y$，$M \cdot \bar{y} = M_x$，得质心坐标：

$$\bar{x} = \frac{M_y}{M} = \frac{\iint_D x\mu(x,y)d\sigma}{\iint_D \mu(x,y)d\sigma}, \bar{y} = \frac{M_x}{M} = \frac{\iint_D y\mu(x,y)d\sigma}{\iint_D \mu(x,y)d\sigma}. \qquad (9.5.3)$$

例 3　求位于两圆 $r=a\sin\theta$ 和 $r=2a\sin\theta$ 之间的均匀薄片（见图 9-5-4）的质心（$a>0$）.

解　因为闭区域 D 对称于 y 轴，所以质心 $C(\bar{x},\bar{y})$ 必位于 y 轴上，于是 $\bar{x}=0$. 因为

$$\iint_D y\,d\sigma = \iint_D r^2 \sin\theta dr d\theta = \int_0^{\pi} \sin\theta d\theta \int_{a\sin\theta}^{2a\sin\theta} r^2 dr = \frac{7a^3\pi}{8},$$

$$\iint_D d\sigma = \pi \cdot a^2 - \pi \cdot \left(\frac{a}{2}\right)^2 = \frac{3\pi}{4}a^2,$$

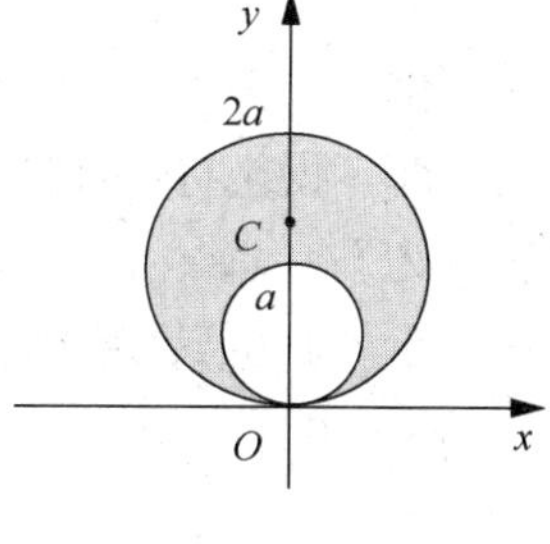

图 9-5-4

所以 $\bar{y} = \dfrac{\iint_D y\,d\sigma}{\iint_D d\sigma} = \dfrac{7a}{6}$. 所求质心是 $C\left(0,\dfrac{7a}{6}\right)$.

2. 立体的质心

类似地，占有空间闭区域 Ω，在点（x,y,z）处的密度为 $\mu(x,y,z)$（假定 $\mu(x,y,z)$ 在 Ω 上连续）的物体的质心坐标为

$$\bar{x} = \frac{1}{M}\iiint_\Omega x\mu(x,y,z)dv, \bar{y} = \frac{1}{M}\iiint_\Omega y\mu(x,y,z)dv, \bar{z} = \frac{1}{M}\iiint_\Omega z\mu(x,y,z)dv, \quad (9.5.4)$$

其中 $M = \iiint_\Omega \mu(x,y,z)dv$.

例 4　求均匀半球体的质心.

解　取半球体的对称轴为 z 轴，球心在原点，设球半径为 a，则半球体所占空间闭区可表示为 $\Omega=\{(x,y,z)\,|\,x^2+y^2+z^2\leqslant a^2, a>0\}$.

$$\iiint_\Omega dv = \int_0^{\frac{\pi}{2}} d\varphi \int_0^{2\pi} d\theta \int_0^a r^2 \sin\varphi dr = \int_0^{\frac{\pi}{2}} \sin\varphi d\varphi \int_0^{2\pi} d\theta \int_0^a r^2 dr = \frac{2\pi a^3}{3},$$

$$\iiint_\Omega z\,dv = \int_0^{\frac{\pi}{2}} d\varphi \int_0^{2\pi} d\theta \int_0^a r\cos\varphi \cdot r^2 \sin\varphi dr = \frac{\pi a^4}{4}, \text{故质心为}\left(0,0,\frac{3a}{8}\right).$$

显然，质心在 z 轴上，故 $\overline{x}=\overline{y}=0.\ \overline{z}=\dfrac{\iiint\limits_{\Omega} z\mu\mathrm{d}v}{\iiint\limits_{\Omega}\mu\mathrm{d}v}=\dfrac{\iiint\limits_{\Omega} z\mathrm{d}v}{\iiint\limits_{\Omega}\mathrm{d}v}=\dfrac{3a}{8}.$

三、转动惯量

设有一平面薄片，占有 xOy 面上的闭区域 D，在点 $P(x,y)$ 处的面密度为 $\mu(x,y)$，假定 $\mu(x,y)$ 在 D 上连续，求该薄片对于 x 轴的转动惯量和 y 轴的转动惯量.

在闭区域 D 上任取一点 $P(x,y)$，及包含点 $P(x,y)$ 的一直径很小的闭区域 $\mathrm{d}\sigma$（其面积也记为 $\mathrm{d}\sigma$），则闭区域 $\mathrm{d}\sigma$ 对于 x 轴的转动惯量和 y 轴的转动惯量元素分别为

$$\mathrm{d}I_x=y^2\mu(x,y)\mathrm{d}\sigma,\ \mathrm{d}I_y=x^2\mu(x,y)\mathrm{d}\sigma.$$

整个平面薄片对于 x 轴的转动惯量和 y 轴的转动惯量分别为

$$I_x=\iint\limits_{D} y^2\mu(x,y)\mathrm{d}\sigma, I_y=\iint\limits_{D} x^2\mu(x,y)\mathrm{d}\sigma. \tag{9.5.5}$$

例 5 求半径为 a 的均匀半圆薄片（面密度为常量 μ）对于其直径边的转动惯量.

解 设坐标系如图 9-5-5 所示，则半圆薄片所占闭区域 D 可表示为 $D=\{(x,y)\,|\,x^2+y^2\leqslant a^2, y\geqslant 0\}$，所求转动惯量即半圆薄片对于 x 轴的转动惯量 I_x，

$$I_x=\iint\limits_{D}\mu y^2\mathrm{d}\sigma=\mu\iint\limits_{D} r^2\sin^2\theta\cdot r\mathrm{d}r\mathrm{d}\theta=\frac{1}{4}\mu a^4\cdot\frac{\pi}{2}=\frac{1}{4}Ma^2,$$

其中 $M=\dfrac{1}{2}\pi a^2\mu$ 为半圆薄片的质量.

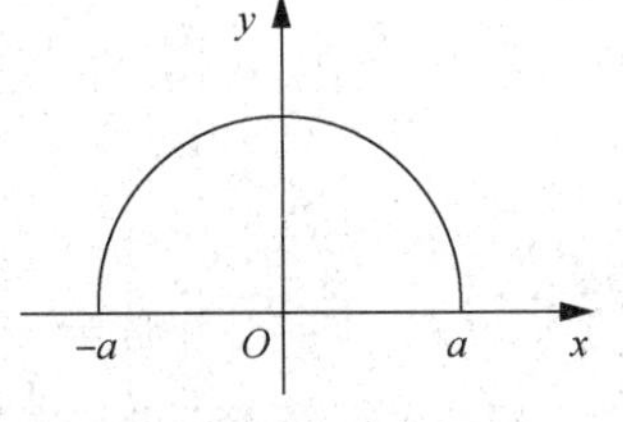

图 9-5-5

类似地，占有空间闭区域 Ω、在点 (x,y,z) 处的密度为 $\rho(x,y,z)$（假定 $\rho(x,y,z)$ 在 Ω 上连续）的物体对于 x、y、z 轴的转动惯量为

$$I_x=\iiint\limits_{\Omega}(y^2+z^2)\rho(x,y,z)\mathrm{d}v, I_y=\iiint\limits_{\Omega}(z^2+x^2)\rho(x,y,z)\mathrm{d}v,$$

$$I_z=\iiint\limits_{\Omega}(x^2+y^2)\rho(x,y,z)\mathrm{d}v.$$

例 6 求密度为常数 ρ 的均匀球体对于过球心的一条轴 l 的转动惯量.

解 取球心为坐标原点，z 轴与轴 l 重合（见图 9-5-6），又设球的半径为 a，则球体所占空间闭区域 $\Omega=\{(x,y,z)\,|\,x^2+y^2+z^2\leqslant a^2, a>0\}$. 所求转动惯量即球体对于 z 轴的转动惯量 I_z.

$$\begin{aligned}I_z&=\iiint\limits_{\Omega}(x^2+y^2)\rho\mathrm{d}v\\&=\rho\iiint\limits_{\Omega}(r^2\sin^2\varphi\cos^2\theta+r^2\sin^2\varphi\sin^2\theta)r^2\sin\varphi\mathrm{d}r\mathrm{d}\varphi\mathrm{d}\theta\\&=\rho\iiint\limits_{\Omega} r^4\sin^3\varphi\mathrm{d}r\mathrm{d}\varphi\mathrm{d}\theta=\rho\int_0^{2\pi}\mathrm{d}\theta\int_0^{\pi}\sin^3\varphi\mathrm{d}\varphi\int_0^a r^4\mathrm{d}r\\&=\frac{8}{15}\pi a^5\rho=\frac{2}{5}a^2M,\end{aligned}$$

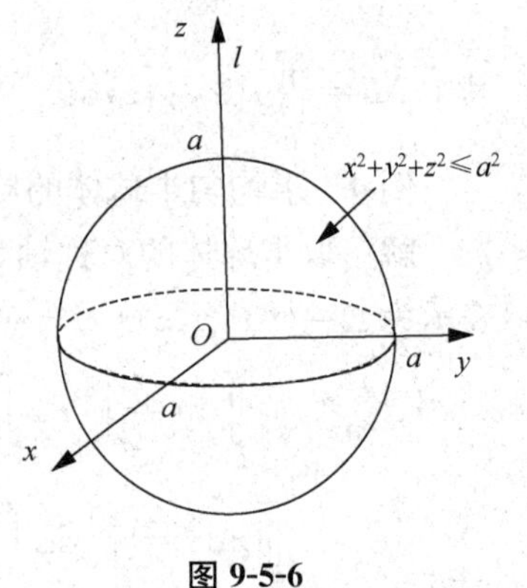

图 9-5-6

其中$M=\frac{4}{3}\pi a^3\rho$为球体的质量.

四、引力

设物体占有空间有界闭区域Ω，它在点(x,y,z)处的密度为$\rho(x,y,z)$，且$\rho(x,y,z)$在Ω上连续. 在物体内任取一点(x,y,z)及包含该点的一直径很小的闭区域$\mathrm{d}v$（其体积也记为$\mathrm{d}v$），把这一小块物体的质量$\rho\mathrm{d}v$近似地看作集中在点(x,y,z)处. 这一小块物体对位于$P_0(x_0,y_0,z_0)$处的单位质量的质点的引力近似地为

$$\begin{aligned}\mathrm{d}F&=(\mathrm{d}F_x,\mathrm{d}F_y,\mathrm{d}F_z)\\&=\left(G\frac{\rho(x,y,z)(x-x_0)}{r^3}\mathrm{d}v,G\frac{\rho(x,y,z)(y-y_0)}{r^3}\mathrm{d}v,G\frac{\rho(x,y,z)(z-z_0)}{r^3}\mathrm{d}v\right),\end{aligned}$$

其中$r=\sqrt{(x-x_0)^2+(y-y_0)^2+(z-z_0)^2}$，$\mathrm{d}F_x$，$\mathrm{d}F_y$，$\mathrm{d}F_z$为引力元素$\mathrm{d}F$在三个坐标轴上的分量，$G$为引力常数. 将$\mathrm{d}F_x$，$\mathrm{d}F_y$，$\mathrm{d}F_z$在$\Omega$上分别积分，可得$F_x$，$F_y$，$F_z$，从而得$F=(F_x,F_y,F_z)$.

例 7　设半径为R的匀质球占有空间闭区域$\Omega=\{(x,y,z)\mid x^2+y^2+z^2\leqslant R^2\}$，求它对于位于点$M_0(0,0,a)$（$a>R$）处的单位质量的质点的引力.

解　设球的密度为ρ_0，由球体的对称性及质量分布的均匀性知$F_x=F_y=0$，所求引力沿z轴的分量为

$$\begin{aligned}F_z&=\iiint\limits_{\Omega}\frac{G\rho_0(z-a)}{[x^2+y^2+(z-a)^2]^{3/2}}\mathrm{d}v\\&=G\rho_0\int_{-R}^{R}(z-a)\mathrm{d}z\iint\limits_{x^2+y^2\leqslant R^2-z^2}\frac{\mathrm{d}x\mathrm{d}y}{[x^2+y^2+(z-a)^2]^{3/2}}\\&=G\rho_0\int_{-R}^{R}(z-a)\mathrm{d}z\int_0^{2\pi}\mathrm{d}\theta\int_0^{\sqrt{R^2-z^2}}\frac{\rho\mathrm{d}\rho}{[\rho^2+(z-a)^2]^{3/2}}\\&=2\pi G\rho_0\int_{-R}^{R}(z-a)\left(\frac{1}{a-z}-\frac{1}{\sqrt{R^2-2az+a^2}}\right)\mathrm{d}z\\&=2\pi G\rho_0\left[-2R+\frac{1}{a}\int_{-R}^{R}(z-a)\mathrm{d}\sqrt{R^2-2az+a^2}\right]\\&=2G\pi\rho_0\left(-2R+2R-\frac{2R^3}{3a^2}\right)\\&=-G\cdot\frac{4\pi R^3}{3}\rho_0\cdot\frac{1}{a^2}\\&=-G\frac{M}{a^2},\end{aligned}$$

其中$M=\frac{4\pi R^3}{3}\rho_0$为球的质量.

上述结果表明：匀质球对球外一质点的引力如同球的质量集中于球心时两质点间的引力.

习题 9-5

1. 求平面$\frac{x}{a}+\frac{y}{b}+\frac{z}{c}=1$被三个坐标平面所割出部分的面积.

2. 求半径为 R 的两个正交圆柱面所围成立体的表面积.

3. 求球面 $x^2+y^2+z^2=9$ 被椭圆柱面 $4x^2+y^2=9$ 所截下的部分的面积.

4. 设平面薄片所占的闭区域 D 由螺线 $r=2\theta\left(0\leqslant\theta\leqslant\frac{\pi}{2}\right)$ 与直线 $\theta=\frac{\pi}{2}$ 所围成，它的面密度 $\rho(x,y)=x+y$，求该薄片的质量.

5. 设球心在原点，半径为 R 的球体，其上任意一点的体密度与该点到球心的距离成正比（比例系数为 k），求该球体的质量.

6. 设均匀薄片所占的闭区域 D 是半椭圆形区域：$\frac{x^2}{a^2}+\frac{y^2}{b^2}\leqslant 1$，$y\geqslant 0$，求该均匀薄片的质心.

7. 计算由下列曲面所围立体的重心（密度为 ρ）：

(1) $z^2=x^2+y^2$，$z=1$；

(2) $z=x^2+y^2$，$x+y=1$ 及三个坐标平面.

8. 求密度为 ρ 的均匀的圆环 $a^2\leqslant x^2+y^2\leqslant b^2$（$b>a$）对垂直于圆环并通过它的中心的轴的转动惯量.

9. 设均匀薄片（面密度为常数 1）所占闭区域 D 为矩形区域：$0\leqslant x\leqslant a$，$0\leqslant y\leqslant b$，求转动惯量 I_x 和 I_y.

10. 求由抛物线 $y^2=x$ 及直线 $x=1$ 所围成的均匀薄片（密度为 ρ）关于直线 $y=x$ 的转动惯量.

11. 设球体 $x^2+y^2+z^2\leqslant R^2$ 内点 $P(x,y,z)$ 处的体密度等于该点到球心的距离，求这个球体关于其直径的转动惯量.

12. 有一半径为 R、高为 H 的均匀正圆柱体，在其中心轴上距离下底为 a 处有一质量为 m 的质点，求此柱体对该质点的引力.

总习题九

1. 计算下列二重积分：

(1) $\iint\limits_D e^{x+y}\,d\sigma$，其中 D 是由 $|x|+|y|\leqslant 1$ 所确定的闭区域；

(2) $\iint\limits_D 6xy\,d\sigma$，其中 D 是由 $y=x, y=-x, y=2-x^2$ 所围成的闭区域；

(3) $\iint\limits_D \frac{y^3}{x}\,d\sigma$，其中 D 是由 $x^2+y^2\leqslant 1$，$0\leqslant y\leqslant\sqrt{\frac{3}{2}}x$ 所围成的闭区域；

(4) $\iint\limits_D \sqrt{R^2-x^2-y^2}\,d\sigma$，其中 D 是圆周 $x^2+y^2=Rx$ 所围成的闭区域；

(5) $\iint\limits_D (y^2+3x-6y+9)\,d\sigma$，其中 D 是 $x^2+y^2\leqslant R^2$ 所围成的闭区域；

(6) $\iint\limits_D (x+y)\,d\sigma$，其中 D 是由 $x^2+y^2-2Rx\leqslant 0$ 所围成的闭区域.

2. 交换下列二次积分的次序：

(1) $\int_{1}^{2}\mathrm{d}x\int_{2-x}^{\sqrt{2x-x^{2}}}f(x,y)\mathrm{d}y$；　　(2) $\int_{0}^{1}\mathrm{d}x\int_{x}^{\sqrt{x}}f(x,y)\mathrm{d}y$.

3. 计算以 xOy 面上的由圆周 $x^{2}+y^{2}=ax$ 所围成的闭区域为底，而以曲面 $z=x^{2}+y^{2}$ 为顶的曲顶柱体的体积.

4. 在均匀的半径为 R 的半圆形薄片的直径上，接上一个一条边与直径等长的同样材料的均匀矩形薄片，为了使整个均匀薄片的重心恰好落在圆心上，问：接上去的均匀矩形薄片另一边长度是多少?

第十章　曲线积分与曲面积分

【课前导读】

在工程技术与物理学中，常遇到计算非均匀曲线状或曲面状构件的质量、质点受变力作用下沿曲线运动而做功及流体通过曲面的流量问题，要解决这类问题，就要推广积分范围.

上一章已经把积分的积分域从数轴上的区间推广到平面或空间内的一个闭区域的情形. 本章将把积分的积分域推广到平面或空间中的一段曲线弧或一片曲面的情形（这样推广后的积分称为曲线积分或曲面积分）.

第一节　对弧长的曲线积分

一、对弧长的曲线积分的概念与性质

1. 引例　曲线形构件的质量

在设计曲线形构件时，为了合理使用材料，应该根据构件各部分受力情况，把构件上各点处的粗细程度设计得不完全一样. 因此，可以认为构件的线密度（单位长度的质量）是变量.

假设构件所占的位置在 xOy 面内的一段曲线弧 L 上（见图 10-1-1），它的端点是 A、B，在 L 上任一点 (x,y) 处，它的线密度为 $\rho(x,y)$. 现在要计算构件的质量 M.

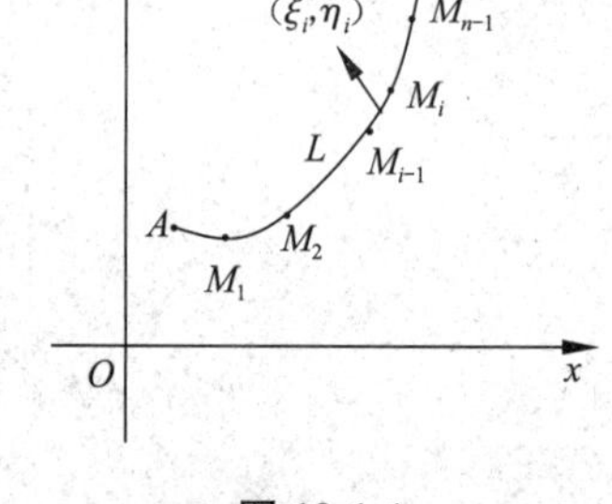

图 10-1-1

如果构件的线密度为常量，那么构件的质量就等于它的线密度与长度的乘积. 现在构件上各点处的线密度是变量，可用微元法来求解.

（1）分割. 用 L 上的点 M_1，M_2，…，M_{n-1} 把 L 分成 n 个小段，取其中一小段构件 $\widehat{M_{i-1}M_i}$（其长度记为 Δs_i）来分析. 当这小段很短时，可用这小段上的任一点 (ξ_i,η_i) 处的线密度代替这小段上其他各点处的线密度，从而得到这小段构件质量的近似值为

$$\rho(\xi_i,\eta_i)\cdot\Delta s_i.$$

（2）求和. 整个曲线形构件的质量

$$M\approx\sum_{i=1}^{n}\rho(\xi_i,\eta_i)\Delta s_i.$$

（3）取极限. 用 λ 表示 n 个小弧段的最大长度，M 的精确值为

$$M=\lim_{\lambda\to 0}\sum_{i=1}^{n}\rho(\xi_i,\eta_i)\Delta s_i. \tag{10.1.1}$$

式（10.1.1）中和的极限称为函数 $\rho(x,y)$ 在曲线 L 上的对弧长的曲线积分. 其一般定义如下.

2. 定义

设 L 为 xOy 面内的一条光滑曲线弧，函数 $f(x,y)$ 在 L 上有界. 在 L 上任意插入一点列 M_1，M_2，…，M_{n-1} 把 L 分成 n 个小段. 设第 i 个小段的长度为 Δs_i，(ξ_i,η_i) 为第 i 个小段上任取的一点，记 $\lambda=\max\{\Delta s_1,\Delta s_2,\cdots,\Delta s_n\}$，若极限

$$\lim_{\lambda\to 0}\sum_{i=1}^{n} f(\xi_i,\eta_i)\Delta s_i$$

总存在，则称此**极限为函数 $f(x,y)$ 在曲线弧 L 上对弧长的曲线积分或第一类曲线积分**，记作 $\int_L f(x,y)\mathrm{d}s$，即

$$\int_L f(x,y)\mathrm{d}s=\lim_{\lambda\to 0}\sum_{i=1}^{n} f(\xi_i,\eta_i)\Delta s_i,$$

其中 **$f(x,y)$ 称为被积函数，L 称为积分弧段.**

当 $f(x,y)$ 在光滑曲线弧 L 上连续时，对弧长的曲线积分 $\int_L f(x,y)\mathrm{d}s$ 是存在的，以后我们总是假定 $f(x,y)$ 在 L 上是连续的.

根据定义，**曲线形构件 L 的质量** M 等于 $\rho(x,y)$ 对弧长的曲线积分，即

$$M=\int_L \rho(x,y)\mathrm{d}s.$$

曲线形构件 L 关于 x 轴和 y 轴的静力矩为

$$M_x=\int_L y\rho(x,y)\mathrm{d}s,\quad M_y=\int_L x\rho(x,y)\mathrm{d}s.$$

曲线形构件 L 关于 x 轴和 y 轴的转动惯量为

$$I_x=\int_L y^2\rho(x,y)\mathrm{d}s,\quad I_y=\int_L x^2\rho(x,y)\mathrm{d}s.$$

曲线形构件 L 的质心坐标为

$$\bar{x}=\frac{M_y}{M},\quad \bar{y}=\frac{M_x}{M}.$$

积分弧段为空间曲线弧 Γ，函数 $f(x,y,z)$ 在曲线弧 Γ 上对弧长的曲线积分定义为

$$\int_\Gamma f(x,y,z)\mathrm{d}s=\lim_{\lambda\to 0}\sum_{i=1}^{n} f(\xi_i,\eta_i,\zeta_i)\Delta s_i.$$

如果 L **是闭曲线**，那么函数 $f(x,y)$ 在闭曲线 L 上对弧长的曲线积分记为

$$\oint_L f(x,y)\mathrm{d}s.$$

3. 对弧长的曲线积分的性质

对弧长的曲线积分也有与定积分类似的性质，下面给出几个常用的性质：

(1) $\int_L [\alpha f(x,y)\pm\beta g(x,y)]\mathrm{d}s=\alpha\int_L f(x,y)\mathrm{d}s\pm\beta\int_L g(x,y)\mathrm{d}s$.（$\alpha$，$\beta$ 为常数）

(2) L 由两段光滑曲线弧 L_1 及 L_2 组成（记作 $L=L_1+L_2$），则

$$\int_L f(x,y)\mathrm{d}s=\int_{L_1} f(x,y)\mathrm{d}s+\int_{L_2} f(x,y)\mathrm{d}s.$$

(3) 在 L 上有 $f(x,y)\leqslant g(x,y)$，则 $\int_L f(x,y)\mathrm{d}s\leqslant\int_L g(x,y)\mathrm{d}s$.

(4) 设 $f(x,y)$ 在光滑曲线 L 上连续，则 L 上至少存在一点 (ξ,η)，使

$$\int_L f(x,y)\mathrm{d}s = f(\xi,\eta)\cdot s,$$

其中 s 是曲线 L 的长度.

(5) 若 $f(x,y)=1$，则 $\int_L \mathrm{d}s = s$.

二、对弧长的曲线积分的计算

以下讨论均假设 $f(x,y)$ 在曲线弧 L 上有定义且连续. 若平面曲线弧 L 的方程为 $y=f(x)$，则有**弧微分公式**

$$\mathrm{d}s = \sqrt{1+y'^2}\,\mathrm{d}x \tag{10.1.2}$$

或

$$\mathrm{d}s=\sqrt{(\mathrm{d}x)^2+(\mathrm{d}y)^2}. \tag{10.1.3}$$

下面根据曲线弧 L 的方程形式，给出曲线积分的计算公式.

(1) 设曲线弧 L 的方程为参数方程

$$\begin{cases} x=\varphi(t), \\ y=\psi(t). \end{cases} (\alpha\leqslant t\leqslant\beta)$$

其中 $\varphi(t)$、$\psi(t)$ 在 $[\alpha,\beta]$ 上具有一阶连续导数，且 $\varphi'^2(t)+\psi'^2(t)\neq 0$.

根据弧微分式（10.1.3），$\mathrm{d}s=\sqrt{[\varphi'(t)]^2+[\psi'(t)]^2}\,\mathrm{d}t$，则

$$\int_L f(x,y)\mathrm{d}s = \int_\alpha^\beta f[\varphi(t),\psi(t)]\sqrt{\varphi'^2(t)+\psi'^2(t)}\,\mathrm{d}t \quad (\alpha<\beta). \tag{10.1.4}$$

注 ① 被积函数 $f(x,y)$ 是定义在曲线弧 L 上的，所以可把曲线弧 L 的参数方程代入被积函数中；

② 弧微分 $\mathrm{d}s>0$，所以把第一曲线积分化为定积分时，上限必须大于下限.

(2) 若曲线 L 的方程为 $y=\psi(x)$ $(a\leqslant x\leqslant b)$，则

$$\int_L f(x,y)\mathrm{d}s = \int_a^b f[x,\psi(x)]\sqrt{1+\psi'^2(x)}\,\mathrm{d}x. \tag{10.1.5}$$

(3) 若曲线 L 的方程为 $x=\varphi(y)$ $(c\leqslant y\leqslant d)$，则

$$\int_L f(x,y)\mathrm{d}s = \int_c^d f[\varphi(y),y]\sqrt{1+\varphi'^2(y)}\,\mathrm{d}y. \tag{10.1.6}$$

(4) 若曲线 L 的方程为 $r=r(\theta)$ $(\alpha\leqslant\theta\leqslant\beta)$，则

$$\int_L f(x,y)\mathrm{d}s = \int_\alpha^\beta f[r\cos\theta, r\sin\theta]\sqrt{r^2(\theta)+r'^2(\theta)}\,\mathrm{d}\theta. \tag{10.1.7}$$

式（10.1.4）可推广到空间曲线弧 Γ 的情形，若 Γ 的参数方程为

$$x=\varphi(t),\quad y=\psi(t),\quad z=\omega(t)\quad (\alpha\leqslant t\leqslant\beta),$$

则

$$\int_\Gamma f(x,y,z)\mathrm{d}s = \int_\alpha^\beta f[\varphi(t),\psi(t),\omega(t)]\sqrt{\varphi'^2(t)+\psi'^2(t)+\omega'^2(t)}\,\mathrm{d}t. \tag{10.1.8}$$

例 1 计算曲线积分 $I=\int_L (x^2+y^2)\mathrm{d}s$，其中 L 是圆心在为 $(R,0)$，半径为 R 的上半圆（见图 10-1-2）.

解 上半圆的参数方程为

$$x=R(1+\cos t),\quad y=R\sin t\quad (0\leqslant t\leqslant\pi).$$

由式（10.1.4）可得

$$I=\int_0^{\pi}[R^2(1+\cos t)^2+R^2\sin^2 t]\sqrt{(-R\sin t)^2+(R\cos t)^2}\,\mathrm{d}t$$

$$=2R^3\int_0^{\pi}(1+\cos t)\mathrm{d}t=2R^3[t+\sin t]_0^{\pi}=2\pi R^3.$$

例 2　计算$\int_L\sqrt{y}\,\mathrm{d}s$，其中 L 是抛物线 $y=x^2$ 上点 $O(0,0)$ 与点 $B(1,1)$ 之间的一段弧（见图 10-1-3）.

解　L 的方程为 $y=x^2$　$(0\leqslant x\leqslant 1)$，由式（10.1.5）可得

$$\int_L\sqrt{y}\,\mathrm{d}s=\int_0^1\sqrt{x^2}\sqrt{1+(x^2)'^2}\,\mathrm{d}x$$

$$=\int_0^1 x\sqrt{1+4x^2}\,\mathrm{d}x=\left[\frac{1}{12}(1+4x^2)^{\frac{3}{2}}\right]_0^1=\frac{1}{12}(5\sqrt{5}-1).$$

例 3　计算半径为 R、中心角为 2α 的圆弧 L 对于它的对称轴的转动惯量 I（设线密度 $\rho=1$）.

解　取坐标系如图 10-1-4 所示，则

$$I=\int_L y^2\mathrm{d}s.$$

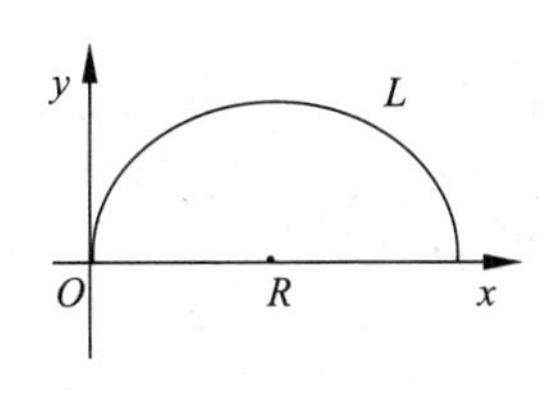

图 10-1-2

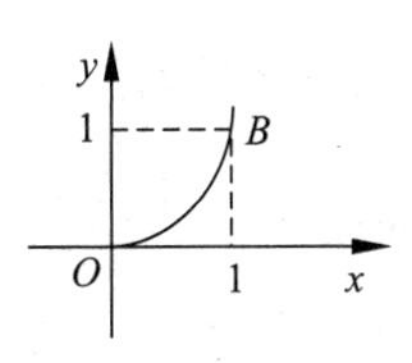

图 10-1-3

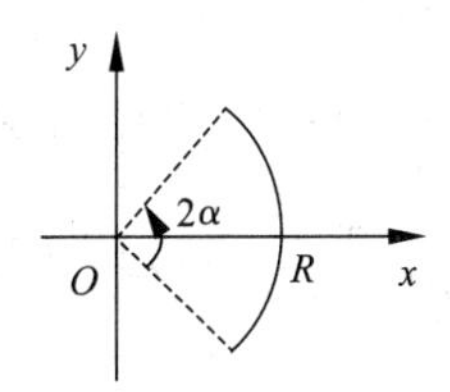

图 10-1-4

L 的参数方程为

$$x=R\cos\theta,\quad y=R\sin\theta\quad(-\alpha\leqslant\theta\leqslant\alpha).$$

所以，由式（10.1.4）可得

$$I=\int_L y^2\mathrm{d}s=\int_{-\alpha}^{\alpha}R^2\sin^2\theta\sqrt{(-R\sin\theta)^2+(R\cos\theta)^2}\,\mathrm{d}\theta$$

$$=R^3\int_{-\alpha}^{\alpha}\sin^2\theta\mathrm{d}\theta=\frac{R^3}{2}\left[\theta-\frac{\sin 2\theta}{2}\right]_{-\alpha}^{\alpha}=R^3(\alpha-\sin\alpha\cos\alpha).$$

例 4　计算曲线积分$\int_\Gamma(x^2+y^2+z^2)\,\mathrm{d}s$，其中 Γ 为螺旋线 $x=a\cos t$，$y=a\sin t$，$z=kt$ 上相应于 t 从 0 到 2π 的一段弧.

解根据式（10.1.8）

$$\int_\Gamma(x^2+y^2+z^2)\mathrm{d}s$$

$$=\int_0^{2\pi}[(a\cos t)^2+(a\sin t)^2+(kt)^2]\cdot\sqrt{(-a\sin t)^2+(a\cos t)^2+k^2}\,\mathrm{d}t$$

$$=\int_0^{2\pi}(a^2+k^2t^2)\sqrt{a^2+k^2}\,\mathrm{d}t$$

$$=\sqrt{a^2+k^2}\left[a^2t+\frac{k^2}{3}t^3\right]_0^{2\pi}$$

$$=\frac{2}{3}\pi\sqrt{a^2+k^2}(3a^2+4\pi^2k^2).$$

习题 10-1

1. 计算下列对弧长的曲线积分：

(1) $\oint_L (x^2+y^2)^n \mathrm{d}s$，其中 L 为圆周 $x=a\cos t$，$y=a\sin t$（$0\leqslant t\leqslant 2\pi$）；

(2) $\int_L (x+y)\mathrm{d}s$，其中 L 为连接（1,0）及（0,1）两点的直线段；

(3) $\oint_L x\mathrm{d}s$，其中 L 为由直线 $y=x$ 及抛物线 $y=x^2$ 所围成的区域的整个边界；

(4) $\oint_L \mathrm{e}^{\sqrt{x^2+y^2}}\mathrm{d}s$，其中 L 为圆周 $x^2+y^2=a^2$，直线 $x=y$ 及 x 轴在第一象限内所围成的扇形的整个边界；

(5) $\int_\Gamma \frac{1}{x^2+y^2+z^2}\mathrm{d}s$，其中 Γ 为曲线 $x=\mathrm{e}^t\cos t$，$y=\mathrm{e}^t\sin t$，$z=\mathrm{e}^t$ 上相应于 t 从 0 变到 2 的这段弧；

(6) $\int_L y^2\mathrm{d}s$，其中 L 为摆线的一拱 $x=a(t-\sin t)$，$y=a(1-\cos t)$（$0\leqslant t\leqslant 2\pi$，$a>0$）；

(7) $\int_L (x^2+y^2)\mathrm{d}s$，其中 L 为曲线 $x=a(\cos t+t\sin t)$，$y=a(\sin t-t\cos t)$（$0\leqslant t\leqslant 2\pi$）；

(8) $\int_L x^2yz\mathrm{d}s$，其中 L 为折线 $ABCD$，这里 A、B、C、D 依次为点（0,0,0），（0,0,2），（1,0,2），（1,3,2）.

2. 求半径为 a、中心角为 2φ 的均匀圆弧（线密度 $\rho=1$）的重心.

3. 求下列空间曲线的弧长：

(1) $x=3t$，$y=3t^2$，$z=2t^3$，从点 $O(0,0,0)$ 到点 $A(3,3,2)$；

(2) $x=\mathrm{e}^{-t}\cos t$，$y=\mathrm{e}^{-t}\sin t$，$z=\mathrm{e}^{-t}$（$t\geqslant 0$）.

第二节　对坐标的曲线积分

一、对坐标的曲线积分的概念与性质

1. 引例　变力沿曲线所做的功

设一个质点在 xOy 面内从点 A 沿光滑曲线弧 L 移动到点 B. 在移动过程中，该质点受到力

$$\boldsymbol{F}(x,y)=P(x,y)\boldsymbol{i}+Q(x,y)\boldsymbol{j}$$

的作用，其中函数 $P(x,y)$，$Q(x,y)$ 在 L 上连续. 要计算在上述移动过程中变力 $\boldsymbol{F}(x,y)$ 所做的功.

如果 $\boldsymbol{F}$ 是常力，且质点从 A 沿直线移动到 B，那么常力 $\boldsymbol{F}$ 所做的功 W 为

$$W=\boldsymbol{F}\cdot\overrightarrow{AB}$$

现在 $\boldsymbol{F}(x,y)$ 是变力，且质点在曲线 L 上移动，功 W 不能直接按以上公式计算，可用微元法求解.

(1) 分割. 在有向曲线弧 L 上插入分点 $M_1(x_1,y_1)$，$M_2(x_2,y_2)$，…，$M_{n-1}(x_{n-1},y_{n-1})$，把 L 分成 n 个有向小弧段，第 i 个有向小弧段$\overset{\frown}{M_{i-1}M_i}$光滑且很短（见图 10-2-1），可以用有向线段

$$\overrightarrow{M_{i-1}M_i}=(\Delta x_i)\boldsymbol{i}+(\Delta y_i)\boldsymbol{j}$$

来近似代替，其中 $\Delta x_i=x_i-x_{i-1}$，$\Delta y_i=y_i-y_{i-1}$. 又由于函数 $P(x,y)$，$Q(x,y)$ 在 L 上连续，可以用$\overset{\frown}{M_{i-1}M_i}$上任取一点 (ξ_i,η_i) 处的力

$$\boldsymbol{F}(\xi_i,\eta_i)=P(\xi_i,\eta_i)\boldsymbol{i}+Q(\xi_i,\eta_i)\boldsymbol{j}$$

近似代替这小弧段上各点处的力. 这样，变力 $\boldsymbol{F}(x,y)$ 沿此有向小弧段所做的功

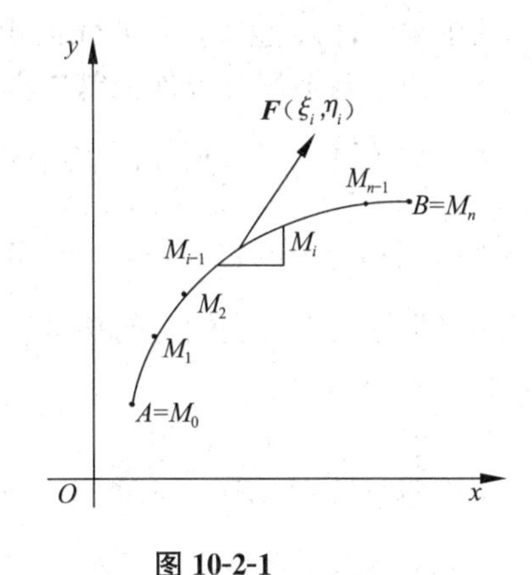

图 10-2-1

$$\Delta W_i\approx\boldsymbol{F}(\xi_i,\eta_i)\cdot\overrightarrow{M_{i-1}M_i},$$

即

$$\Delta W_i\approx P(\xi_i,\eta_i)\Delta x_i+Q(\xi_i,\eta_i)\Delta y_i.$$

(2) 求和. 所求功

$$W=\sum_{i=1}^{n}\Delta W_i\approx\sum_{i=1}^{n}[P(\xi_i,\eta_i)\Delta x_i+Q(\xi_i,\eta_i)\Delta y_i].$$

(3) 取极限. 用 λ 表示 n 个小弧段的最大长度，令 $\lambda\to0$，取上述和的极限，则极限值为变力 $\boldsymbol{F}$ 沿有向曲线弧所做的功 W，即

$$W=\lim_{\lambda\to0}\sum_{i=1}^{n}[P(\xi_i,\eta_i)\Delta x_i+Q(\xi_i,\eta_i)\Delta y_i].$$

这种和的极限在研究其他问题时也会遇到，称它为对坐标的曲线积分，下面给出其一般定义.

2. 对坐标的曲线积分的定义

定义　设 L 为 xOy 面内从点 A 到点 B 的一段有向光滑曲线弧，函数 $P(x,y)$、$Q(x,y)$ 在 L 上有界. 在 L 上沿 L 的方向任意插入分点 $M_1(x_1,y_1)$，$M_2(x_2,y_2)$，…，$M_{n-1}(x_{n-1},y_{n-1})$，把 L 分成 n 个有向小弧段

$$\overset{\frown}{M_{i-1}M_i}\quad(i=1,2,3,\cdots,n;M_0=A,M_n=B).$$

设 $\Delta x_i=x_i-x_{i-1}$，$\Delta y_i=y_i-y_{i-1}$，点 (ξ_i,η_i) 为$\overset{\frown}{M_{i-1}M_i}$上任意取定的点，$\lambda=\max\{|\Delta s_1|,|\Delta s_2|,\cdots,|\Delta s_n|\}$，其中 $|\Delta s_i|$ 为第 i 个有向小弧线段的长度.

(1) 若极限 $\lim\limits_{\lambda\to0}\sum\limits_{i=1}^{n}P(\xi_i,\eta_i)\Delta x_i$ 总存在，则称此极限为**函数 $P(x,y)$ 在有向曲线弧 L 上对坐标 x 的曲线积分**，记作 $\int_L P(x,y)\mathrm{d}x$.

(2) 若 $\lim\limits_{\lambda\to0}\sum\limits_{i=1}^{n}Q(\xi_i,\eta_i)\Delta y_i$ 总存在，则称此极限为**函数 $Q(x,y)$ 在有向曲线弧 L 上对坐标 y 的曲线积分**，记作 $\int_L Q(x,y)\mathrm{d}y$. 即

$$\int_L P(x,y)\mathrm{d}x=\lim_{\lambda\to0}\sum_{i=1}^{n}P(\xi_i,\eta_i)\Delta x_i,$$

$$\int_L Q(x,y)\mathrm{d}y = \lim_{\lambda\to 0}\sum_{i=1}^{n} Q(\xi_i,\eta_i)\Delta y_i,$$

其中 $\boldsymbol{P(x,y)}$、$\boldsymbol{Q(x,y)}$ **叫作被积函数；$\boldsymbol{L}$ 叫作积分弧段.**

以上两个积分也称为**第二类曲线积分**.

当 $P(x,y)$、$Q(x,y)$ 在有向光滑曲线弧 L 上连续时，对坐标的曲线积分 $\int_L P(x,y)\mathrm{d}x$ 及 $\int_L Q(x,y)\mathrm{d}y$ 都存在，以后我们总是假定 $P(x,y)$、$Q(x,y)$ 在 L 上连续.

根据定义，引例中的功 W 可用积分表示为

$$W = \int_L P(x,y)\mathrm{d}x + \int_L Q(x,y)\mathrm{d}y.$$

为简便起见，$\int_L P(x,y)\mathrm{d}x + \int_L Q(x,y)\mathrm{d}y$ 常写为 $\int_L P(x,y)\mathrm{d}x + Q(x,y)\mathrm{d}y$.

上述定义可以类似地推广到积分弧段为空间有向曲线弧 Γ 的情形：

$$\int_\Gamma P(x,y,z)\mathrm{d}x = \lim_{\lambda\to 0}\sum_{i=1}^{n} P(\xi_i,\eta_i,\zeta_i)\Delta x_i,$$

$$\int_\Gamma Q(x,y,z)\mathrm{d}y = \lim_{\lambda\to 0}\sum_{i=1}^{n} Q(\xi_i,\eta_i,\zeta_i)\Delta y_i,$$

$$\int_\Gamma R(x,y,z)\mathrm{d}z = \lim_{\lambda\to 0}\sum_{i=1}^{n} R(\xi_i,\eta_i,\zeta_i)\Delta z_i.$$

类似地，把

$$\int_\Gamma P(x,y,z)\mathrm{d}x + \int_\Gamma Q(x,y,z)\mathrm{d}y + \int_\Gamma R(x,y,z)\mathrm{d}z$$

简写成

$$\int_\Gamma P(x,y,z)\mathrm{d}x + Q(x,y,z)\mathrm{d}y + R(x,y,z)\mathrm{d}z.$$

3. 对坐标的曲线积分的性质

性质 1　若有向曲线弧 L 可分成两段光滑的有向曲线弧 L_1 和 L_2，则

$$\int_L P(x,y)\mathrm{d}x + Q(x,y)\mathrm{d}y = \int_{L_1} P(x,y)\mathrm{d}x + Q(x,y)\mathrm{d}y + \int_{L_2} P(x,y)\mathrm{d}x + Q(x,y)\mathrm{d}y.$$

性质 2　若 L 是有向光滑曲线弧，L^- 是 L 的反向曲线弧，则

$$\int_{L^-} P(x,y)\mathrm{d}x + Q(x,y)\mathrm{d}y = -\int_L P(x,y)\mathrm{d}x + Q(x,y)\mathrm{d}y.$$

注　当积分弧段的方向改变时，对坐标的曲线积分要改变符号. 因此，关于对坐标的曲线积分，必须注意积分弧段的方向.

二、对坐标的曲线积分的计算法

以下均设函数 $P(x,y)$、$Q(x,y)$ 在有向曲线弧 L 上有定义且连续. 根据有向曲线弧 L 的方程形式，分别给出其计算方法.

（1）有向曲线弧 L 的方程为参数方程

$$\begin{cases} x = \varphi(t), \\ y = \psi(t). \end{cases}$$

当参数 t 单调地由 α 变到 β 时，点 $M(x,y)$ 从 L 的起点 A 沿 L 运动到终点 B，$\varphi(t)$、$\psi(t)$

在以 α 及 β 为端点的闭区间上具有一阶连续导数，且 $\varphi'^2(t)+\psi'^2(t)\neq 0$，则

$$\int_L P(x,y)\mathrm{d}x+Q(x,y)\mathrm{d}y=\int_\alpha^\beta\{P[\varphi(t),\psi(t)]\varphi'(t)+Q[\varphi(t),\psi(t)]\psi'(t)\}\mathrm{d}t.$$

注　下限 α 对应于 L 的起点，上限 β 对应于 L 的终点，α 不一定小于 β.

(2) 若曲线 L 方程为 $y=\varphi(x)$，起点处的 x 值为 a，终点处的 x 值为 b，则

$$\int_L P(x,y)\mathrm{d}x+Q(x,y)\mathrm{d}y=\int_a^b\{P[x,\varphi(x)]+Q[x,\varphi(x)]\varphi'(x)\}\mathrm{d}x.$$

(3) 若曲线 L 方程为 $x=\psi(y)$，起点处的 y 值为 c，终点处的 y 值为 d，则

$$\int_L P(x,y)\mathrm{d}x+Q(x,y)\mathrm{d}y=\int_c^d\{P[\psi(y),y]\psi'(y)+Q[\psi(y),y]\}\mathrm{d}y.$$

若空间曲线 Γ 的参数方程为

$$x=\varphi(t),\quad y=\psi(t),\quad z=\omega(t),$$

则

$$\begin{aligned}&\int_\Gamma P(x,y,z)\mathrm{d}x+Q(x,y,z)\mathrm{d}y+R(x,y,z)\mathrm{d}z\\=&\int_\alpha^\beta\{P[\varphi(t),\psi(t),\omega(t)]\varphi'(t)+Q[\varphi(t),\psi(t),\omega(t)]\psi'(t)+\\&R[\varphi(t),\psi(t),\omega(t)]\omega'(t)\}\mathrm{d}t.\end{aligned}$$

其中下限 α 对应于 Γ 的起点，上限 β 对应于 Γ 的终点.

例 1　计算 $\int_L xy\mathrm{d}x$，其中 L 为抛物线 $y^2=x$ 上从点 $A(1,-1)$ 到点 $B(1,1)$ 的一段弧（见图 10-2-2).

解　曲线 L 方程为 $x=y^2$，y 从 -1 变到 1. 因此

$$\int_L xy\mathrm{d}x=\int_{-1}^1 y^2y(y^2)'\mathrm{d}y=2\int_{-1}^1 y^4\mathrm{d}y=2\left[\frac{y^5}{5}\right]_{-1}^1=\frac{4}{5}.$$

例 2　计算 $\int_L y^2\mathrm{d}x$，其中 L 为（见图 10-2-3)：

(1) 半径为 a、圆心为原点、按逆时针方向绕行的上半圆周；

(2) 从点 $A(a,0)$ 沿 x 轴到点 $B(-a,0)$ 的直线段.

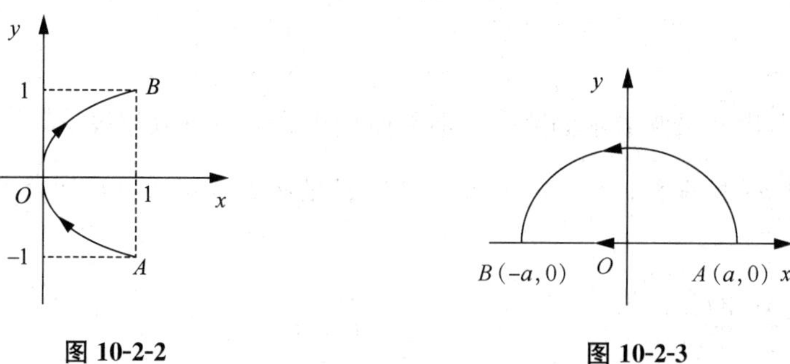

图 10-2-2　　**图 10-2-3**

解　(1) L 的参数方程为

$$x=a\cos\theta,\quad y=a\sin\theta.$$

参数 θ 起点取值为 0，终点取值为 π. 因此

$$\int_L y^2\mathrm{d}x=\int_0^{\pi}a^2\sin^2\theta(-a\sin\theta)\mathrm{d}\theta=a^3\int_0^{\pi}(1-\cos^2\theta)\mathrm{d}(\cos\theta)$$

$$=a^3\left[\cos\theta-\frac{\cos^3\theta}{3}\right]_0^{\pi}=-\frac{4}{3}a^3.$$

（2）L 的方程为 $y=0$，x 从 a 变到 $-a$. 所以

$$\int_L y^2\mathrm{d}x=\int_a^{-a}0\mathrm{d}x=0.$$

从例 2 看出，虽然两个曲线积分的被积函数相同，起点和终点也相同，但沿不同路径得出的积分值并不相等.

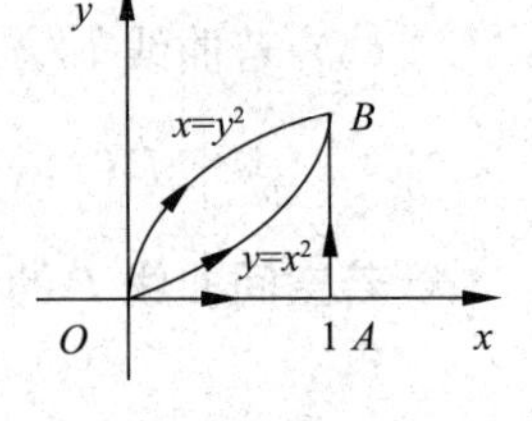

图 10-2-4

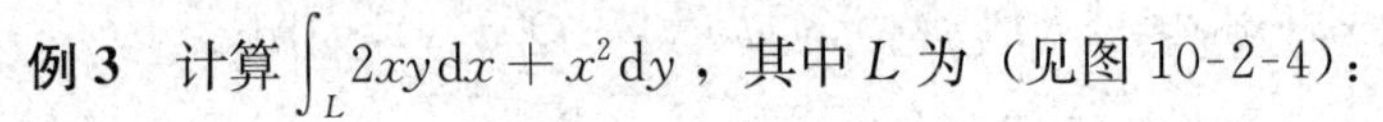
例 3　计算 $\int_L 2xy\mathrm{d}x+x^2\mathrm{d}y$，其中 L 为（见图 10-2-4）：

（1）抛物线 $y=x^2$ 上从 $O(0,0)$ 到 $B(1,1)$ 的一段弧；

（2）抛物线 $x=y^2$ 上从 $O(0,0)$ 到 $B(1,1)$ 的一段弧；

（3）有向折线 OAB，O，A，B 依次是点 $(0,0),(1,0),(1,1)$.

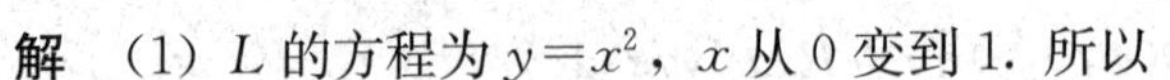
解　（1）L 的方程为 $y=x^2$，x 从 0 变到 1. 所以

$$\int_L 2xy\mathrm{d}x+x^2\mathrm{d}y=\int_0^1(2x\cdot x^2+x^2\cdot 2x)\mathrm{d}x=4\int_0^1 x^3\mathrm{d}x=1.$$

（2）L 的方程为 $x=y^2$，y 从 0 变到 1. 所以

$$\int_L 2xy\mathrm{d}x+x^2\mathrm{d}y=\int_0^1(2y^2\cdot y\cdot 2y+y^4)\mathrm{d}y=5\int_0^1 y^4\mathrm{d}y=1.$$

（3）$\int_L 2xy\mathrm{d}x+x^2\mathrm{d}y=\int_{OA}2xy\mathrm{d}x+x^2\mathrm{d}y+\int_{AB}2xy\mathrm{d}x+x^2\mathrm{d}y$，

在 OA 上，$y=0$，x 从 0 变到 1，$\mathrm{d}y=0$，所以

$$\int_{OA}2xy\mathrm{d}x+x^2\mathrm{d}y=\int_0^1 2x\cdot 0\mathrm{d}x=0.$$

在 AB 上，$x=1$，y 从 0 变到 1，$\mathrm{d}x=0$，所以

$$\int_{AB}2xy\mathrm{d}x+x^2\mathrm{d}y=\int_0^1 1\mathrm{d}y=1.$$

从而

$$\int_L 2xy\mathrm{d}x+x^2\mathrm{d}y=0+1=1.$$

从例 3 可以看出，虽然沿不同路径，但是曲线积分的值可以相等.

例 4　计算 $\int_\Gamma x^3\mathrm{d}x+3zy^2\mathrm{d}y-x^2y\mathrm{d}z$，其中 Γ 是从点 $A(3,2,1)$ 到点 $B(0,0,0)$ 的直线段 AB.

解　直线段 AB 的方程是

$$\frac{x}{3}=\frac{y}{2}=\frac{z}{1};$$

化为参数方程得

$$x=3t,\quad y=2t,\quad z=t,$$

t 从 1 变到 0. 所以

$$\int_\Gamma x^3 dx + 3zy^2 dy - x^2 y dz = \int_1^0 [(3t)^3 \cdot 3 + 3t(2t)^2 \cdot 2 - (3t)^2 \cdot 2t] dt$$
$$= 87\int_1^0 t^3 dt = -\frac{87}{4}.$$

三、两类曲线积分之间的联系

由于对坐标的曲线积分 $\int_L P(x,y)dx + Q(x,y)dy = \int_L [P(x,y), Q(x,y)] \cdot (dx, dy)$，若 $\alpha(x,y)$、$\beta(x,y)$ 为有向曲线弧 L 上点 (x,y) 处的切线向量的方向角，则

$$dx = \cos\alpha ds, \quad dy = \cos\beta ds.$$

因此

$$\int_L P(x,y)dx + Q(x,y)dy = \int_L [P(x,y), Q(x,y)] \cdot (dx, dy)$$
$$= \int_L (P\cos\alpha + Q\cos\beta) ds.$$

类似地可知，空间曲线 Γ 上的两类曲线积分之间有如下关系：

$$\int_\Gamma (Pdx + Qdy + Rdz) = \int_\Gamma (P\cos\alpha + Q\cos\beta + R\cos\gamma) ds,$$

其中 α、β、γ 为有向曲线弧 Γ 上点 (x,y,z) 处的切线向量的方向角.

习题 10-2

1. 计算 $\int_L (x+y)dx + (y-x)dy$，其中 L 是：

(1) 抛物线 $y^2=x$ 上从点 (1,1) 到点 (4,2) 的一段弧；

(2) 从点 (1,1) 到点 (4,2) 的直线段；

(3) 先沿直线从点 (1,1) 到点 (1,2)，然后再沿直线到点 (4,2) 的折线；

(4) 曲线 $x=2t^2+t+1$，$y=t^2+1$ 上从点 (1,1) 到点 (4,2) 的一段弧.

2. 计算下列对坐标的曲线积分：

(1) $\int_L (x^2-y^2)dx$，其中 L 是抛物线 $y=x^2$ 上从点 (0,0) 到点 (2,4) 的一段弧；

(2) $\int_L (x^2-2xy^2)dx + (y^2-2xy)dy$，其中 L 是抛物线 $y=x^2$ 上从点 (−1,1) 到点 (1,1) 的一段弧；

(3) $\int_L y dx + x dy$，其中 L 为圆周 $x=R\cos t$，$y=R\sin t$ 上对应 t 从 0 到 $\frac{\pi}{2}$ 的一段弧；

(4) $\oint_L \frac{(x+y)dx-(x-y)dy}{x^2+y^2}$，其中 L 为圆周 $x^2+y^2=a^2$（按逆时针方向绕行）；

(5) $\int_\Gamma x^2 dx + z dy - y dz$，其中 Γ 为曲线 $x=k\theta$，$y=a\cos\theta$，$z=a\sin\theta$ 上对应 θ 从 0 到 π 的一段弧；

(6) $\int_\Gamma x dx + y dy + (x+y-1) dz$，其中 Γ 是从点 (1,1,1) 到点 (2,3,4) 的一段直线.

3. 一力场由沿横轴正方向的常力 $\boldsymbol{F}$ 所构成. 试求当一质量为 m 的质点沿圆周 $x^2+y^2=R^3$ 按逆时针方向移过位于第一象限的那一段弧时场力所做的功.

第三节　格林公式及其应用

【课前导读】

在一元积分中，介绍了微积分基本定理——牛顿—莱布尼茨公式：

$$\int_a^b f(x)\mathrm{d}x = F(x)\Big|_a^b = F(b)-F(a),$$

其中 $F'(x)=f(x)$，$x\in[a,b]$.

在多元积分学中，上述微积分基本定理也相应地获得推广，格林公式就是它的一种推广，建立了平面区域 D 上的二重积分与区域边界上的曲线积分之间的联系.

一、格林公式

1. 平面区域的连通性概念

设 D 为一平面区域，如果 D 内任一闭曲线所围的部分都属于 D，则称 D 为平面**单连通区域**（见图 10-3-1（a）），否则称为**复连通区域**（见图 10-3-1（b））. 从几何上直观地看，平面单连通区域就是不含有“洞”（包括点“洞”）的区域，复连通区域就是含有“洞”（包括点“洞”）的区域.

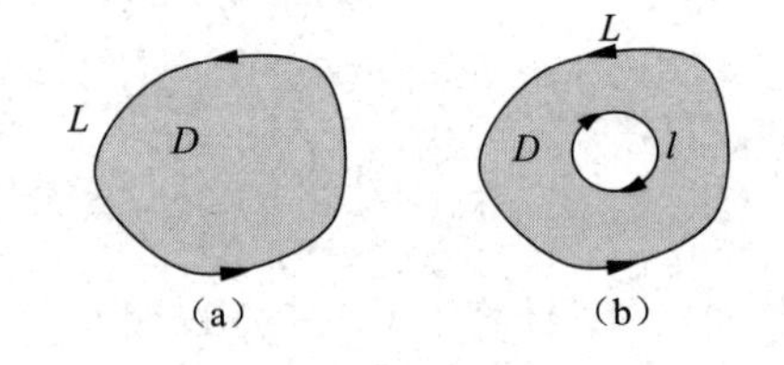

图 10-3-1

规定平面区域 D 的边界曲线 L 的正向如下：当观察者沿 L 的这个方向行走时，能保持区域 D 总在他的左侧. 例如，在图 10-3-1（b）所示的复连通区域中，作为 D 的正向边界，L 的正向是逆时针方向，而 l 的正向是顺时针方向.

2. 格林公式

定理 1　设闭区域 D 由分段光滑的曲线 L 围成，函数 $P(x,y)$ 及 $Q(x,y)$ 在 D 上具有一阶连续偏导数，则有

$$\iint_D\left(\frac{\partial Q}{\partial x}-\frac{\partial P}{\partial y}\right)\mathrm{d}x\mathrm{d}y=\oint_L P\mathrm{d}x+Q\mathrm{d}y. \tag{10.3.1}$$

其中 L 是 D 正向边界曲线. 式（10.3.1）叫作**格林公式**.

注　对于复连通区域 D，格林公式（10.3.1）右端应包括沿区域 D 的全部边界的曲线积分，且边界的方向对区域 D 来说都是正向.

例 1　计算 $I=\int_L(\mathrm{e}^x\cos y-y+1)\mathrm{d}x+(x-\mathrm{e}^x\sin y)\mathrm{d}y$，其中

（1）L 是圆周 $x^2+y^2=1$，取逆时针方向；

（2）L 是上半圆周 $x^2+y^2=1$（$y\geqslant 0$），取逆时针方向.

解　（1）如图 10-3-2（a）所示，由题意知

$$P(x,y)=\mathrm{e}^x\cos y-y+1,\ Q(x,y)=x-\mathrm{e}^x\sin y.$$

由于 L 为封闭曲线，设所围的圆域为 D，满足格林公式的条件，且

$$\frac{\partial Q}{\partial x}-\frac{\partial P}{\partial y}=(1-\mathrm{e}^x\sin y)-(-\mathrm{e}^x\sin y-1)=2,$$

因此
$$I=\iint\limits_D\left(\frac{\partial Q}{\partial x}-\frac{\partial P}{\partial y}\right)\mathrm{d}x\mathrm{d}y=2\iint\limits_D\mathrm{d}x\mathrm{d}y=2\cdot\pi=2\pi.$$

(2) 由于 L 不封闭，如图 10-3-2 (b) 所示，因此不能直接用格林公式，而用对坐标的曲线积分的计算公式又不易算出，可考虑补直线段 BA，L 与 BA 构成封闭曲线，满足格林公式条件，则

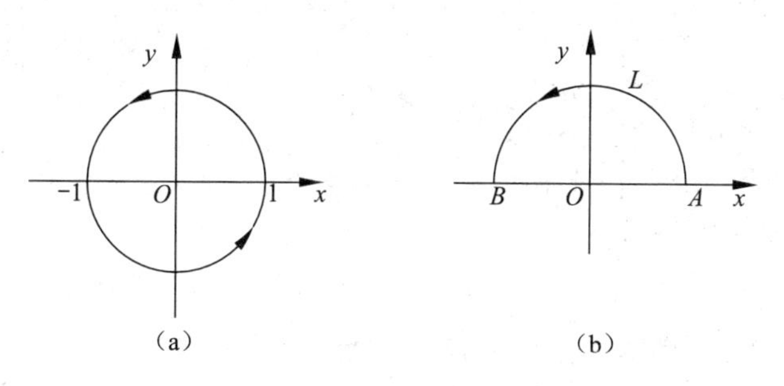

图 10-3-2

$$I=\int_L P\mathrm{d}x+Q\mathrm{d}y=\oint_{L+BA}P\mathrm{d}x+Q\mathrm{d}y-\int_{BA}P\mathrm{d}x+Q\mathrm{d}y$$
$$=\iint\limits_D\left(\frac{\partial Q}{\partial x}-\frac{\partial P}{\partial y}\right)\mathrm{d}x\mathrm{d}y-\int_{BA}(\mathrm{e}^x\cos y-y+1)\mathrm{d}x+(x-\mathrm{e}^x\sin y)\mathrm{d}y.$$

由 (1) 知 $\frac{\partial Q}{\partial x}-\frac{\partial P}{\partial y}=2$，由格林公式，得

$$\iint\limits_D\left(\frac{\partial Q}{\partial x}-\frac{\partial P}{\partial y}\right)\mathrm{d}x\mathrm{d}y=2\iint\limits_D\mathrm{d}x\mathrm{d}y=\pi,$$

BA 直线的方程为 $y=0$，x 取值从 -1 到 1，则

$$\int_{BA}(\mathrm{e}^x\cos y-y+1)\mathrm{d}x+(x-\mathrm{e}^x\sin y)\mathrm{d}y=\int_{-1}^{1}(\mathrm{e}^x+1)\mathrm{d}x=\mathrm{e}-\mathrm{e}^{-1}+2.$$

因此
$$I=\pi-(\mathrm{e}-\mathrm{e}^{-1}+2)=\pi-\mathrm{e}+\mathrm{e}^{-1}-2.$$

注：当对坐标的曲线积分不宜直接计算时，可考虑转化为二重积分计算，但一定要注意条件.

例 2　设 L 是任意一条分段光滑的闭曲线，证明

$$\oint_L 2xy\mathrm{d}x+x^2\mathrm{d}y=0.$$

证明　令 $P=2xy$，$Q=x^2$，则

$$\frac{\partial Q}{\partial x}-\frac{\partial P}{\partial y}=2x-2x=0.$$

因此，由格林公式有 $\oint_L 2xy\mathrm{d}x+x^2\mathrm{d}y=\iint\limits_D\left(\frac{\partial Q}{\partial x}-\frac{\partial P}{\partial y}\right)\mathrm{d}x\mathrm{d}y=\iint\limits_D 0\mathrm{d}x\mathrm{d}y=0.$

下面说明格林公式的一个简单应用．在式 (10.3.1) 中取 $P=-y$，$Q=x$，可得

$$2\iint_D \mathrm{d}x\mathrm{d}y = \oint_L x\mathrm{d}y - y\mathrm{d}x$$

上式左端是闭区域 D 的面积 A 的两倍，因此有

$$A = \frac{1}{2}\oint_L x\mathrm{d}y - y\mathrm{d}x. \tag{10.3.2}$$

例 3 求椭圆 $x=a\cos\theta$，$y=b\sin\theta$ 所围成图形的面积.

解 根据式（10.3.2）有

$$\begin{aligned} A &= \frac{1}{2}\oint_L x\mathrm{d}y - y\mathrm{d}x = \frac{1}{2}\int_0^{2\pi}(ab\cos^2\theta + ab\sin^2\theta)\mathrm{d}\theta \\ &= \frac{1}{2}ab\int_0^{2\pi}\mathrm{d}\theta = \pi ab. \end{aligned}$$

例 4 计算 $\oint_L \frac{x\mathrm{d}y - y\mathrm{d}x}{x^2+y^2}$，其中 L 为一条无重点、分段光滑且不经过原点的连续闭曲线，取逆时针方向.

解 令 $P=\frac{-y}{x^2+y^2}$，$Q=\frac{x}{x^2+y^2}$，则当 $x^2+y^2\neq 0$ 时，有

$$\frac{\partial Q}{\partial x} = \frac{y^2-x^2}{(x^2+y^2)^2} = \frac{\partial P}{\partial y}.$$

记 L 所围成的闭区域为 D.

（1）当 $(0,0)\notin D$ 时，由格林公式得 $\oint_L \frac{x\mathrm{d}y - y\mathrm{d}x}{x^2+y^2} = 0$；

（2）当 $(0,0)\in D$ 时，选取适当小的 $\varepsilon>0$，作位于 D 内的圆周 l：$x^2+y^2=\varepsilon^2$，其中 l 的方向取逆时针方向. 记 L 和 l^- 所围成的闭区域为 D_1（见图 10-3-3）. 对复连通区域 D_1 应用格林公式，得

$$\oint_L \frac{x\mathrm{d}y - y\mathrm{d}x}{x^2+y^2} - \oint_l \frac{x\mathrm{d}y - y\mathrm{d}x}{x^2+y^2} = \oint_{L+l^-} \frac{x\mathrm{d}y - y\mathrm{d}x}{x^2+y^2} = 0.$$

于是

$$\oint_L \frac{x\mathrm{d}y - y\mathrm{d}x}{x^2+y^2} = \oint_l \frac{x\mathrm{d}y - y\mathrm{d}x}{x^2+y^2} = \int_0^{2\pi} \frac{\varepsilon^2\cos^2\theta + \varepsilon^2\sin^2\theta}{\varepsilon^2}\mathrm{d}\theta = 2\pi.$$

二、平面上曲线积分与路径无关的条件

在物理、力学中要研究所谓**势力场**，就是研究场力所做的功与路径无关的情形. 在什么条件下场力所做的功与路径无关？这个问题在数学上就是要研究对坐标的曲线积分与路径无关的条件. 为了研究这个问题，先要明确什么叫作曲线积分 $\int_L P\mathrm{d}x + Q\mathrm{d}y$ 与路径无关.

设 G 是一个开区域，$P(x,y)$ 以及 $Q(x,y)$ 在区域 G 内具有一阶连续偏导数. 如果对于 G 内任意指定的两个点 A、B 以及 G 内从点 A 到点 B 的任意两条曲线 L_1，L_2（见图 10-3-4），等式

$$\int_{L_1} P\mathrm{d}x + Q\mathrm{d}y = \int_{L_2} P\mathrm{d}x + Q\mathrm{d}y$$

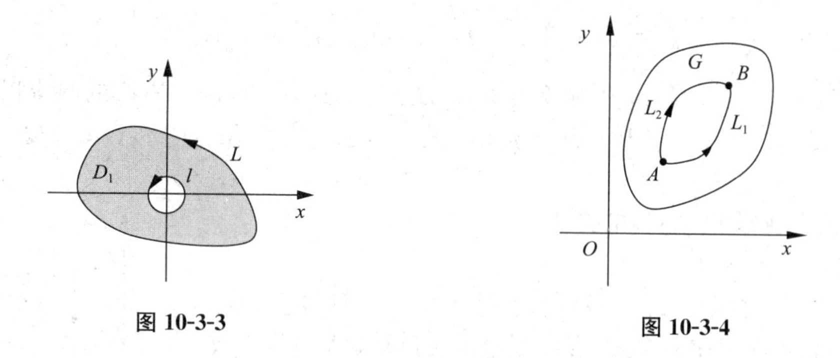

图 10-3-3　　图 10-3-4

恒成立，就说曲线积分$\int_L P\mathrm{d}x+Q\mathrm{d}y$在$G$内与路径无关，否则便说与路径有关.

定理 2　设开区域G是一个单连通域，函数$P(x,y)$，$Q(x,y)$在G内具有一阶连续偏导数，则下列命题等价：

（1）曲线积分$\int_L P\mathrm{d}x+Q\mathrm{d}y$在$G$内与路径无关；

（2）对G内任一闭曲线L，$\oint_L P\mathrm{d}x+Q\mathrm{d}y=0$；

（3）等式$\dfrac{\partial P}{\partial y}=\dfrac{\partial Q}{\partial x}$在$G$内恒成立；

（4）表达式$P\mathrm{d}x+Q\mathrm{d}y$为某二元函数$u(x,y)$的全微分.

例 5　计算$I=\int_L(\mathrm{e}^y+x)\mathrm{d}x+(x\mathrm{e}^y-2y)\mathrm{d}y$，其中$L$为如图 10-3-5 所示的圆弧段$\overset{\frown}{OABC}$.

解　令$P=\mathrm{e}^y+x$，$Q=x\mathrm{e}^y-2y$，因为$\dfrac{\partial P}{\partial y}=\mathrm{e}^y=\dfrac{\partial Q}{\partial x}$，

故曲线积分与路径无关，从而可选取折线OEC为新的路径，因而

$$\begin{aligned}I&=\int_{OEC}(\mathrm{e}^y+x)\mathrm{d}x+(x\mathrm{e}^y-2y)\mathrm{d}y\\&=\int_0^1(1+x)\mathrm{d}x+\int_0^1(\mathrm{e}^y-2y)\mathrm{d}y\\&=\left[x+\frac{x^2}{2}\right]_0^1+\left[\mathrm{e}^y-y^2\right]_0^1\\&=\mathrm{e}-\frac{1}{2}.\end{aligned}$$

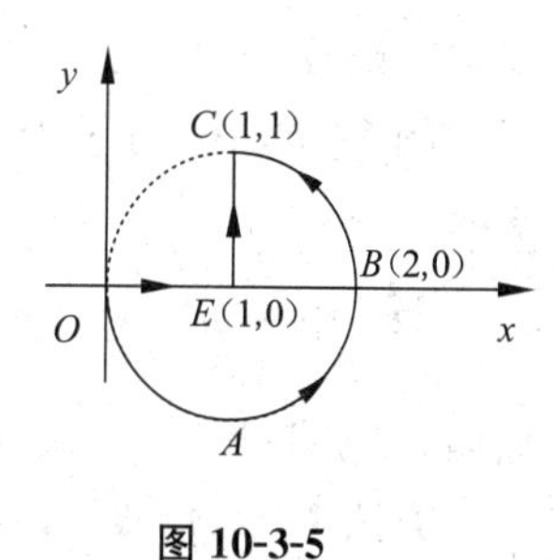

图 10-3-5

三、原函数 $u(x,y)$ 的求解

任意取定平面区域G内一点$M_0(x_0,y_0)$，考虑从$M_0(x_0,y_0)$到G内任意一点的曲线积分$\int_L P\mathrm{d}x+Q\mathrm{d}y$. 若在$G$内曲线积分与路径无关恒成立，则这个曲线积分可写成

$$\int_{(x_0,y_0)}^{(x,y)}P(x,y)\mathrm{d}x+Q(x,y)\mathrm{d}y.$$

当起点$M_0(x_0,y_0)$固定时，这个积分的值取决于终点$M(x,y)$，因此它是x、y函数，把这个函数记作$u(x,y)$，即

$$u(x,y)=\int_{(x_0,y_0)}^{(x,y)}P(x,y)\mathrm{d}x+Q(x,y)\mathrm{d}y.\tag{10.3.3}$$

如果函数 $P(x,y)$、$Q(x,y)$ 满足定理 2 的条件，式（10.3.3）右端的曲线积分与路径无关，则 $\mathrm{d}u(x,y)=P(x,y)\mathrm{d}x+Q(x,y)\mathrm{d}y$，称 $u(x,y)$ 为表达式 $P(x,y)\mathrm{d}x+Q(x,y)\mathrm{d}y$ 的**原函数**.

下面给出两种求 $\boldsymbol{u(x,y)}$ 的方法：

1. 利用式（10.3.3）

式（10.3.3）右端的曲线积分与路径无关，为计算简便起见，可以选择平行于坐标轴的直线段连成的折线 M_0M_1M 或 M_0M_2M 作为积分路径（见图 10-3-6），当然要假定这些折线完全位于 G 内.

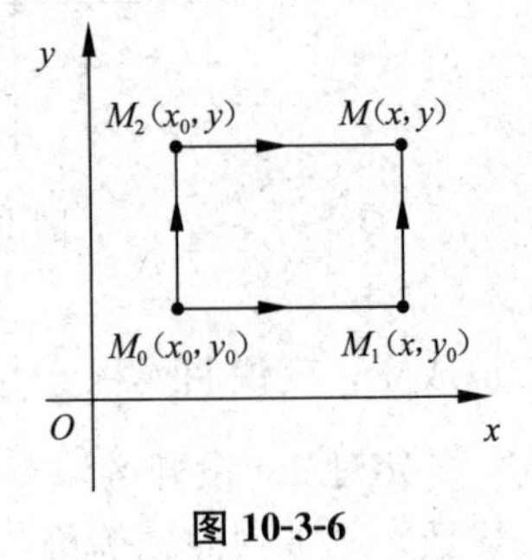

图 10-3-6

（1）取 M_0M_1M 为积分路线，函数 u 可表示为

$$u(x,y)=\int_{x_0}^{x}P(x,y_0)\mathrm{d}x+\int_{y_0}^{y}Q(x,y)\mathrm{d}y;$$

（2）取 M_0M_2M 为积分路线，则函数 u 可表示为

$$u(x,y)=\int_{y_0}^{y}Q(x_0,y)\mathrm{d}y+\int_{x_0}^{x}P(x,y)\mathrm{d}x.$$

2. 利用全微分的定义

因为 $\mathrm{d}u(x,y)=P(x,y)\mathrm{d}x+Q(x,y)\mathrm{d}y$，即 $\dfrac{\partial u}{\partial x}=P(x,y)$，于是

$$u=\int P(x,y)\mathrm{d}x=f(x,y)+\varphi(y),$$

其中 $\varphi(y)$ 是 y 的待定函数，等价于不定积分中的常数 C，利用 $\dfrac{\partial u}{\partial y}=Q(x,y)$ 可得 $\varphi(y)$，最终求得函数 $u(x,y)$.

例 6　验证：在整个 xOy 面内，$xy^2\mathrm{d}x+x^2y\mathrm{d}y$ 是某个函数的全微分，并求出一个这样的函数.

解　由 $P=xy^2$，$Q=x^2y$，且 $\dfrac{\partial P}{\partial y}=2xy=\dfrac{\partial Q}{\partial x}$ 在整个 xOy 面内恒成立. 因此在整个 xOy 面内，$xy^2\mathrm{d}x+x^2y\mathrm{d}y$ 是某个 $u(x,y)$ 函数的全微分. 求原函数 $u(x,y)$：

方法 1　利用式（10.3.3），取积分路径如图 10-3-7 所示，所求函数为

$$\begin{aligned}u(x,y)&=\int_{(0,0)}^{(x,y)}xy^2\mathrm{d}x+x^2y\mathrm{d}y\\&=\int_{OA}xy^2\mathrm{d}x+x^2y\mathrm{d}y+\int_{AB}xy^2\mathrm{d}x+x^2y\mathrm{d}y\\&=0+\int_0^y x^2y\mathrm{d}y=x^2\int_0^y y\mathrm{d}y=\frac{x^2y^2}{2}.\end{aligned}$$

图 10-3-7

因此，所求函数 $u(x,y)=\dfrac{x^2y^2}{2}+C$.

方法 2　由全微分的定义，函数 $u(x,y)$ 满足

$$\frac{\partial u}{\partial x}=xy^2(\text{记为 ①}),\frac{\partial u}{\partial y}=x^2y(\text{记为 ②}).$$

式①两边对 x 积分，可得

$$u=\int xy^2\mathrm{d}x=\frac{x^2y^2}{2}+\varphi(y)(\text{记为 ③}),$$

式③两边对 y 求导，可得$\frac{\partial u}{\partial y}=x^2y+\varphi'(y)$（记为④），由式②、式④可得 $\varphi'(y)=0$，故 $\varphi(y)=C$，因此，所求函数 $u(x,y)=\frac{x^2y^2}{2}+C$.

习题 10-3

1. 计算下列曲线积分，并验证格林公式的正确性：

(1) $\oint_L(2xy-x^2)\mathrm{d}x+(x+y^2)\mathrm{d}y$，其中 L 是由抛物线 $y=x^2$ 和 $y^2=x$ 所围成的区域的正向边界曲线；

(2) $\oint_L(x^2-xy^3)\mathrm{d}x+(y^2-2xy)\mathrm{d}y$，其中 L 是四个顶点分别为 $(0,0)$、$(2,0)$、$(2,2)$ 和 $(0,2)$ 的正方形区域的正向边界.

2. 利用曲线积分，求星形线 $x=at\cos t^2$，$y=a\sin^3 t$ 所围成的图形的面积.

3. 计算曲线积分$\oint_L\frac{y\mathrm{d}x-x\mathrm{d}y}{2(x^2+y^2)}$，其中 L 为正向圆周 $(x-1)^2+y^2=2$.

4. 证明下列曲线积分在整个 xOy 面内与路径无关，并计算积分值：

(1) $\int_{(1,1)}^{(2,3)}(x+y)\mathrm{d}x+(x-y)\mathrm{d}y$；

(2) $\int_{(1,-1)}^{(2,1)}(6xy^2-y^3)\mathrm{d}x+(6x^2y-3xy^2)\mathrm{d}y$.

5. 利用格林公式，计算下列曲线积分.

(1) $\oint_L(2x-y+4)\mathrm{d}x+(5y+3x-6)\mathrm{d}y$，其中 L 为三顶点分别为 $(0,0)$、$(3,0)$ 和 $(3,2)$的三角形正向边界；

(2) $\oint_L(x^2y\cos x+2xy\sin x-y^2\mathrm{e}^x)\mathrm{d}x+(x^2\sin x-2y\mathrm{e}^x)\mathrm{d}y$，其中 L 为正向星形线 $x^{\frac{2}{3}}+y^{\frac{2}{3}}=a^{\frac{2}{3}}(a>0)$；

(3) $\int_L(2xy^3-y^2\cos x)\mathrm{d}x+(1-2y\sin x+3x^2y^2)\mathrm{d}y$，其中 L 为在抛物线 $2x=\pi y^2$ 上由点 $(0,0)$ 到$\left(\frac{\pi}{2},1\right)$的一段弧.

6. 验证下列 $P(x,y)\mathrm{d}x+Q(x,y)\mathrm{d}y$ 在整个 xOy 平面内是某一函数 $u(x,y)$ 的全微分，并求这样一个 $u(x,y)$：

(1) $(x+2y)\mathrm{d}x+(2x+y)\mathrm{d}y$；

(2) $2xy\mathrm{d}x+x^2\mathrm{d}y$；

(3) $(2x\cos y+y^2\cos x)\mathrm{d}x+(2y\sin x-x^2\sin y)\mathrm{d}y$.

第四节　对面积的曲面积分

【课前导读】

到目前为止，我们讨论了以下类型的积分.

定积分：$\int_a^b f(x)\mathrm{d}x$；

重积分：二重积分$\iint\limits_D f(x,y)\mathrm{d}\sigma$和三重积分$\iiint\limits_\Omega f(x,y,z)\mathrm{d}v$；

曲线积分：对弧长的曲线积分$\int_L f(x,y)\mathrm{d}s$，$\int_\Gamma f(x,y,z)\mathrm{d}s$；

对坐标的曲线积分$\int_L P(x,y)\mathrm{d}x+Q(x,y)\mathrm{d}y$，

$\int_\Gamma P(x,y,z)\mathrm{d}x+Q(x,y,z)\mathrm{d}y+R(x,y,z)\mathrm{d}z$.

在本节中，将对积分概念再做一种推广，即推广到积分范围是曲面的情形，这样的积分称为曲面积分.

一、对面积的曲面积分的概念与性质

在本章第一节的质量问题中，如果把曲线改为曲面，并相应地把线密度 $\rho(x,y)$ 改为面密度 $\rho(x,y,z)$，小段曲线的弧长 Δs_i 改为小块曲面的面积 ΔS_i，而第 i 小段上面的一点 (ξ_i,η_i)改为第 i 小块曲面上的一点 (ξ_i,η_i,ζ_i)，那么在面密度为 $\rho(x,y,z)$ 连续的前提下，所求的质量 M 就是下列和的极限：

$$M=\lim_{\lambda\to 0}\sum_{i=1}^n \rho(\xi_i,\eta_i,\zeta_i)\Delta S_i,$$

其中 λ 表示 n 小块曲面的直径的最大值.

抽去其具体意义，就得出对面积的曲面积分的概念.

定义 1　设曲面 Σ 是有界光滑或分片光滑，函数 $f(x,y,z)$ 在 Σ 上有界. 把 Σ 任意分成 n 小块 ΔS_i（ΔS_i 同时代表第 i 小块曲面的面积），设 (ξ_i,η_i,ζ_i) 是 ΔS_i 上任意取定的一点，作乘积 $f(\xi_i,\eta_i,\zeta_i)\Delta S_i(i=1,2,3,\cdots,n)$，并作和 $\sum\limits_{i=1}^n f(\xi_i,\eta_i,\zeta_i)\Delta S_i$. 如果当各小块曲面的直径的最大值 $\lambda\to 0$ 时，和的极限总存在，则称此极限为函数 $f(x,y,z)$ 在曲面 Σ 上**对面积的曲面积分或第一类曲面积分**，记作$\iint\limits_\Sigma f(x,y,z)\mathrm{d}S$，即

$$\iint\limits_\Sigma f(x,y,z)\mathrm{d}S=\lim_{\lambda\to 0}\sum_{i=1}^n f(\xi_i,\eta_i,\zeta_i)\Delta S_i,$$

其中 **$f(x,y,z)$ 叫作被积函数；Σ 叫作积分曲面.**

当 $f(x,y,z)$ 在光滑曲面 Σ 上连续时，对面积的曲面积分是存在的. 下面的讨论中均假设 $f(x,y,z)$ 在 Σ 上连续.

根据上述定义，**面密度为连续函数 $\rho(x,y,z)$ 的光滑曲面 Σ 的质量**

$$M=\iint_{\Sigma}\rho(x,y,z)\mathrm{d}S.$$

如果 Σ 是分片光滑的，规定函数在 Σ 上对面积的曲面积分等于函数在各光滑的片曲面上对面积的曲面积分之和. 例如，设 Σ 可分成两片光滑曲面 Σ_1 及 Σ_2（记作 $\Sigma=\Sigma_1+\Sigma_2$），就规定

$$\iint_{\Sigma_1+\Sigma_2}f(x,y,z)\mathrm{d}S=\iint_{\Sigma_1}f(x,y,z)\mathrm{d}S+\iint_{\Sigma_2}f(x,y,z)\mathrm{d}S.$$

由对面积的曲面积分定义可知，它具有与对弧长的曲线积分相类似的性质，这里不再赘述.

二、对面积的曲面积分的计算法

设光滑曲面 Σ 的方程为 $z=z(z,y)$，Σ 在 xOy 面上的投影区域为 D_{xy}（见图 10-4-1），函数 $z=z(x,y)$ 在 D_{xy} 上具有连续偏导数，被积函数 $f(x,y,z)$ 在 Σ 上连续.

面积微元 dS 的确定：

设 Σ 上第 i 小块曲面为 $\mathrm{d}S$（它的面积也记作 $\mathrm{d}S$）在 xOy 面上的投影区域为 $\mathrm{d}\sigma$（它的面积也记作 $\mathrm{d}\sigma$）. 在 $\mathrm{d}S$ 上任取一点 $M(x,y,z(x,y))$，点 M 在 xOy 面上的投影为点 P，设曲面在点 M 处的切平面为 T，以小区域 $\mathrm{d}\sigma$ 的边界线为准线作母线平行于 z 轴的柱面，这个柱面在切平面 T 上截下一小片平面 $\mathrm{d}A$（其面积也记为 $\mathrm{d}A$）（见图 10-4-1），于是$\mathrm{d}A=\frac{1}{\cos\gamma}\mathrm{d}\sigma$，$\gamma$ 为切平面 T 与 $\mathrm{d}\sigma$ 所在平面 xOy 的夹角（取锐角），也是曲面在点 M 的法向量的方向角，根据式（8.6.17），得

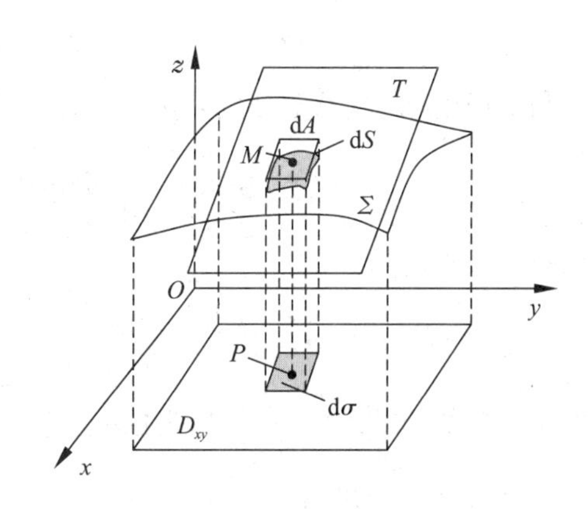

图 10-4-1

$$\cos\gamma=\frac{1}{\sqrt{1+z_x^2+z_y^2}}.$$

由于 $\mathrm{d}\sigma$ 直径很小，故可用小平面的面积 $\mathrm{d}A$ 近似代替微元的面积 $\mathrm{d}S$，于是

$$\mathrm{d}S\approx\mathrm{d}A=\frac{1}{\cos\gamma}\mathrm{d}\sigma=\sqrt{1+z_x^2+z_y^2}\cdot\mathrm{d}\sigma.$$

因此

$$\iint_{\Sigma}f(x,y,z)\mathrm{d}S=\iint_{D_{xy}}f[x,y,z(x,y)]\sqrt{1+z_x^2(x,y)+z_y^2}\,\mathrm{d}x\mathrm{d}y. \tag{10.4.1}$$

由此把对面积的曲面积分的计算转化为二重积分的计算.

特别地，当 $f(x,y,z)=1$ 时，得到**曲面 $\boldsymbol{\Sigma}$ 的面积 S 的计算公式**

$$S=\iint_{\Sigma}\mathrm{d}S=\iint_{D_{xy}}\sqrt{1+z_x^2+z_y^2}\,\mathrm{d}\sigma.$$

如果积分曲面 Σ 由方程 $x=x(y,z)$ 或 $y=y(z,x)$ 给出，也可类似地把对面积的曲面积分化为相应的二重积分.

例 1 计算曲面积分$\iint\limits_{\Sigma}\frac{\mathrm{d}S}{z}$，其中$\Sigma$是球面$x^2+y^2+z^2=a^2$被平面$z=h(0<h<a)$截出的顶部（见图 10-4-2）.

解 Σ的方程为

$$z=\sqrt{a^2-x^2-y^2}.$$

Σ在xOy面上的投影区域D_{xy}为圆形区域：$x^2+y^2\leqslant a^2-h^2$. 又

$$\mathrm{d}S=\sqrt{1+z_x^2+z_y^2}\,\mathrm{d}\sigma=\frac{a}{\sqrt{a^2-x^2-y^2}}\mathrm{d}\sigma.$$

根据式（10.4.1），有

$$\begin{aligned}\iint\limits_{\Sigma}\frac{\mathrm{d}S}{z}&=\iint\limits_{D_{xy}}\frac{1}{\sqrt{a^2-x^2-y^2}}\cdot\frac{a\mathrm{d}x\mathrm{d}y}{\sqrt{a^2-x^2-y^2}}\\&=\iint\limits_{D_{xy}}\frac{a\mathrm{d}x\mathrm{d}y}{a^2-x^2-y^2}.\end{aligned}$$

利用极坐标D_{xy}可表示为：$0\leqslant\theta\leqslant2\pi$，$0\leqslant r\leqslant\sqrt{a^2-h^2}$，于是

$$\begin{aligned}\iint\limits_{\Sigma}\frac{\mathrm{d}S}{z}&=\iint\limits_{D_{xy}}\frac{ar\mathrm{d}r\mathrm{d}\theta}{a^2-r^2}=a\int_0^{2\pi}\mathrm{d}\theta\int_0^{\sqrt{a^2-h^2}}\frac{r\mathrm{d}r}{a^2-r^2}\\&=2\pi a\left[-\frac{1}{2}\ln(a^2-r^2)\right]_0^{\sqrt{a^2-h^2}}=2\pi a\ln\frac{a}{h}.\end{aligned}$$

例 2 计算$\oiint\limits_{\Sigma}xyz\mathrm{d}S$，其中$\Sigma$是由平面$x=0$，$y=0$，$z=0$及$x+y+z=1$所围成的四面体的整个边界曲面（见图 10-4-3）.

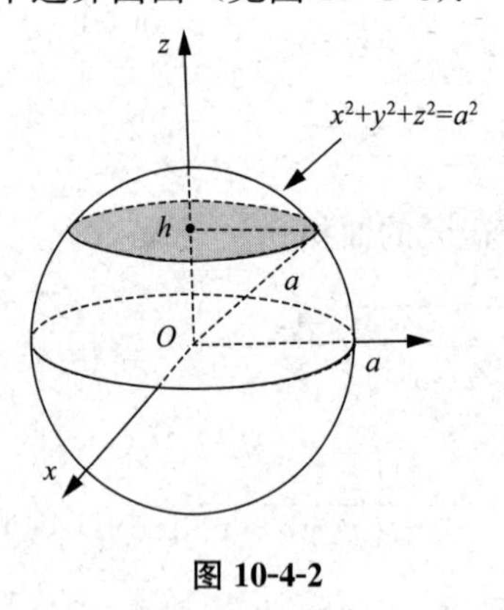

图 10-4-2

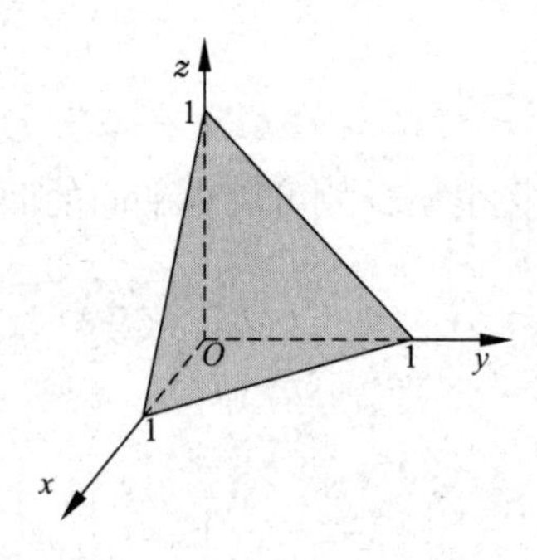

图 10-4-3

解 整个边界曲面Σ在平面$x=0, y=0, z=0$及$x+y+z=1$上的部分依次记为Σ_1，Σ_2，Σ_3及Σ_4，于是

$$\oiint\limits_{\Sigma}xyz\mathrm{d}S=\iint\limits_{\Sigma_1}xyz\mathrm{d}S+\iint\limits_{\Sigma_2}xyz\mathrm{d}S+\iint\limits_{\Sigma_3}xyz\mathrm{d}S+\iint\limits_{\Sigma_4}xyz\mathrm{d}S.$$

由于在Σ_1，Σ_2，Σ_3上，被积函数$f(x,y,z)=xyz$均为零，因此

$$\iint_{\Sigma_1} xyz\,\mathrm{d}S = \iint_{\Sigma_2} xyz\,\mathrm{d}S = \iint_{\Sigma_3} xyz\,\mathrm{d}S = 0.$$

在 Σ_4 上，$z=1-x-y$，所以

$$\sqrt{1+z_x^2+z_y^2} = \sqrt{1+(-1)^2+(-1)^2} = \sqrt{3},$$

从而

$$\oint\!\!\!\oint_{\Sigma} xyz\,\mathrm{d}S = \iint_{\Sigma_4} xyz\,\mathrm{d}S = \iint_{D_{xy}} \sqrt{3}\,xy(1-x-y)\,\mathrm{d}x\mathrm{d}y,$$

其中 D_{xy} 是 Σ_4 在 xOy 面上的投影区域，即由直线 $x=0$，$y=0$ 及 $x+y=1$ 所围成的闭区域. 因此

$$\begin{aligned}\oint\!\!\!\oint_{\Sigma} xyz\,\mathrm{d}s &= \sqrt{3}\int_0^1 x\mathrm{d}x\int_0^{1-x} y(1-x-y)\,\mathrm{d}y \\ &= \sqrt{3}\int_0^1 x\left[(1-x)\frac{y^2}{2}-\frac{y^3}{3}\right]_0^{1-x}\mathrm{d}x = \sqrt{3}\int_0^1 x\cdot\frac{(1-x)^3}{6}\mathrm{d}x \\ &= \frac{\sqrt{3}}{6}\int_0^1 (x-3x^2+3x^2-x^4)\,\mathrm{d}x = \frac{\sqrt{3}}{120}.\end{aligned}$$

习题 10-4

1. 计算曲面积分 $\iint_{\Sigma} f(x,y,z)\,\mathrm{d}S$，其中 Σ 为抛物面 $z=2-(x^2+y^2)$ 在 xOy 面上方的部分，$f(x,y,z)$ 分别如下：

(1) $f(x,y,z)=1$；

(2) $f(x,y,z)=x^2+y^2$；

(3) $f(x,y,z)=3z$.

2. 计算 $\iint_{\Sigma}(x^2+y^2)\,\mathrm{d}S$，其中 Σ 是：

(1) 锥面 $z=\sqrt{x^2+y^2}$ 及平面 $z=1$ 所围成的区域的整个边界曲面；

(2) 锥面 $z^2=3(x^2+y^2)$ 被平面 $z=0$ 和 $z=3$ 所截得的部分.

3. 计算下列对面积的曲面积分：

(1) $\iint_{\Sigma}\left(z+2x+\frac{4}{3}y\right)\mathrm{d}S$，其中 Σ 为平面 $\frac{x}{2}+\frac{y}{3}+\frac{z}{4}=1$ 在第一卦限中的部分；

(2) $\iint_{\Sigma}(2xy-2x^2-x+z)\,\mathrm{d}S$，其中 Σ 为平面 $2x+2y+z=6$ 在第一卦限中的部分；

(3) $\iint_{\Sigma}(x+y+z)\,\mathrm{d}S$，其中 Σ 为球面 $x^2+y^2+z^2=a^2$ 上 $z\geqslant h$ $(0<h<a)$ 的部分.

(4) $\iint_{\Sigma}\frac{1}{x^2+y^2+z^2}\mathrm{d}S$，其中 Σ 是圆柱面 $x^2+y^2=R^2$ $(R>0)$ 介于 $z=0$ 及 $z=h$ $(h>0)$ 之间的部分.

4. 求面密度为 μ_0 的均匀半球壳 $x^2+y^2+z^2=a^2$ $(z\geqslant 0)$ 对 z 轴的转动惯量.

第五节　对坐标的曲面积分

一、对坐标的曲面积分的概念与性质

1. 有向曲面及投影

在光滑曲面Σ上任意取一定点P，并在该点处引一法线，该法线有两个可能的方向，选定其中一个方向．如果点P在曲面Σ上沿任一路径连续变动后（不跨越曲面的边界）回到原来的位置时，相应的法向量方向与原法向量方向相同，就称**曲面Σ是双侧曲面**；若相应的法向量方向与原法向量方向相反，就称**曲面Σ是单侧曲面**.

我们通常遇到的曲面都是双侧的，例如球面、旋转抛物面、马鞍面等；但单侧曲面也是存在的，所谓的莫比乌斯带就是单侧曲面．以后我们总是假定所考虑的曲面是双侧的.

在讨论对坐标的曲面积分时，需要指定曲面的侧．我们可以通过曲面上法向量的指向来定义曲面的侧．例如，对于曲面$z=z(x,y)$（见图10-5-1），如果取它的法向量$\boldsymbol{n}$的指向朝上，则认为曲面上侧为正侧；又如，对于闭曲面（见图10-5-2），如果取它的法向量的指向朝外，则认为曲面外侧为正侧．这种取定了法向量就是选定了正侧的曲面，称为有向曲面.

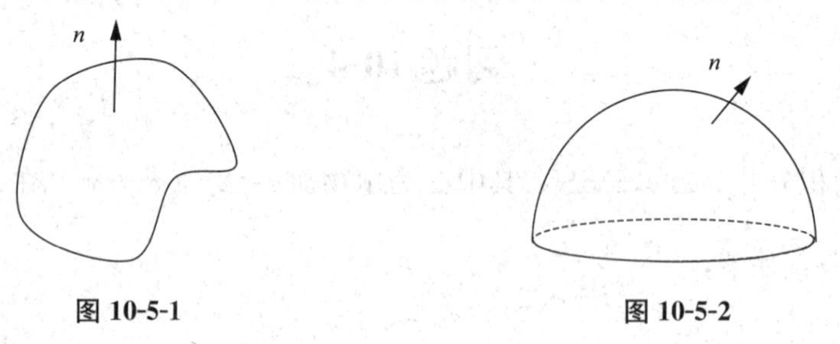

图 10-5-1　　　　图 10-5-2

设Σ是有向曲面，在Σ上取一小块曲面ΔS，把ΔS投影到xOy面上得一投影区域，该投影区域的面积记为$(\Delta\sigma)_{xy}$．假定ΔS上各点处的法向量与z轴的夹角γ的余弦$\cos\gamma$有相同的符号（即$\cos\gamma$都是正的或都是负的）．规定ΔS在xOy面上的投影$(\Delta S)_{xy}$为

$$(\Delta S)_{xy}=\begin{cases}(\Delta\sigma)_{xy}, & \cos\gamma>0,\\ -(\Delta\sigma)_{xy}, & \cos\gamma<0,\\ 0, & \cos\gamma\equiv 0.\end{cases}$$

类似地，可以定义ΔS在yOz面及zOx面上的投影$(\Delta S)_{yz}$及$(\Delta S)_{zx}$.

2. 对坐标的曲面积分的概念

引例　流向曲面一侧的流量

设稳定流动的不可压缩流体（假定密度为1）的速度场为

$$\boldsymbol{v}(x,y,z)=P(x,y,z)\boldsymbol{i}+Q(x,y,z)\boldsymbol{j}+R(x,y,z)\boldsymbol{k},$$

Σ是速度场中一片有向光滑曲面，函数$P(x,y,z)$、$Q(x,y,z)$、$R(x,y,z)$都在Σ上连续，求在单位时间内流向Σ指定侧的流体的质量（即流量）Φ.

若流体流过平面上面积为A的一个闭区域，且流体在该闭区域上各点处的流速为（常向量）$\boldsymbol{v}$，又设$\boldsymbol{n}$为该平面的单位法向量（见图10-5-3），那么在单位时间内流过该闭区域的流体组成一个底面积为A、斜高为$|\boldsymbol{v}|$的斜柱体.

当 $(\widehat{\boldsymbol{v},\boldsymbol{n}})=\theta<\dfrac{\pi}{2}$ 时，该斜柱体的体积为

$$A\,|\,\boldsymbol{v}\,|\,\cos\theta=A\boldsymbol{v}\cdot\boldsymbol{n}.$$

即在单位时间内流体通过区域 A 流向 $\boldsymbol{n}$ 所指一侧的流量为

$$\Phi=A\boldsymbol{v}\cdot\boldsymbol{n}.$$

由于现在所考虑的不是平面闭区域而是一片曲面，且流速 $\boldsymbol{v}$ 也不是常向量，因此所求流量不能直接用上述方法计算．采用微元法来解决此问题．

（1）分割．把曲面 Σ 任意分成 n 小块 ΔS_i（ΔS_i 同时也代表第 i 小块曲面的面积）$(i=1,2,\cdots,n)$．任取 ΔS_i 上一点 (ξ_i,η_i,ζ_i)，以该点处的流速

$$\boldsymbol{v}_i=\boldsymbol{v}(\xi_i,\eta_i,\zeta_i)=P(\xi_i,\eta_i,\zeta_i)\boldsymbol{i}+Q(\xi_i,\eta_i,\zeta_i)\boldsymbol{j}+R(\xi_i,\eta_i,\zeta_i)\boldsymbol{k}$$

代替 ΔS_i 上其他各点处的流速，以该点 (ξ_i,η_i,ζ_i) 处曲面 Σ 的单位法向量

$$\boldsymbol{n}_i=\cos\alpha_i\,\boldsymbol{i}+\cos\beta_i\,\boldsymbol{j}+\cos\gamma_i\boldsymbol{k}$$

代替 ΔS_i 上其他各点处的单位法向量（见图 10-5-4）．则通过 ΔS_i 流向曲面指定侧的流量近似值为

$$\boldsymbol{v}_i\cdot\boldsymbol{n}_i\Delta S_i\quad(i=1,2,\cdots,n).$$

（2）求和．通过 Σ 流向指定侧的流量为

$$\Phi\approx\sum_{i=1}^{n}\boldsymbol{v}_i\cdot\boldsymbol{n}_i\Delta S_i=\sum_{i=1}^{n}[P(\xi_i,\eta_i,\zeta_i)\cos\alpha_i+Q(\xi_i,\eta_i,\zeta_i)\cos\beta_i+R(\xi_i,\eta_i,\zeta_i)\cos\gamma_i]\Delta S_i.$$

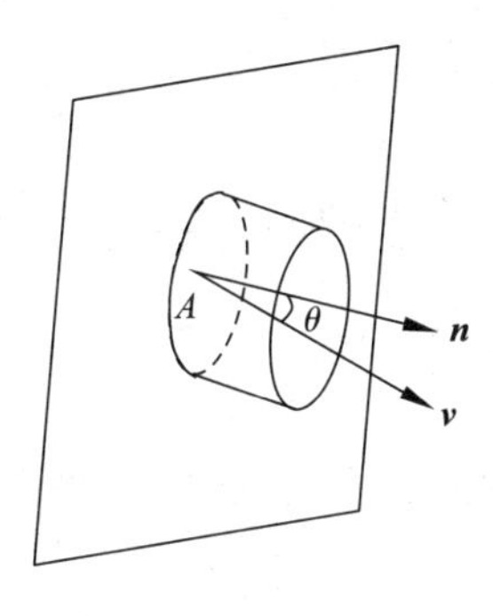

图 10-5-3

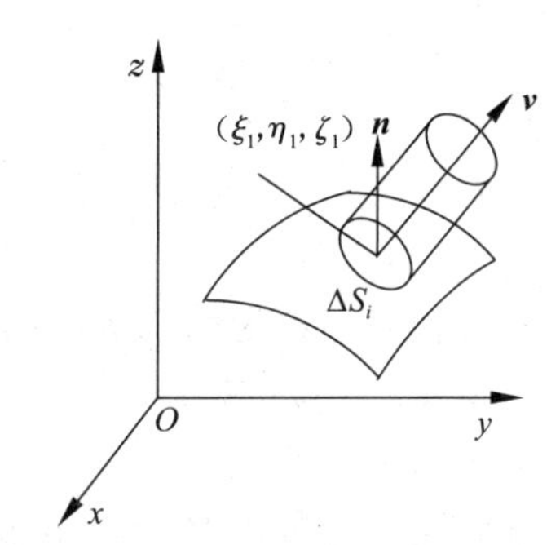

图 10-5-4

由于 $\cos\alpha_i\cdot\Delta S_i\approx(\Delta S_i)_{yz}$，$\cos\beta_i\cdot\Delta S_i\approx(\Delta S_i)_{zx}$，$\cos\gamma_i\cdot\Delta S_i\approx(\Delta S_i)_{xy}$，其中 $(\Delta S_i)_{yz}$，$(\Delta S_i)_{zx}$，$(\Delta S_i)_{xy}$ 既表示 ΔS_i 在三个坐标面 yOz，zOx，xOy 的投影区域，也表示其投影区域的面积．因此上式也可写为

$$\Phi\approx\sum_{i=1}^{n}[P(\xi_i,\eta_i,\zeta_i)(\Delta S_i)_{yz}+Q(\xi_i,\eta_i,\zeta_i)(\Delta S_i)_{zx}+R(\xi_i,\eta_i,\zeta_i)(\Delta S_i)_{xy}],\tag{10.5.1}$$

（3）取极限．当各小块曲面的直径的最大值 $\lambda\to0$，取式（10.5.1）右端的极限，就得到流量

$$\Phi=\lim_{\lambda\to0}\sum_{i=1}^{n}[P(\xi_i,\eta_i,\zeta_i)(\Delta S_i)_{yz}+Q(\xi_i,\eta_i,\zeta_i)(\Delta S_i)_{zx}+R(\xi_i,\eta_i,\zeta_i)(\Delta S_i)_{xy}].\tag{10.5.2}$$

式（10.5.2）中和的极限称为函数 $v(x,y,z)$ 在曲面 Σ 上的对坐标的曲面积分.

注 当 $\boldsymbol{n}$ 改为反方向时，Φ 要改变符号.

定义 设 Σ 为光滑的有向曲面，函数 $R(x,y,z)$ 在 Σ 上有界. 把 Σ 分成任意 n 块小曲面 ΔS_i（ΔS_i 同时又表示第 i 块小曲面的面积），ΔS_i 在 xOy 面上的投影为 $(\Delta S_i)_{xy}$，(ξ_i,η_i,ζ_i) 是 ΔS_i 上任意取定的一点. 如果当各小块曲面的直径的最大值 $\lambda\to 0$ 时，

$$\lim_{\lambda\to 0}\sum_{i=1}^{n}R(\xi_i,\eta_i,\zeta_i)(\Delta S_i)_{xy}$$

总存在，则称此极限为**函数 $\boldsymbol{R(x,y,z)}$ 在有向曲面 $\boldsymbol{\Sigma}$ 上对坐标 $\boldsymbol{x}$、$\boldsymbol{y}$ 的曲面积分**，记作 $\iint\limits_{\Sigma}R(x,y,z)\mathrm{d}x\mathrm{d}y$，即

$$\iint\limits_{\Sigma}R(x,y,z)\mathrm{d}x\mathrm{d}y=\lim_{\lambda\to 0}\sum_{i=1}^{n}R(\xi_i,\eta_i,\zeta_i)(\Delta S_i)_{xy},$$

其中 **$\boldsymbol{R(x,y,z)}$ 叫作被积函数；$\boldsymbol{\Sigma}$ 叫作积分曲面.**

类似地，可以定义函数 $P(x,y,z)$ 在有向曲面 Σ 上对坐标 y、z 的曲面积分 $\iint\limits_{\Sigma}P(x,y,z)\mathrm{d}y\mathrm{d}z$、函数 $Q(x,y,z)$ 在有向曲面 Σ 上对坐标 z、x 的曲面积分 $\iint\limits_{\Sigma}Q(x,y,z)\mathrm{d}z\mathrm{d}x$，它们分别为

$$\iint\limits_{\Sigma}P(x,y,z)\mathrm{d}y\mathrm{d}z=\lim_{\lambda\to 0}\sum_{i=1}^{n}P(\xi_i,\eta_i,\zeta_i)(\Delta S_i)_{yz},$$

$$\iint\limits_{\Sigma}Q(x,y,z)\mathrm{d}z\mathrm{d}x=\lim_{\lambda\to 0}\sum_{i=1}^{n}Q(\xi_i,\eta_i,\zeta_i)(\Delta S_i)_{zx}.$$

以上三个曲面积分也称为**第二类曲面积分**. 其中，$\mathrm{d}x\mathrm{d}y$、$\mathrm{d}y\mathrm{d}z$、$\mathrm{d}z\mathrm{d}x$ 分别表示曲面 Σ 在坐标面 xOy、yOz、zOx 的投影.

当 $P(x,y,z)$、$Q(x,y,z)$、$R(x,y,z)$ 在有向光滑曲面 Σ 上连续时，对坐标的曲面积分是存在的，下面讨论中总假定 P、Q、R 在 Σ 是连续的.

为简便起见，对面积的曲面积分和常写成和的积分，即

$$\iint\limits_{\Sigma}P(x,y,z)\mathrm{d}y\mathrm{d}z+\iint\limits_{\Sigma}Q(x,y,z)\mathrm{d}z\mathrm{d}x+\iint\limits_{\Sigma}R(x,y,z)\mathrm{d}x\mathrm{d}y,$$

$$\iint\limits_{\Sigma}P(x,y,z)\mathrm{d}y\mathrm{d}z+Q(x,y,z)\mathrm{d}z\mathrm{d}x+R(x,y,z)\mathrm{d}x\mathrm{d}y. \tag{10.5.3}$$

根据定义，引例中的流向 Σ 指定侧的流量 Φ 可表示为

$$\Phi=\iint\limits_{\Sigma}P(x,y,z)\mathrm{d}y\mathrm{d}z+Q(x,y,z)\mathrm{d}z\mathrm{d}x+R(x,y,z)\mathrm{d}x\mathrm{d}y.$$

3. 对坐标的曲面积分的性质

对坐标的曲面积分具有与对坐标的曲线积分相类似的一些性质.

性质 1 如果把有向曲面 Σ 分成 Σ_1 和 Σ_2，则

$$\iint\limits_{\Sigma}P\mathrm{d}y\mathrm{d}z+Q\mathrm{d}z\mathrm{d}x+R\mathrm{d}x\mathrm{d}y=\iint\limits_{\Sigma_1}P\mathrm{d}y\mathrm{d}z+Q\mathrm{d}z\mathrm{d}x+R\mathrm{d}x\mathrm{d}y+\iint\limits_{\Sigma_2}P\mathrm{d}y\mathrm{d}z+Q\mathrm{d}z\mathrm{d}x+R\mathrm{d}x\mathrm{d}y.$$

性质 2　设 Σ 是有向曲面，$-\Sigma$ 表示与 Σ 取相反侧的有向曲面，则

$$\iint\limits_{-\Sigma} P(x,y,z)\mathrm{d}y\mathrm{d}z = -\iint\limits_{\Sigma} P(x,y,z)\mathrm{d}y\mathrm{d}z,$$

$$\iint\limits_{-\Sigma} Q(x,y,z)\mathrm{d}z\mathrm{d}x = -\iint\limits_{\Sigma} Q(x,y,z)\mathrm{d}z\mathrm{d}x,$$

$$\iint\limits_{-\Sigma} R(x,y,z)\mathrm{d}x\mathrm{d}y = -\iint\limits_{\Sigma} R(x,y,z)\mathrm{d}x\mathrm{d}y.$$

性质 2 表明，当积分曲面改为相反侧时，对坐标的曲面积分也改变符号．因此关于对坐标的曲面积分，必须注意积分曲面所取的侧.

二、对坐标的曲面积分的计算法

考查积分 $\iint\limits_{\Sigma} R(x,y,z)\mathrm{d}x\mathrm{d}y$ 的计算，其他情形以此类推.

设光滑曲面 Σ：$z=z(x,y)$ 与平行于 z 轴的直线至多交于一点，在 xOy 面上的投影区域为 D_{xy}．则

$$\iint\limits_{\Sigma} R(x,y,z)\mathrm{d}x\mathrm{d}y = \pm\iint\limits_{D_{xy}} R[x,y,z(x,y)]\mathrm{d}x\mathrm{d}y, \tag{10.5.4}$$

式中右端符号的确定：若积分取曲面 Σ 上侧，则取正号；若积分取曲面 Σ 下侧，则取负号.

类似地，如果 Σ 由 $x=x(y,z)$ 给出，则有

$$\iint\limits_{\Sigma} P(x,y,z)\mathrm{d}y\mathrm{d}z = \pm\iint\limits_{D_{yz}} P[x(y,z),y,z]\mathrm{d}y\mathrm{d}z, \tag{10.5.5}$$

式中右端符号的确定：当取曲面 Σ 的前侧时，即 $\cos\alpha>0$，取正号；当取曲面 Σ 的后侧时，即 $\cos\alpha<0$，取负号.

如果 Σ 由 $y=y(z,x)$ 给出，则有

$$\iint\limits_{\Sigma} Q(x,y,z)\mathrm{d}z\mathrm{d}x = \pm\iint\limits_{D_{zx}} Q[x,y(z,x),z]\mathrm{d}z\mathrm{d}x, \tag{10.5.6}$$

式中右端符号的确定：当取曲面 Σ 的右侧时，即 $\cos\beta>0$，取正号；当取曲面 Σ 的左侧时，即 $\cos\beta<0$，取负号.

例 1　计算曲面积分

$$\iint\limits_{\Sigma} x^2\mathrm{d}y\mathrm{d}z + y^2\mathrm{d}z\mathrm{d}x + z^2\mathrm{d}x\mathrm{d}y,$$

其中 Σ 是长方体 $\Omega=\{(x,y,z)\mid 0\leqslant x\leqslant a, 0\leqslant y\leqslant b, 0\leqslant z\leqslant c\}$（见图 10-5-5）的整个表面的外侧.

解　把有向曲面 Σ 分成以下六部分：

Σ_1：$z=c$（$0\leqslant x\leqslant a, 0\leqslant y\leqslant b$）的上侧；

Σ_2：$z=0$（$0\leqslant x\leqslant a, 0\leqslant y\leqslant b$）的下侧；

Σ_3：$x=a$（$0\leqslant y\leqslant b$，$0\leqslant z\leqslant c$）的前侧；

Σ_4：$x=0$（$0\leqslant y\leqslant b$，$0\leqslant z\leqslant c$）的后侧；

Σ_5：$y=b$（$0\leqslant x\leqslant a, 0\leqslant z\leqslant c$）的右侧；

Σ_6：$y=0$（$0\leqslant x\leqslant a, 0\leqslant z\leqslant c$）的左侧.

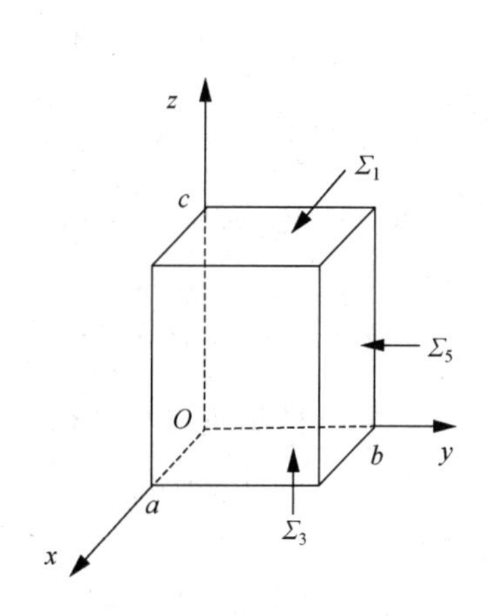

图 10-5-5

除 Σ_3、Σ_4 外，其余四片曲面在 yOz 面上的投影为零，因此

$$\iint_{\Sigma} x^2 \mathrm{d}y\mathrm{d}z = \iint_{\Sigma_3} x^2 \mathrm{d}y\mathrm{d}z + \iint_{\Sigma_4} x^2 \mathrm{d}y\mathrm{d}z.$$

因此

$$\iint_{\Sigma} x^2 \mathrm{d}y\mathrm{d}z = \iint_{\Sigma_3} x^2 \mathrm{d}y\mathrm{d}z + \iint_{\Sigma_4} x^2 \mathrm{d}y\mathrm{d}z = \iint_{D_{yz}} a^2 \mathrm{d}y\mathrm{d}z - \iint_{D_{yz}} 0^2 \mathrm{d}y\mathrm{d}z = a^2 bc.$$

类似地，可得

$$\iint_{\Sigma} y^2 \mathrm{d}z\mathrm{d}x = b^2 ac,$$

$$\iint_{\Sigma} z^2 \mathrm{d}x\mathrm{d}y = c^2 ab.$$

于是所求曲面积分为 $(a+b+c)abc$.

例 2 计算 $\iint\limits_{\Sigma} xyz\mathrm{d}x\mathrm{d}y$，其中 Σ 是球面：$x^2+y^2+z^2=1$ 外侧在 $x\geqslant 0$，$y\geqslant 0$ 的部分.

解 把有向曲面 Σ（见图 10-5-6）分成以下两部分：

Σ_1：$z=\sqrt{1-x^2-y^2}$（$x\geqslant 0$，$y\geqslant 0$）的上侧，

Σ_2：$z=-\sqrt{1-x^2-y^2}$（$x\geqslant 0$，$y\geqslant 0$）的下侧.

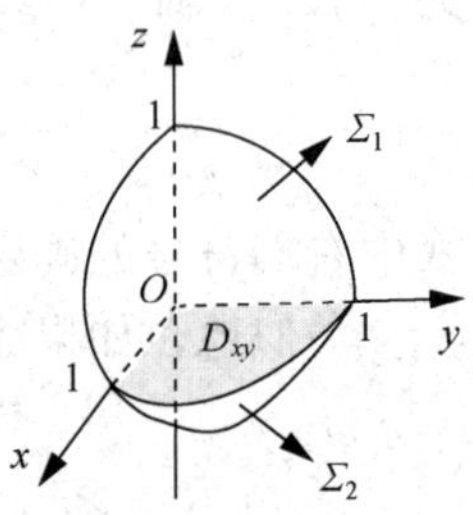

图 10-5-6

Σ_1 和 Σ_2 在 xOy 面上的投影区域都是 D_{xy}：$x^2+y^2\leqslant 1$（$x\geqslant 0$，$y\geqslant 0$）. 于是，

$$\begin{aligned}
\iint_{\Sigma} xyz\mathrm{d}x\mathrm{d}y &= \iint_{\Sigma_1} xyz\mathrm{d}x\mathrm{d}y + \iint_{\Sigma_2} xyz\mathrm{d}x\mathrm{d}y \\
&= \iint_{D_{xy}} xy\sqrt{1-x^2-y^2}\mathrm{d}x\mathrm{d}y - \iint_{D_{xy}} xy(-\sqrt{1-x^2-y^2})\mathrm{d}x\mathrm{d}y \\
&= 2\iint_{D_{xy}} xy\sqrt{1-x^2-y^2}\mathrm{d}x\mathrm{d}y \\
&= 2\int_0^{\frac{\pi}{2}} \mathrm{d}\theta \int_0^1 r^2 \sin\theta\cos\theta\sqrt{1-r^2}\, r\mathrm{d}r \\
&= 2\int_0^{\frac{\pi}{2}} \sin\theta\cos\theta\mathrm{d}\theta \int_0^1 r^2\sqrt{1-r^2}\, r\mathrm{d}r = \frac{1}{2}\int_0^1 r^2\sqrt{1-r^2}\,\mathrm{d}r^2.
\end{aligned}$$

令 $r^2=u$，则 $\int_0^1 r^2\sqrt{1-r^2}\,\mathrm{d}r^2=\int_0^1 u\sqrt{1-u}\,\mathrm{d}u$，进一步代换，令 $t=\sqrt{1-u}$，则 $u=1-t^2$，$\mathrm{d}u=-2t\mathrm{d}t$，则 $\iint\limits_{\Sigma} xyz\mathrm{d}x\mathrm{d}y=\frac{1}{2}\int_0^1 u\sqrt{1-u}\,\mathrm{d}u=-\int_1^0 t^2(1-t^2)\mathrm{d}t=\frac{2}{15}$.

例 3 计算 $\iint\limits_{\Sigma} x\mathrm{d}y\mathrm{d}z+y\mathrm{d}x\mathrm{d}z+z\mathrm{d}x\mathrm{d}y$，其中 Σ 是球面：$x^2+y^2+z^2=a^2$，$z\geqslant 0$ 的上侧.

解 将在向 yOz 面投影为半圆：$y^2+z^2=a^2$，$z\geqslant 0$，$x=\pm\sqrt{a^2-y^2-z^2}$

$$\begin{aligned}
\iint_{\Sigma} x\mathrm{d}y\mathrm{d}z &= \iint_{D_{yz}} \sqrt{a^2-y^2-z^2}\mathrm{d}y\mathrm{d}z + \left(-\iint_{D_{yz}} -\sqrt{a^2-x^2-y^2}\mathrm{d}y\mathrm{d}z\right) \\
&= 2\iint_{D_{yz}} \sqrt{a^2-y^2-z^2}\mathrm{d}y\mathrm{d}z = 2\int_0^{\pi}\mathrm{d}\theta\int_0^a \sqrt{a^2-r^2}\, r\mathrm{d}r = \frac{2}{3}\pi a^3.
\end{aligned}$$

由对称性$\iint\limits_{\Sigma} y\mathrm{d}x\mathrm{d}z=\frac{2}{3}\pi a^3$，$\iint\limits_{\Sigma} z\mathrm{d}x\mathrm{d}y=\frac{2}{3}\pi a^3$，所以

$$\iint\limits_{\Sigma} x\mathrm{d}y\mathrm{d}z+y\mathrm{d}x\mathrm{d}z+z\mathrm{d}x\mathrm{d}y=2\pi a^3.$$

三、两类曲面积分之间的联系

在第二类曲面积分的定义中，

$$\mathrm{d}y\mathrm{d}z=\cos\alpha\mathrm{d}S,\mathrm{d}z\mathrm{d}x=\cos\beta\mathrm{d}S,\ \mathrm{d}x\mathrm{d}y=\cos\gamma\mathrm{d}S,$$

所以，第二类曲面积分式（10.5.3）又可以写为

$$\iint\limits_{\Sigma} P\mathrm{d}y\mathrm{d}z+Q\mathrm{d}z\mathrm{d}x+R\mathrm{d}x\mathrm{d}y=\iint\limits_{\Sigma}(P\cos\alpha+Q\cos\beta+R\cos\gamma)\mathrm{d}S,\tag{10.5.7}$$

其中$\cos\alpha$、$\cos\beta$、$\cos\gamma$是有向曲面Σ上点(x,y,z)处的法向量的方向余弦.

例 3　计算曲面积分$\iint\limits_{\Sigma}(z^2+x)\mathrm{d}y\mathrm{d}z-z\mathrm{d}x\mathrm{d}y$，其中$\Sigma$是曲面$z=\frac{1}{2}(x^2+y^2)$介于平面$z=0$及$z=2$之间的部分（见图 10-5-7）的下侧.

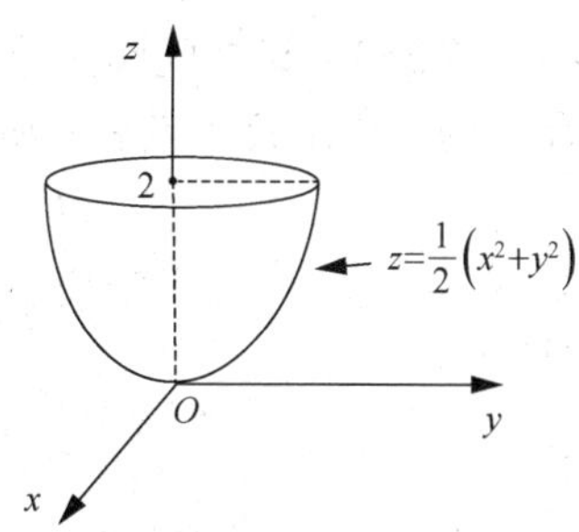

图 10-5-7

解　由两类曲面积分之间的关系式（10.5.7），可得

$$\iint\limits_{\Sigma}(z^2+x)\mathrm{d}y\mathrm{d}z=\iint\limits_{\Sigma}(z^2+x)\cos\alpha\mathrm{d}S=\iint\limits_{\Sigma}(z^2+x)\ \frac{\cos\alpha}{\cos\gamma}\mathrm{d}x\mathrm{d}y.$$

在曲面Σ上，有

$$\cos\alpha=\frac{x}{\sqrt{1+x^2+y^2}},\cos\gamma=\frac{-1}{\sqrt{1+x^2+y^2}},$$

故

$$\iint\limits_{\Sigma}(z^2+x)\mathrm{d}y\mathrm{d}z-z\mathrm{d}x\mathrm{d}y=\iint\limits_{\Sigma}[(z^2+x)(-x)-z]\mathrm{d}x\mathrm{d}y.$$

再按对坐标的曲面积分的计算法，得

$$\begin{aligned}\iint\limits_{\Sigma}[(z^2+x)(-x)-z]\mathrm{d}x\mathrm{d}y&=\iint\limits_{x^2+y^2\leqslant 4}\left\{\left[\frac{1}{4}(x^2+y^2)^2+x\right]\cdot(-x)-\frac{1}{2}(x^2+y^2)\right\}\mathrm{d}x\mathrm{d}y\\&=\iint\limits_{x^2+y^2\leqslant 4}\left[x^2+\frac{1}{2}(x^2+y^2)\right]\mathrm{d}x\mathrm{d}y\\&=\int_0^{2\pi}\mathrm{d}\theta\int_0^2\left(r^2\cos^2\theta+\frac{1}{2}r^2\right)r\mathrm{d}r=8\pi.\end{aligned}$$

习题 10-5

1. 当Σ为xOy面内的一个闭区域时，曲面积分$\iint\limits_{\Sigma} R(x,y,z)\mathrm{d}x\mathrm{d}y$与二重积分有什么关系？

2. 计算下列对坐标的曲面积分：

(1) $\iint\limits_{\Sigma} x^2y^2z\mathrm{d}x\mathrm{d}y$，其中$\Sigma$是球面$x^2+y^2+z^2=R^2$下半部分的下侧；

(2) $\iint\limits_{\Sigma} z\mathrm{d}x\mathrm{d}y+x\mathrm{d}y\mathrm{d}z+y\mathrm{d}z\mathrm{d}x$，其中$\Sigma$是柱面$x^2+y^2=1$被平面$z=0$及$z=3$所截得的

在第一卦限内部分的前侧；

(3) $\iint\limits_{\Sigma}[f(x,y,z)+x]\mathrm{d}y\mathrm{d}z+[2f(x,y,z)+y]\mathrm{d}z\mathrm{d}x+[f(x,y,z)+z]\mathrm{d}x\mathrm{d}y$，其中 $f(x,y,z)$ 为连续函数，Σ 是平面 $x-y+z=1$ 在第四卦限部分的上侧；

(4) $\oiint\limits_{\Sigma}xz\mathrm{d}x\mathrm{d}y+xy\mathrm{d}y\mathrm{d}z+yz\mathrm{d}z\mathrm{d}x$，其中 Σ 是平面 $x=0$，$y=0$，$z=0$，$x+y+z=1$ 所围成的空间区域整个边界曲面的外侧.

3. 已知流速场 $V(x,y,z)=(x^2,y^2,z^2)$，封闭曲面 Σ 为三个坐标平面与平面 $x+y+z=1$ 所围成四面体的表面，试求流速场由曲面 Σ 的内部流向其外部的流量 Φ.

第六节　高斯公式 * 通量与散度

一、高斯公式

定理 1　设空间闭区域 Ω 由分片光滑的闭曲面 Σ 所围成，函数 $P(x,y,z)$、$Q(x,y,z)$、$R(x,y,z)$ 在 Ω 上具有一阶连续偏导数，则有

$$\iiint\limits_{\Omega}\left(\frac{\partial P}{\partial x}+\frac{\partial Q}{\partial y}+\frac{\partial R}{\partial z}\right)\mathrm{d}v=\oiint\limits_{\Sigma}P\mathrm{d}y\mathrm{d}z+Q\mathrm{d}z\mathrm{d}x+R\mathrm{d}x\mathrm{d}y, \tag{10.6.1}$$

或

$$\iiint\limits_{\Omega}\left(\frac{\partial P}{\partial x}+\frac{\partial Q}{\partial y}+\frac{\partial R}{\partial z}\right)\mathrm{d}v=\oiint\limits_{\Sigma}(P\cos\alpha+Q\cos\beta+R\cos\gamma)\mathrm{d}S. \tag{10.6.2}$$

其中 Σ 是 Ω 的整个边界曲面的外侧；$\cos\alpha$，$\cos\beta$，$\cos\gamma$ 是 Σ 在点 (x,y,z) 处的法向量的方向余弦．式（10.6.1）或式（10.6.2）称为**高斯公式**.

简要证明　设 Ω 是一柱体，下边界曲面为 Σ_1：$z=z_1(x,y)$，上边界曲面为 Σ_2：$z=z_2(x,y)$，侧面为柱面 Σ_3，Σ_1 取下侧，Σ_2 取上侧，Σ_3 取外侧.

根据三重积分的计算法，有

$$\iiint\limits_{\Omega}\frac{\partial R}{\partial z}\mathrm{d}v=\iint\limits_{D_{xy}}\mathrm{d}x\mathrm{d}y\int_{z_1(x,y)}^{z_2(x,y)}\frac{\partial R}{\partial z}\mathrm{d}z=\iint\limits_{D_{xy}}\{R[x,y,z_2(x,y)]-R[x,y,z_1(x,y)]\}\mathrm{d}x\mathrm{d}y.$$

另外，有

$$\iint\limits_{\Sigma_1}R(x,y,z)\mathrm{d}x\mathrm{d}y=-\iint\limits_{D_{xy}}R[x,y,z_1(x,y)]\mathrm{d}x\mathrm{d}y,$$

$$\iint\limits_{\Sigma_2}R(x,y,z)\mathrm{d}x\mathrm{d}y=\iint\limits_{D_{xy}}R[x,y,z_2(x,y)]\mathrm{d}x\mathrm{d}y,$$

$$\iint\limits_{\Sigma_3}R(x,y,z)\mathrm{d}x\mathrm{d}y=0,$$

以上三式相加，得

$$\oiint\limits_{\Sigma}R(x,y,z)\mathrm{d}x\mathrm{d}y=\iint\limits_{D_{xy}}\{R[x,y,z_2(x,y)]-R[x,y,z_1(x,y)]\}\mathrm{d}x\mathrm{d}y.$$

所以

$$\iiint\limits_{\Omega}\frac{\partial R}{\partial z}\mathrm{d}v=\oiint\limits_{\Sigma}R(x,y,z)\mathrm{d}x\mathrm{d}y. \tag{10.6.3}$$

类似地，有

$$\iiint_{\Omega}\frac{\partial P}{\partial x}\mathrm{d}v=\oiint_{\Sigma}P(x,y,z)\mathrm{d}y\mathrm{d}z, \tag{10.6.4}$$

$$\iiint_{\Omega}\frac{\partial Q}{\partial y}\mathrm{d}v=\oiint_{\Sigma}Q(x,y,z)\mathrm{d}z\mathrm{d}x, \tag{10.6.5}$$

把式（10.6.3），式（10.6.4），式（10.6.5）两端分别相加，即得高斯公式.

例 1　利用高斯公式计算曲面积分 $\oiint_{\Sigma}(x-y)\mathrm{d}x\mathrm{d}y+(y-z)x\mathrm{d}y\mathrm{d}z$，其中 Σ 为柱面 $x^2+y^2=1$ 及平面 $z=0$，$z=3$ 所围成的空间闭区域 Ω 的整个边界曲面的外侧.

解　因为 $P=(y-z)x$，$Q=0$，$R=x-y$，所以 $\frac{\partial P}{\partial x}=y-z$，$\frac{\partial Q}{\partial y}=0$，$\frac{\partial R}{\partial z}=0$.

由高斯公式，得

$$\begin{aligned}\oiint_{\Sigma}(x-y)\mathrm{d}x\mathrm{d}y+(y-z)\mathrm{d}y\mathrm{d}z&=\iiint_{\Omega}(y-z)\mathrm{d}x\mathrm{d}y\mathrm{d}z=\iiint_{\Omega}(r\sin\theta-z)r\mathrm{d}r\mathrm{d}\theta\mathrm{d}z\\&=\int_0^{2\pi}\mathrm{d}\theta\int_0^1 r\mathrm{d}r\int_0^3(r\sin\theta-z)\mathrm{d}z=-\frac{9\pi}{2}.\end{aligned}$$

例 2　计算曲面积分 $\iint_{\Sigma}(x^2\cos\alpha+y^2\cos\beta+z^2\cos\gamma)\mathrm{d}S$，$\Sigma$ 为锥面 $x^2+y^2=z^2$ 介于平面 $z=0$ 及 $z=h$（$h>0$）之间的部分的下侧，$\cos\alpha$，$\cos\beta$，$\cos\gamma$ 是 Σ 上点（x,y,z）处的法向量的方向余弦.

解　设 Σ_1 为 $z=h$ 的上侧，则 Σ 与 Σ_1 一起构成一个闭曲面，记它们围成的空间闭区域为 Ω，由高斯公式得

$$\begin{aligned}&\oiint_{\Sigma+\Sigma_1}(x^2\cos\alpha+y^2\cos\beta+z^2\cos\gamma)\mathrm{d}S\\&=2\iint_{x^2+y^2\leqslant h^2}\mathrm{d}x\mathrm{d}y\int_{\sqrt{x^2+y^2}}^{h}(x+y+z)\mathrm{d}z=2\iint_{x^2+y^2\leqslant h^2}\mathrm{d}x\mathrm{d}y\int_{\sqrt{x^2+y^2}}^{h}z\mathrm{d}z\\&=\iint_{x^2+y^2\leqslant h^2}(h^2-x^2-y^2)\mathrm{d}x\mathrm{d}y=\frac{1}{2}\pi h^4.\end{aligned}$$

而 $\iint_{\Sigma_1}(x^2\cos\alpha+y^2\cos\beta+z^2\cos\gamma)\mathrm{d}S=\iint_{\Sigma_1}z^2\mathrm{d}S=\iint_{x^2+y^2\leqslant h^2}h^2\mathrm{d}x\mathrm{d}y=\pi h^4$，因此

$$\iint_{\Sigma}(x^2\cos\alpha+y^2\cos\beta+z^2\cos\gamma)\mathrm{d}S=\frac{1}{2}\pi h^4-\pi h^4=-\frac{1}{2}\pi h^4.$$

例 3　计算 $\iint_{\Sigma}x\mathrm{d}y\mathrm{d}z+y\mathrm{d}x\mathrm{d}z+z\mathrm{d}x\mathrm{d}y$，$\Sigma$：$x^2+y^2+z^2=a^2$，$z\geqslant 0$ 的上侧.

解　Σ_1：$\begin{cases}x^2+y^2\leqslant a^2\\ z=0\end{cases}$ 与 Σ 构成封闭曲面，由题设 $P=x$，$Q=y$，$R=z$，所以

$$\oiint_{\Sigma_1+\Sigma}x\mathrm{d}y\mathrm{d}z+y\mathrm{d}x\mathrm{d}z+z\mathrm{d}x\mathrm{d}y=\iiint_{\Omega}3\mathrm{d}V=3\cdot\frac{2}{3}\pi a^3=2\pi a^3.$$

而 $\iint_{\Sigma_1}x\mathrm{d}y\mathrm{d}z+y\mathrm{d}x\mathrm{d}z+z\mathrm{d}x\mathrm{d}y=\iint_{\Sigma_1}z\mathrm{d}x\mathrm{d}y=0$，所以，$\iint_{\Sigma}x\mathrm{d}y\mathrm{d}z+y\mathrm{d}x\mathrm{d}z+z\mathrm{d}x\mathrm{d}y=2\pi a^3$.

*二、通量与散度

定义　一般地，设有某向量场

$$\boldsymbol{A}(x,y,z)=P(x,y,z)\boldsymbol{i}+Q(x,y,z)\boldsymbol{j}+R(x,y,z)\boldsymbol{k},$$

其中 P，Q，R 具有一阶连续偏导数，Σ 是场内的一片有向曲面，$\boldsymbol{n}=(\cos\alpha,\cos\beta,\cos\gamma)$ 是 Σ 上点（x,y,z）处的单位法向量，则积分

$$\iint_{\Sigma}\boldsymbol{A}\cdot\boldsymbol{n}\mathrm{d}S \tag{10.6.6}$$

称为**向量场 $\boldsymbol{A}$ 通过曲面 $\boldsymbol{\Sigma}$ 向着指定侧的通量（或流量）**. 而 $\frac{\partial P}{\partial x}+\frac{\partial Q}{\partial y}+\frac{\partial R}{\partial z}$ 叫作**向量场 $\boldsymbol{A}$ 的散度**，记作 div$\boldsymbol{A}$ 即

$$\operatorname{div}\boldsymbol{A}=\frac{\partial P}{\partial x}+\frac{\partial Q}{\partial y}+\frac{\partial R}{\partial z}. \tag{10.6.7}$$

如果向量场 $\boldsymbol{A}$ 的散度 div$\boldsymbol{A}$ 处处为零，则称向量场 $\boldsymbol{A}$ **为无源场**.

一般情形下，通量式（10.6.6）又可以表示为

$$\iint_{\Sigma}\boldsymbol{A}\cdot\boldsymbol{n}\mathrm{d}S=\iint_{\Sigma}P\cos\alpha\mathrm{d}S+Q\cos\beta\mathrm{d}S+R\cos\gamma\mathrm{d}S=\iint_{\Sigma}P\mathrm{d}y\mathrm{d}z+Q\mathrm{d}z\mathrm{d}x+R\mathrm{d}x\mathrm{d}y, \tag{10.6.8}$$

若曲面 Σ 是封闭曲面，结合高斯公式（10.6.1），通量可表示为

$$\oiint_{\Sigma}\boldsymbol{A}\cdot\boldsymbol{n}\mathrm{d}S=\oiint_{\Sigma}P\mathrm{d}y\mathrm{d}z+Q\mathrm{d}z\mathrm{d}x+R\mathrm{d}x\mathrm{d}y=\iiint_{\Omega}\left(\frac{\partial P}{\partial x}+\frac{\partial Q}{\partial y}+\frac{\partial R}{\partial z}\right)\mathrm{d}v. \tag{10.6.9}$$

例 4　已知向量场 $\boldsymbol{A}=x\boldsymbol{i}+y\boldsymbol{j}+z\boldsymbol{k}$，（1）计算向量场 $\boldsymbol{A}$ 穿过曲面 Σ：$x^2+y^2+z^2=a^2$，$z\geqslant0$ 流向上侧的通量；（2）计算向量场 $\boldsymbol{A}$ 的散度 div$\boldsymbol{A}$.

解　（1）Σ_1：$\begin{cases}x^2+y^2\leqslant a^2\\ z=0\end{cases}$ 与 Σ 构成封闭曲面，流向封闭曲面外侧的通量

$$\oiint_{\Sigma_1+\Sigma}\boldsymbol{A}\cdot\boldsymbol{n}\mathrm{d}S=\iint_{\Sigma_1}\boldsymbol{A}\cdot\boldsymbol{n}\mathrm{d}S+\iint_{\Sigma}\boldsymbol{A}\cdot\boldsymbol{n}\mathrm{d}S,$$

由式（10.6.9）可得通量

$$\oiint_{\Sigma_1+\Sigma}\boldsymbol{A}\cdot\boldsymbol{n}\mathrm{d}S=\oiint_{\Sigma_1+\Sigma}x\mathrm{d}y\mathrm{d}z+y\mathrm{d}x\mathrm{d}z+z\mathrm{d}x\mathrm{d}y=\iiint_{\Omega}3\mathrm{d}V=3\cdot\frac{2}{3}\pi a^3=2\pi a^3,$$

而 $\iint_{\Sigma_1}\boldsymbol{A}\cdot\boldsymbol{n}\mathrm{d}S=\iint_{\Sigma_1}x\mathrm{d}y\mathrm{d}z+y\mathrm{d}x\mathrm{d}z+z\mathrm{d}x\mathrm{d}y=\iint_{\Sigma_1}z\mathrm{d}x\mathrm{d}y=0$，所以，$\iint_{\Sigma}\boldsymbol{A}\cdot\boldsymbol{n}\mathrm{d}S=2\pi a^3$.

（2）向量场 $\boldsymbol{A}$ 的散度 $\operatorname{div}\boldsymbol{A}=\frac{\partial P}{\partial x}+\frac{\partial Q}{\partial y}+\frac{\partial R}{\partial z}=3$.

下面给出高斯公式

$$\iiint_{\Omega}\left(\frac{\partial P}{\partial x}+\frac{\partial Q}{\partial y}+\frac{\partial R}{\partial z}\right)\mathrm{d}v=\oiint_{\Sigma}(P\cos\alpha+Q\cos\beta+R\cos\gamma)\mathrm{d}S$$

的物理意义：

设在闭区域 Ω 上有稳定流动的、不可压缩的流体（假设流体的密度为 1）的速度场

$$\boldsymbol{v}(x,y,z)=P(x,y,z)\boldsymbol{i}+Q(x,y,z)\boldsymbol{j}+R(x,y,z)\boldsymbol{k}$$

依据式（10.6.9），高斯公式改写成

$$\iiint_{\Omega}\left(\frac{\partial P}{\partial x}+\frac{\partial Q}{\partial y}+\frac{\partial R}{\partial z}\right)\mathrm{d}v=\oiint_{\Sigma}v_n\mathrm{d}S,$$

其中 $\boldsymbol{v}_n=\boldsymbol{v}\cdot\boldsymbol{n}=P\cos\alpha+Q\cos\beta+R\cos\gamma$；$\boldsymbol{n}=\{\cos\alpha,\ \cos\beta,\ \cos\gamma\}$ 是 Σ 在点 (x,y,z) 处的单位法向量.

公式的右端可解释为单位时间内离开闭区域 Ω 的流体的总质量，左端可解释为分布在 Ω 内的源头在单位时间内所产生的流体的总质量.

设 Ω 的体积为 V，以 V 除以上式两端，得

$$\frac{1}{V}\iiint_{\Omega}\left(\frac{\partial P}{\partial x}+\frac{\partial Q}{\partial y}+\frac{\partial R}{\partial z}\right)\mathrm{d}v=\frac{1}{V}\oiint_{\Sigma}v_n\mathrm{d}S,$$

其左端表示 Ω 内源头在单位时间、单位体积内所产生的流体质量的平均值.

由积分中值定理，得

$$\left(\frac{\partial P}{\partial x}+\frac{\partial Q}{\partial y}+\frac{\partial R}{\partial z}\right)\bigg|_{(\xi,\eta,\zeta)}=\frac{1}{V}\oiint_{\Sigma}v_n\mathrm{d}S.$$

令 Ω 缩向一点 $M(x,y,z)$，得

$$\frac{\partial P}{\partial x}+\frac{\partial Q}{\partial y}+\frac{\partial R}{\partial z}=\lim_{\Omega\to M}\frac{1}{V}\oiint_{\Sigma}v_n\mathrm{d}S.$$

上式左端称为 **$\boldsymbol{v}$ 在点 $\boldsymbol{M}$ 的散度，记为** $\mathrm{div}\boldsymbol{v}(\boldsymbol{M})$，即

$$\mathrm{div}\boldsymbol{v}(\boldsymbol{M})=\frac{\partial P}{\partial x}+\frac{\partial Q}{\partial y}+\frac{\partial R}{\partial z}.$$

$\mathrm{div}\boldsymbol{v}(\boldsymbol{M})$ 可看作稳定流动的不可压缩流体在点 M 的源头强度．如果 $\mathrm{div}\boldsymbol{v}(\boldsymbol{M})<0$，表示流体向该点汇聚；如果 $\mathrm{div}\boldsymbol{v}(\boldsymbol{M})>0$，表示流体从该点向外发散；如果 $\mathrm{div}\,\boldsymbol{v}(\boldsymbol{M})=0$，表示流体在该点处无源.

例 5　已知点电荷 q 在真空中产生电场强度为 $E=\frac{1}{4\pi\varepsilon}\frac{q}{r^3}\vec{r}$ 的静电场，其中 $\vec{r}=(x,y,z)$，$r=|\vec{r}|=\sqrt{x^2+y^2+z^2}$，求 $\mathrm{div}E$.

解　$E_x=\frac{q}{4\pi\varepsilon}\cdot\frac{x}{r^3}$，$E_y=\frac{q}{4\pi\varepsilon}\cdot\frac{y}{r^3}$，$E_x=\frac{q}{4\pi\varepsilon}\cdot\frac{z}{r^3}$.

求偏导数，得

$$\frac{\partial E_x}{\partial x}=\frac{q}{4\pi\varepsilon}\cdot\frac{r^2-3x^2}{r^5},\frac{\partial E_y}{\partial y}=\frac{q}{4\pi\varepsilon}\cdot\frac{r^2-3y^2}{r^5},\frac{\partial E_z}{\partial z}=\frac{q}{4\pi\varepsilon}\cdot\frac{r^2-3z^2}{r^5}.$$

于是

$$\mathrm{div}E=\frac{\partial E_x}{\partial x}+\frac{\partial E_y}{\partial y}+\frac{\partial E_z}{\partial z}=0.$$

由此可见，除 $r=0$ 外，场中任何点的散度都为零．即除 $r=0$ 外，其他任何点处都是无源的．

习题 10-6

1. 利用高斯公式计算下列曲面积分：

(1) $\oiint_{\Sigma}x^2\mathrm{d}y\mathrm{d}z+y^2\mathrm{d}z\mathrm{d}x+z^2\mathrm{d}x\mathrm{d}y$，其中 Σ 为三个坐标平面与平面 $x=a$，$y=a$，$z=a$ 所围成的立体表面的外侧；

(2) $\iint\limits_{\Sigma} x^3\mathrm{d}y\mathrm{d}z+y^3\mathrm{d}z\mathrm{d}x+z^3\mathrm{d}x\mathrm{d}y$，其中$\Sigma$为球面$x^2+y^2+z^2=a^2$的下半部分的下侧；

(3) $\iint\limits_{\Sigma} xz^2\mathrm{d}y\mathrm{d}z+(x^2y-z^3)\mathrm{d}z\mathrm{d}x+(2xy+y^2z)\mathrm{d}x\mathrm{d}y$，其中$\Sigma$为球面$x^2+y^2+z^2=a^2$的上半部分的下侧.

2. 求下列向量$\mathbf{A}$穿过曲面Σ流向指定侧的通量：

(1) $\mathbf{A}=(yz,xz,xy)$，其中Σ为圆柱$x^2+y^2\leqslant a^2$（$0\leqslant z\leqslant h$）的全表面，流向外侧；

(2) $\mathbf{A}=(2x+3z,-xz-y,y^2+2z)$，其中$\Sigma$是以（3，−1，2）为球心，半径为$R=3$的球面，流向外侧.

3. 求下列向量场$\mathbf{A}$的散度：

(1) $\mathbf{A}=(x^2+yz,y^2+xz,z^2+xy)$；　　(2) $\mathbf{A}=(\mathrm{e}^{xy},\cos(xy),\cos(xz^2))$.

4. 计算$\oiint\limits_{\Sigma} yz\mathrm{d}y\mathrm{d}z+xz\mathrm{d}z\mathrm{d}x+xy\mathrm{d}x\mathrm{d}y$，其中$\Sigma$是由第一卦限中的圆柱面$x^2+y^2=R^2$，平面$z=h$（$h>0$）和三个坐标平面所构成的封闭曲面的外侧.

5. 计算$\oiint\limits_{\Sigma} z^2\mathrm{d}x\mathrm{d}y$，其中$\Sigma$是椭球面$\dfrac{x^2}{a^2}+\dfrac{y^2}{b^2}+\dfrac{z^2}{c^2}=1$的从外侧.

6. 计算$\iint\limits_{\Sigma} x\mathrm{d}y\mathrm{d}z+y\mathrm{d}z\mathrm{d}x+z\mathrm{d}x\mathrm{d}y$，其中$\Sigma$为球面$z=\sqrt{R^2-x^2-y^2}$的上侧.

7. 计算$\oiint\limits_{\Sigma}(x^3\cos\alpha+y^3\cos\beta+z^3\cos\gamma)\mathrm{d}S$，其中$\Sigma$是球面$x^2+y^2+z^2=R^2$的外侧，$\cos\alpha$，$\cos\beta$，$\cos\gamma$为$\Sigma$的外法向量的方向余弦.

第七节　斯托克斯公式 * 环流量与旋度

一、斯托克斯公式

定理1　设Γ为分段光滑的空间有向闭曲线，Σ是以Γ为边界的分片光滑的有向曲面，Γ的正向与Σ的侧符合右手规则，函数$P(x,y,z)$、$Q(x,y,z)$、$R(x,y,z)$在曲面Σ（连同边界）上具有一阶连续偏导数，则有

$$\iint\limits_{\Sigma}\left(\frac{\partial R}{\partial y}-\frac{\partial Q}{\partial z}\right)\mathrm{d}y\mathrm{d}z+\left(\frac{\partial P}{\partial z}-\frac{\partial R}{\partial x}\right)\mathrm{d}z\mathrm{d}x+\left(\frac{\partial Q}{\partial x}-\frac{\partial P}{\partial y}\right)\mathrm{d}x\mathrm{d}y=\oint_{\Gamma}P\mathrm{d}x+Q\mathrm{d}y+R\mathrm{d}z. \tag{10.7.1}$$

记忆方式：

$$\iint\limits_{\Sigma}\begin{vmatrix}\mathrm{d}y\mathrm{d}z & \mathrm{d}z\mathrm{d}x & \mathrm{d}x\mathrm{d}y\\ \dfrac{\partial}{\partial x} & \dfrac{\partial}{\partial y} & \dfrac{\partial}{\partial z}\\ P & Q & R\end{vmatrix}=\oint_{\Gamma}P\mathrm{d}x+Q\mathrm{d}y+R\mathrm{d}z,$$

或

$$\iint\limits_{\Sigma}\begin{vmatrix}\cos\alpha & \cos\beta & \cos\gamma\\ \dfrac{\partial}{\partial x} & \dfrac{\partial}{\partial y} & \dfrac{\partial}{\partial z}\\ P & Q & R\end{vmatrix}\mathrm{d}S=\oint_{\Gamma}P\mathrm{d}x+Q\mathrm{d}y+R\mathrm{d}z,$$

其中 $\boldsymbol{n}=(\cos\alpha,\cos\beta,\cos\gamma)$，为有向曲面 Σ 的单位法向量.

例 1　利用斯托克斯公式计算曲线积分 $\oint_{\Gamma} z\mathrm{d}x+x\mathrm{d}y+y\mathrm{d}z$，其中 Γ 为平面 $x+y+z=1$ 被三个坐标面所截成的三角形的整个边界（见图 10-7-1），它的正向与这个三角形上侧的法向量之间符合右手规则.

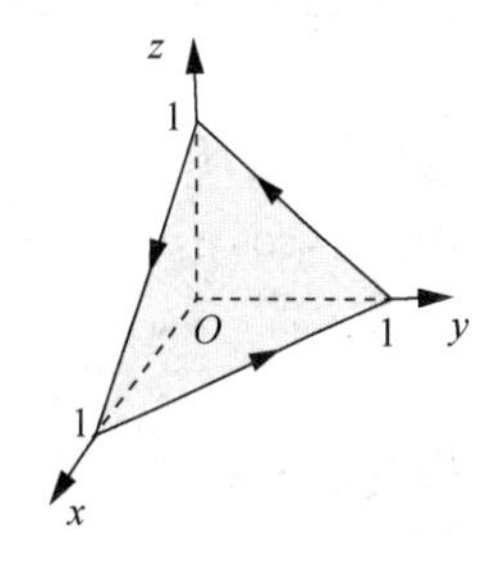

图 10-7-1

解 1　按斯托克斯公式，有

$$\oint_{\Gamma} z\mathrm{d}x+x\mathrm{d}y+y\mathrm{d}z=\iint_{\Sigma}\mathrm{d}y\mathrm{d}z+\mathrm{d}z\mathrm{d}x+\mathrm{d}x\mathrm{d}y,$$

而

$$\iint_{\Sigma}\mathrm{d}y\mathrm{d}z=\iint_{D_{yz}}\mathrm{d}\sigma=\frac{1}{2},\iint_{\Sigma}\mathrm{d}z\mathrm{d}x=\iint_{D_{zx}}\mathrm{d}\sigma=\frac{1}{2},\iint_{\Sigma}\mathrm{d}x\mathrm{d}y=\iint_{D_{xy}}\mathrm{d}\sigma=\frac{1}{2},$$

其中 D_{yz}，D_{zx}，D_{xy} 分别为 Σ 在 yOz，zOx，xOy 面上的投影区域，因此，

$$\oint_{\Gamma} z\mathrm{d}x+x\mathrm{d}y+y\mathrm{d}z=\frac{3}{2}.$$

解 2　设 Σ 为闭曲线 Γ 所围成的三角形平面，Σ 在 yOz 面、zOx 面和 xOy 面上的投影区域分别为 D_{yz}、D_{zx} 和 D_{xy}，按斯托克斯公式，有

$$\begin{aligned}\oint_{\Gamma} z\mathrm{d}x+x\mathrm{d}y+y\mathrm{d}z&=\iint_{\Sigma}\begin{vmatrix}\mathrm{d}y\mathrm{d}z & \mathrm{d}z\mathrm{d}x & \mathrm{d}x\mathrm{d}y\\ \dfrac{\partial}{\partial x} & \dfrac{\partial}{\partial y} & \dfrac{\partial}{\partial z}\\ z & x & y\end{vmatrix}=\iint_{\Sigma}\mathrm{d}y\mathrm{d}z+\mathrm{d}z\mathrm{d}x+\mathrm{d}x\mathrm{d}y\\&=\iint_{D_{yz}}\mathrm{d}y\mathrm{d}z+\iint_{D_{zx}}\mathrm{d}z\mathrm{d}x+\iint_{D_{xy}}\mathrm{d}x\mathrm{d}y=3\iint_{D_{xy}}\mathrm{d}x\mathrm{d}y=\frac{3}{2}.\end{aligned}$$

例 2　利用斯托克斯公式计算曲线积分

$$I=\oint_{\Gamma}(y^2-z^2)\mathrm{d}x+(z^2-x^2)\mathrm{d}y+(x^2-y^2)\mathrm{d}z,$$

其中 Γ 是用平面 $x+y+z=\frac{3}{2}$ 截立方体：$0\leqslant x\leqslant 1$，$0\leqslant y\leqslant 1$，$0\leqslant z\leqslant 1$ 的表面所得的截痕，若从 x 轴的正向看去取逆时针方向.

解　取 Σ 为平面 $x+y+z=\frac{3}{2}$ 的上侧被 Γ 所围成的部分，Σ 的单位法向量 $\boldsymbol{n}=\frac{1}{\sqrt{3}}(1,1,1)$，即 $\cos\alpha=\cos\beta=\cos\gamma=\frac{1}{\sqrt{3}}$. 由斯托克斯公式，有

$$I=\iint_{\Sigma}\begin{vmatrix}\dfrac{1}{\sqrt{3}} & \dfrac{1}{\sqrt{3}} & \dfrac{1}{\sqrt{3}}\\ \dfrac{\partial}{\partial x} & \dfrac{\partial}{\partial y} & \dfrac{\partial}{\partial z}\\ y^2-x^2 & z^2-x^2 & x^2-y^2\end{vmatrix}\mathrm{d}S=-\frac{4}{\sqrt{3}}\iint_{\Sigma}(x+y+z)\mathrm{d}S,$$

因为在 Σ 上 $x+y+z=\frac{3}{2}$，故

$$I=-\frac{4}{\sqrt{3}}\times\frac{3}{2}\iint_{S}\mathrm{d}S=-2\sqrt{3}\iint_{D_{xy}}\sqrt{3}\,\mathrm{d}x\mathrm{d}y,$$

其中 D_{xy} 为 Σ 在 xOy 平面上的投影区域，于是 $I=-6\iint\limits_{D_{xy}}\mathrm{d}x\mathrm{d}y=-6\cdot\frac{3}{4}=-\frac{9}{2}$.

二、环流量与旋度

定义 设有某向量场

$$\boldsymbol{A}(x,y,z)=P(x,y,z)\boldsymbol{i}+Q(x,y,z)\boldsymbol{j}+R(x,y,z)\boldsymbol{k},$$

其中 P,Q,R 具有一阶连续偏导数. Γ 是 A 的定义域内的一条分段光滑的有向闭曲线，$\boldsymbol{\tau}=(\cos\alpha,\cos\beta,\cos\gamma)$ 是 Γ 在点（x,y,z）处的单位切向量，则积分

$$\oint_{\Gamma}\boldsymbol{A}\cdot\boldsymbol{\tau}\mathrm{d}s \tag{10.7.2}$$

称为**向量场 $\boldsymbol{A}$ 沿有向闭曲线 $\boldsymbol{\Gamma}$ 的环流量**. 而向量

$$\left(\frac{\partial R}{\partial y}-\frac{\partial Q}{\partial z}\right)\boldsymbol{i}+\left(\frac{\partial P}{\partial z}-\frac{\partial R}{\partial x}\right)\boldsymbol{j}+\left(\frac{\partial Q}{\partial x}-\frac{\partial P}{\partial y}\right)\boldsymbol{k}$$

称为向量场 $\boldsymbol{A}$ 的**旋度**，记为 $\mathbf{rot}\boldsymbol{A}$，即

$$\mathbf{rot}\boldsymbol{A}=\left(\frac{\partial R}{\partial y}-\frac{\partial Q}{\partial z}\right)\boldsymbol{i}+\left(\frac{\partial P}{\partial z}-\frac{\partial R}{\partial x}\right)\boldsymbol{j}+\left(\frac{\partial Q}{\partial x}-\frac{\partial P}{\partial y}\right)\boldsymbol{k}=\begin{vmatrix}\boldsymbol{i}&\boldsymbol{j}&\boldsymbol{k}\\\frac{\partial}{\partial x}&\frac{\partial}{\partial y}&\frac{\partial}{\partial z}\\P&Q&R\end{vmatrix}. \tag{10.7.3}$$

若 $\mathbf{rot}\boldsymbol{A}$ 处处为零，则称向量场 $\boldsymbol{A}$ 为**无旋场**. 一个无源且无旋的向量场称为**调和场**，调和场是物理学中一类重要的向量场，这种场与调和函数有密切的关系.

由两类曲线积分的关系，环流量（10.7.2）又可以表示为

$$\oint_{\Gamma}\boldsymbol{A}\cdot\boldsymbol{\tau}\mathrm{d}s=\oint_{\Gamma}P\mathrm{d}x+Q\mathrm{d}y+R\mathrm{d}z,$$

斯托克斯公式（10.7.1）可写为下列向量的形式

$$\iint_{\Sigma}\mathbf{rot}\boldsymbol{A}\cdot\boldsymbol{n}\mathrm{d}S=\oint_{\Gamma}\boldsymbol{A}\cdot\boldsymbol{\tau}\mathrm{d}s, \tag{10.7.4}$$

其中 $\boldsymbol{n}$ 是有向曲面 Σ 上点（x,y,z）处的单位法向量；$\boldsymbol{\tau}$ 是 Σ 的正向边界曲线 Γ 上点（x,y,z）处的单位切向量.

斯托克斯公式（10.7.4）表明：向量场 $\boldsymbol{A}$ 沿有向闭曲线 Γ 的环流量等于向量场 $\boldsymbol{A}$ 的旋度场通过 Γ 所张的曲面 Σ 的通量. 注意 Γ 的正向与 Σ 的侧符合右手法则.

例 3 已知点电荷 q 在真空中产生电场强度为 $\boldsymbol{E}=\frac{1}{4\pi\varepsilon}\frac{q}{r^3}\vec{r}$ 的静电场，其中 $\vec{r}=(x,y,z)$，$r=|\vec{r}|=\sqrt{x^2+y^2+z^2}$，求 $\mathbf{rot}\boldsymbol{E}$.

解 静电场，$\boldsymbol{E}(x,y,z)=\frac{q}{4\pi\varepsilon}\left(\frac{x}{r^3}\boldsymbol{i}+\frac{y}{r^3}\boldsymbol{j}+\frac{z}{r^3}\boldsymbol{k}\right)$，

由旋度计算公式（10.7.3）：$\mathbf{rot}\boldsymbol{E}=\frac{q}{4\pi\varepsilon}\begin{vmatrix}\boldsymbol{i}&\boldsymbol{j}&\boldsymbol{k}\\\frac{\partial}{\partial x}&\frac{\partial}{\partial y}&\frac{\partial}{\partial z}\\\frac{x}{r^3}&\frac{y}{r^3}&\frac{z}{r^3}\end{vmatrix}=\mathbf{0}.$

习题 10-7

1. 利用斯托克斯公式计算下列曲线积分：

(1) $\oint_{\Gamma}(y+1)\mathrm{d}x+(z+2)\mathrm{d}y+(x+3)\mathrm{d}z$，其中 Γ 是圆周 $\begin{cases}x^2+y^2+z^2=9,\\x+y+z=0,\end{cases}$ 从 x 轴正向看去，Γ 取逆时针方向；

(2) $\oint_{\Gamma}(z-y)\mathrm{d}x+(x-z)\mathrm{d}y+(x-y)\mathrm{d}z$，其中 Γ：$\begin{cases}x^2+y^2=1,\\x-y+z=2,\end{cases}$ 从 z 轴正向看去，Γ 取逆时针方向；

(3) $\oint_{\Gamma}3y\mathrm{d}x-xz\mathrm{d}y+yz^2\mathrm{d}z$，其中 Γ 是圆周 $\begin{cases}x^2+y^2=2z,\\z=2,\end{cases}$ 从 z 轴正向看去，Γ 取逆时针方向.

2. 求下列向量场 $\boldsymbol{A}$ 沿闭合曲线 Γ（从 z 轴正向看去，Γ 取逆时针方向）的环流量：

(1) $\boldsymbol{A}=(-y,x,2)$，其中 Γ 为圆周：$x^2+y^2=1$，$z=0$；

(2) $\boldsymbol{A}=(x-z,x^3+yz,-3xy^2)$，其中 Γ 是圆周：$z=2-\sqrt{x^2+y^2}$，$z=0$.

3. 求下列向量场 $\boldsymbol{A}$ 的旋度：

(1) $\boldsymbol{A}=(2z-3y,3x-z,y-2x)$；　　(2) $\boldsymbol{A}=(x^2\sin y,y^2\sin z,z^2\sin x)$.

4. 计算 $\oint_{\Gamma}y\mathrm{d}x+z\mathrm{d}y+x\mathrm{d}z$，其中 Γ：$\begin{cases}x^2+y^2+z^2=9,\\x+y+z=0,\end{cases}$ 从 z 轴正向看去，Γ 取逆时针方向.

5. 用斯托克斯公式把曲面积分 $\iint_{\Sigma}\mathbf{rot}\boldsymbol{A}\cdot\boldsymbol{n}\mathrm{d}S$ 化为曲线积分，并计算积分值.

(1) $\boldsymbol{A}=(y^2,xy,xz)$，其中 Σ 为球面 $z=\sqrt{1-x^2-y^2}$ 的上侧，$\boldsymbol{n}$ 是 Σ 的单位法向量；

(2) $\boldsymbol{A}=(y-z,yz,-xz)$，其中 Σ 为正方体 $0\leqslant x\leqslant 2$，$0\leqslant y\leqslant 2$，$0\leqslant z\leqslant 2$ 表面的外侧，去掉底面，$\boldsymbol{n}$ 是 Σ 的单位法向量.

6. 证明：$\mathrm{rot}(\boldsymbol{A}+\boldsymbol{B})=\mathrm{rot}(\boldsymbol{A})+\mathrm{rot}(\boldsymbol{B})$.

阅读与拓展

微积分学的应用

鹦鹉螺的对数螺线是微积分增长变幻的经典图像.

微积分学的发展与应用几乎影响了现代生活的所有领域. 它与大部分科学分支关系密切，包括精算、计算机、统计、工程、商业、医药、人口统计，特别是物理学；经济学亦经常会用到微积分学. 几乎所有现代技术，如建筑、航空等都以微积分学作为基本数学工具. 微积分使数学可以在变量和常量之间互相转化，让我们可以在已知一种方式时推导出另一种方式.

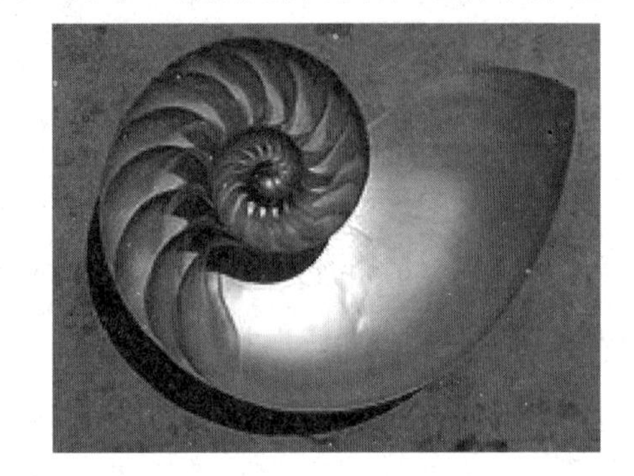

物理学大量应用微积分，所有经典力学和电磁学都与微积分有密切联系. 已知密度的物体质量、动摩擦力、保守力场的总能量都可用微积分来计算. 例如，将微积分应用到牛顿第二定律中：一般将导

数称为变化率．物体动量的变化率等于向物体同一方向所施的力．今天常用的表达方式是 $F=ma$，它包含了微分，因为加速度是速度的导数，或是位置矢量的二阶导数．已知物体的加速度，就可以得出它的路径．

麦克斯韦尔的电磁学和爱因斯坦的广义相对论都应用了微积分．化学使用微积分来计算反应速率，放射性衰退．生物学用微积分来计算种群动态，用输入繁殖和死亡率来模拟种群改变．

微积分可以与其他数学分支交叉混合．例如，用混合线性代数来求得值域中一组数列的“最佳”线性近似．它也可以用在概率论中来确定由假设密度方程产生的连续随机变量的概率．在解析几何对方程图像的研究中，微积分可以求得最大值、最小值、斜率、凹度、拐点等．

格林公式连接了一个封闭曲线上的线积分与一个边界为 C 且平面区域为 D 的二重积分．它被设计为求积仪工具，用以量度不规则的平面面积．例如，它可以在设计时计算不规则的花瓣床、游泳池的面积．

在医疗领域，微积分可以计算血管最优支角，将血流最大化．通过药物在体内的衰退数据，微积分可以推导出服用量．在核医学中，它可以为治疗肿瘤建立放射输送模型．

在经济学中，微积分可以通过计算边际成本和边际利润来确定最大收益．

微积分也被用于寻找方程的近似值．实践中，它用于解微分方程，计算相关的应用题，如牛顿法、定点循环、线性近似等．比如，宇宙飞船利用欧拉方法来求得零重力环境下的近似曲线．

总习题十

1. 填空．

(1) 第二类曲线积分 $\int_\Gamma P\mathrm{d}x+Q\mathrm{d}y+R\mathrm{d}z$ 化成第一类曲线积分是________，其中 α、β、γ 为有向曲线弧 Γ 上点 (x,y,z) 处的________的方向角；

(2) 第二类曲面积分 $\iint\limits_\Sigma P\mathrm{d}y\mathrm{d}z+Q\mathrm{d}z\mathrm{d}x+R\mathrm{d}x\mathrm{d}y$ 化成第一类曲面积分是________，其中 α、β、γ 为有向曲面 Σ 上点 (x,y,z) 处________的方向角．

2. 计算下列曲线积分：

(1) $\oint_L x\,\mathrm{d}s$，其中 L 为由 $y=x$ 及 $y=x^2$ 所围成区域的边界；

(2) $\int_L y^2\mathrm{d}s$，其中 L 为摆线 $x=a(t-\sin t)$，$y=a(1-\cos t)$ 上对应 t 从 0 到 2π 的一段弧；

(3) $\int_\Gamma (y^2-z^2)\mathrm{d}x+2yz\mathrm{d}y-x^2\mathrm{d}z$，其中 Γ 是曲线 $x=t$，$y=t^2$，$z=t^3$ 上由 $t_1=0$ 到 $t_2=1$ 的一段弧；

(4) $\int_L (\mathrm{e}^x\sin y-2y)\mathrm{d}x+(\mathrm{e}^x\cos y-2)\mathrm{d}y$，其中 L 为上半圆周 $(x-a)^2+y^2=a^2$，$y\geqslant 0$，沿逆时针方向；

(5) $\int_L (\mathrm{e}^y+3x^2)\mathrm{d}x+(x\mathrm{e}^y+2y)\mathrm{d}y$，其中 L 为过 $(0,0)$，$(0,1)$，$(1,2)$ 的圆周．

3. 在过点 O（0,0）与 A（π，0）的曲线族 $y=a\sin x$（$a>0$）中，求一条曲线 L，使沿该曲线从点 O 到点 A 的积分 $\int_L (1+y^3)\mathrm{d}x+(2x+y)\mathrm{d}y$ 值最小.

4. 计算 $\oint\limits_L \dfrac{(x+y)\mathrm{d}x+(y-x)\mathrm{d}y}{x^2+y^2}$，其中 L 为

（1）不包围且不通过原点的任意曲线；

（2）以原点为中心、ε 为半径的圆周，取顺时针方向；

（3）包围原点的任意闭曲线（无重点），取正向.

5. 证明曲线积分 $\int_{(1,2)}^{(3,4)}(6xy^2-y^3)\mathrm{d}x+(6x^2y-3xy^2)\mathrm{d}y$ 在整个 xOy 面内与路径无关并计算积分值.

6. 计算下列曲面积分：

（1）$\iint\limits_{\Sigma}\left(2x+\dfrac{4}{3}y+z\right)\mathrm{d}S$，其中 Σ 是平面 $\dfrac{x}{2}+\dfrac{y}{3}+\dfrac{z}{4}=1$ 在第一卦限部分；

（2）$\iint\limits_{\Sigma}(x+y+z)\mathrm{d}S$，其中 Σ：$z=\sqrt{a^2-x^2-y^2}$；

（3）$\iint\limits_{\Sigma}(y^2-z)\mathrm{d}y\mathrm{d}z+(z^2-x)\mathrm{d}z\mathrm{d}x+(x^2-y)\mathrm{d}x\mathrm{d}y$，其中 Σ 为锥面 $z=\sqrt{x^2+y^2}$（$0\leqslant z\leqslant h$）的外侧；

（4）$\iint\limits_{\Sigma}x\mathrm{d}y\mathrm{d}z+y\mathrm{d}z\mathrm{d}x+z\mathrm{d}y\mathrm{d}z$，其中 Σ 为半球面 $z=\sqrt{R^2-x^2-y^2}$ 的上侧；

（5）$\iint\limits_{\Sigma}xyz\mathrm{d}x\mathrm{d}y$，其中 Σ 为球面 $x^2+y^2+z^2+1$（$x\geqslant 0$，$y\geqslant 0$）的外侧.

7. 求均匀曲面 $z=\sqrt{a^2-x^2-y^2}$ 的重心坐标.

第十一章　无穷级数

无穷级数分为常数项级数（无穷数列的和）和函数项级数（无穷多个函数的和），主要研究常数项级数敛散性的判别方法，函数项级数中主要讨论如何将函数展开为幂级数和三角级数的问题. 函数的级数表示说明：复杂的函数可以通过简单函数的加法运算来逼近，加法运算决定了逼近的程度，这是无穷级数的思想出发点.

第一节　常数项级数的概念和性质

【课前导读】

从数量的特性认识事物的过程中，会遇到无穷多个数量相加的问题，例如半径为 R 的圆的面积为 A，作圆的内接正 n 边形，以圆心为顶点，以每个边为底作等腰三角形，A 的面积与 n 个等腰三角形的面积和近似，n 越大，近似程度越高，即 A 的面积为当 $n\to+\infty$ 时，等腰三角形面积和的极限值.

十五六世纪，印度数学家尼拉坎特哈（Nilakantha）发现用于计算圆周率的无穷级数：

$$\pi=3+\frac{4}{2\times3\times4}-\frac{4}{4\times5\times6}+\frac{4}{6\times7\times8}-\cdots$$

利用它将圆周率的值精确到小数点后第 9 位和第 10 位，后来又精确到第 17 位.

一、常数项级数的概念

《庄子·天下篇》中“一日之棰，日取其半，万世不竭”，可表示为无穷数的和，即 $\frac{1}{2}+\frac{1}{2^2}+\frac{1}{2^3}+\cdots+\frac{1}{2^n}+\cdots$.

定义 1　给定一个数列 $u_1,u_2,u_3,\cdots,u_n,\cdots$，则由该数列构成的表达式 $u_1+u_2+u_3+\cdots+u_n+\cdots$ 叫作**（常数项）无穷级数**，简称**（常数项）级数**，记为 $\sum_{n=1}^{\infty}u_n$，即

$$\sum_{n=1}^{\infty}u_n=u_1+u_2+u_3+\cdots+u_n+\cdots,\tag{11.1.1}$$

其中第 n 项 u_n 叫作级数的**一般项**或**通项**.

提出问题：在初等数学学习中可知，有限个数量的和为有限值. 那么无穷级数中无穷多个数量的和怎么理解？结合关于计算圆面积的例子，可从有限项的和出发，观察当 $n\to+\infty$ 时，有限项和的变化趋势.

级数 $\sum_{n=1}^{\infty}u_n$ 的前 n 项和

$$s_n = \sum_{i=1}^{n} u_i = u_1 + u_2 + u_3 + \cdots + u_n$$

称为级数 $\sum_{n=1}^{\infty} u_n$ 的**部分和**. 当 n 依次取 1，2，3，…时，它们构成一个新的数列 $\{s_n\}$ 称为部分和数列．根据数列 $\{s_n\}$ 是否存在极限，我们引进级数（11.1.1）的收敛与发散的概念.

定义 2　如果级数 $\sum_{n=1}^{\infty} u_n$ 的部分和数列 $\{s_n\}$ 有极限 s，即 $\lim_{n\to\infty} s_n = s$，则称无穷级数 $\sum_{n=1}^{\infty} u_n$ **收敛**，这时极限 s 叫作**级数的和**，并写成

$$s = \sum_{n=1}^{\infty} u_n = u_1 + u_2 + u_3 + \cdots + u_n + \cdots;$$

如果 $\{s_n\}$ 没有极限，则称无穷级数 $\sum_{n=1}^{\infty} u_n$ **发散**.

当级数 $\sum_{n=1}^{\infty} u_n$ 收敛时，其部分和 s_n 是级数 $\sum_{n=1}^{\infty} u_n$ 的和 s 的近似值，它们之间的差值

$$r_n = s - s_n = u_{n+1} + u_{n+2} + \cdots$$

叫作级数 $\sum_{n=1}^{\infty} u_n$ 的**余项**.

例 1　讨论**等比级数（几何级数）**

$$\sum_{n=0}^{\infty} aq^n = a + aq + aq^2 + \cdots + aq^n + \cdots$$

的敛散性，其中 $a \neq 0$，q 叫作级数的公比.

解　如果 $q \neq 1$，则部分和

$$s_n = a + aq + aq^2 + \cdots + aq^{n-1} = \frac{a - aq^n}{1-q} = \frac{a}{1-q} - \frac{aq^n}{1-q}.$$

当 $|q| < 1$ 时，因为 $\lim_{n\to\infty} s_n = \frac{a}{1-q}$，所以此时级数 $\sum_{n=0}^{\infty} aq^n$ 收敛，其和为 $\frac{a}{1-q}$.

当 $|q| > 1$ 时，因为 $\lim_{n\to\infty} s_n = \infty$，所以此时级数 $\sum_{n=0}^{\infty} aq^n$ 发散.

如果 $|q| = 1$，则当 $q = 1$ 时，$s_n = na \to \infty$，因此级数 $\sum_{n=0}^{\infty} aq^n$ 发散；当 $q = -1$ 时，级数 $\sum_{n=0}^{\infty} aq^n$ 成为 $a - a + a - a + \cdots$，因为 s_n 随着 n 为奇数或偶数而等于 a 或零，所以 s_n 的极限不存在，从而这时级数 $\sum_{n=0}^{\infty} aq^n$ 也发散.

综上所述，级数 $\sum_{n=0}^{\infty} aq^n = \begin{cases} \frac{a}{1-q}, & |q| < 1, \\ \text{发散}, & |q| \geq 1. \end{cases}$

例 2　证明级数

$$1 + 2 + 3 + \cdots + n + \cdots$$

是发散的.

证明　此级数的部分和为

$$s_n = 1+2+3+\cdots+n = \frac{n(n+1)}{2}.$$

显然，$\lim\limits_{n\to\infty} s_n=\infty$，因此所给级数是发散的.

例 3 判别无穷级数$\sum\limits_{n=1}^{\infty}\frac{1}{n(n+1)}$的敛散性.

解 由 $u_n=\frac{1}{n(n+1)}=\frac{1}{n}-\frac{1}{n+1}$，得

$$s_n = \left(1-\frac{1}{2}\right)+\left(\frac{1}{2}-\frac{1}{3}\right)+\cdots+\left(\frac{1}{n}-\frac{1}{n+1}\right)=1-\frac{1}{n+1}.$$

$\lim\limits_{n\to\infty} s_n=\lim\limits_{n\to\infty}\left(1-\frac{1}{n+1}\right)=1$，即该级数收敛，其和为 1.

二、收敛级数的基本性质

利用无穷级数部分和数列的敛散性给出无穷级数敛散性的概念，因此根据收敛数列的基本性质可以得到下列关于**收敛级数的基本性质**.

性质 1 如果级数 $\sum\limits_{n=1}^{\infty} u_n$ 收敛于和 s，则级数 $\sum\limits_{n=1}^{\infty} ku_n$ 也收敛，且其和为 ks.

性质 2 如果级数 $\sum\limits_{n=1}^{\infty} u_n, \sum\limits_{n=1}^{\infty} v_n$ 分别收敛于和 s 与 σ，则级数 $\sum\limits_{n=1}^{\infty}(u_n \pm v_n)$ 也收敛，且其和为 $s\pm\sigma$.

性质 3 在级数中去掉、加上或改变有限项，不会改变级数的收敛性.

性质 4 如果级数 $\sum\limits_{n=1}^{\infty} u_n$ 收敛，则对该级数的项任意加括号后所成的级数仍收敛，且其和不变.

应注意的问题：加括号后所成的级数收敛，并不能断定去括号后原来的级数也收敛. 例如，级数 $(1-1)+(1-1)+\cdots$收敛于零，但级数 $1-1+1-1+\cdots$却是发散的.

根据性质 4 可得如下**推论：如果加括弧后所成的级数发散，则原来的级数也发散**.

性质 5（级数收敛的必要条件） 如果 $\sum\limits_{n=1}^{\infty} u_n$ 收敛，则它的一般项 u_n 趋于零，即$\lim\limits_{n\to\infty} u_n=0$.

级数的一般项趋于零并不是级数收敛的充分条件. 如下例：

调和级数：$\sum\limits_{n=1}^{\infty}\frac{1}{n}=1+\frac{1}{2}+\frac{1}{3}+\cdots+\frac{1}{n}+\cdots$ 是发散的，但一般项趋于零.

习题 11-1

1. 写出下列级数的一般项：

(1) $1+\frac{1}{3}+\frac{1}{5}+\cdots$；　　(2) $\frac{1}{4}-\frac{4}{9}+\frac{9}{16}-\frac{16}{25}+\cdots$；

(3) $\frac{\sqrt{x}}{2}+\frac{x}{2\times4}+\frac{x\sqrt{x}}{2\times4\times6}+\frac{x^2}{2\times4\times6\times8}+\cdots$；(4) $\frac{a^2}{3}-\frac{a^3}{5}+\frac{a^4}{7}-\frac{a^5}{9}+\cdots$.

2. 根据级数收敛与发散的定义，判别下列级数的敛散性：

(1) $\sum_{n=1}^{\infty}(\sqrt{n+2}-2\sqrt{n+1}+\sqrt{n})$；

(2) $\frac{1}{1\times 6}+\frac{1}{6\times 11}+\frac{1}{11\times 16}+\cdots+\frac{1}{(5n-4)(5n+1)}+\cdots$.

3. 判别下列级数的敛散性：

(1) $-\frac{2}{3}+\frac{2^2}{3^2}-\frac{2^3}{3^3}+\cdots$；

(2) $\sum_{n=1}^{\infty}\left(\frac{1}{2^n}-\frac{1}{2n}\right)$；

(3) $\sum_{n=1}^{\infty}\frac{1}{3n}$；

(4) $\sum_{n=1}^{\infty}\left(\frac{3}{2}\right)^n$；

(5) $\sum_{n=1}^{\infty}\frac{3n^n}{(n+1)^n}$；

(6) $\sum_{n=1}^{\infty}n^2\left(1-\cos\frac{1}{n}\right)$.

4. 求收敛的几何级数的和 s 与部分和 s_n 之差（$s-s_n$）.

5. 求级数 $\sum_{n=1}^{\infty}\frac{1}{n(n+1)(n+2)}$ 的和.

第二节　常数项级数的审敛法

【课前导读】

由上节内容可知，根据级数部分和数列的敛散性，可以判断级数的敛散性，但是，用定义来判定是很困难的. 能否找到更简单有效的办法呢？本节我们介绍几种判别级数是否收敛的判别法.

一、正项级数及其审敛法

各项都是正数或零的级数称为**正项级数**. 正项级数特别重要，许多级数的收敛性问题可归结为正项级数的收敛性问题.

易知正项级数 $\sum_{n=1}^{\infty}u_n$ 的部分和数列 $\{s_n\}$ 是单调增加数列，即 $s_1\leqslant s_2\leqslant\cdots\leqslant s_n\leqslant\cdots$，根据数列的单调有界准则知，$\{s_n\}$ 收敛的充分必要条件是 $\{s_n\}$ 有界. 因此得到下述重要定理.

定理 1　正项级数 $\sum_{n=1}^{\infty}u_n$ **收敛的充分必要条件**是它的部分和数列 $\{s_n\}$ 有界.

上述定理的重要性主要不在于利用它来直接判别正项级数的收敛性，而在于它是证明下面一系列判别法的基础.

定理 2（比较审敛法）　设 $\sum_{n=1}^{\infty}u_n$ 和 $\sum_{n=1}^{\infty}v_n$ 都是正项级数，且 $u_n\leqslant v_n$（$n=1,2,3,\cdots$）.

(1) 若 $\sum_{n=1}^{\infty}v_n$ 收敛，则 $\sum_{n=1}^{\infty}u_n$ 收敛；(2) 若 $\sum_{n=1}^{\infty}u_n$ 发散，则 $\sum_{n=1}^{\infty}v_n$ 发散.

证明　设级数 $\sum_{n=1}^{\infty}v_n$ 收敛于和 σ，则级数 $\sum_{n=1}^{\infty}u_n$ 的部分和

$$s_n=u_1+u_2+\cdots+u_n\leqslant v_1+v_2+\cdots+v_n\leqslant\sigma\quad(n=1,2,3,\cdots),$$

即部分和数列 $\{s_n\}$ 有界，由单调有界数列必收敛可得，级数 $\sum_{n=1}^{\infty} u_n$ 收敛.

反之，设级数 $\sum_{n=1}^{\infty} u_n$ 发散，则级数 $\sum_{n=1}^{\infty} v_n$ 必发散.

注意到级数的每一项同乘以不为零的常数及去掉级数前面有限项，不会影响级数的敛散性. 从某项之后，若两个级数满足比较审敛法的条件，也有类似的结论.

例 1 证明级数 $\sum_{n=1}^{\infty} \frac{1}{\sqrt{n(n+1)}}$ 是发散的.

证明 因为 $\frac{1}{\sqrt{n\ (n+1)}} > \frac{1}{\sqrt{(n+1)^2}} = \frac{1}{n+1}$，而级数 $\sum_{n=1}^{\infty} \frac{1}{n+1} = \frac{1}{2} + \frac{1}{3} + \cdots + \frac{1}{n+1} + \cdots$ 是发散的，根据比较审敛法可知所给级数也是发散的.

p—级数 $\sum_{n=1}^{\infty} \frac{1}{n^p} = 1 + \frac{1}{2^p} + \frac{1}{3^p} + \frac{1}{4^p} + \cdots + \frac{1}{n^p} + \cdots$，其中常数 $p>0$.
其收敛性：当 $p>1$ 时收敛，当 $p\leqslant 1$ 时发散.

定理 3（比较审敛法的极限形式） 设 $\sum_{n=1}^{\infty} u_n$ 和 $\sum_{n=1}^{\infty} v_n$ 都是正项级数，

（1）当 $\lim_{n\to\infty}\frac{u_n}{v_n}=l$ （$0<l<+\infty$）时，这两个级数有相同的敛散性；

（2）当 $\lim_{n\to\infty}\frac{u_n}{v_n}=0$ 时，若级数 $\sum_{n=1}^{\infty} v_n$ 收敛，则级数 $\sum_{n=1}^{\infty} u_n$ 收敛；

（3）当 $\lim_{n\to\infty}\frac{u_n}{v_n}=+\infty$ 时，若级数 $\sum_{n=1}^{\infty} v_n$ 发散，则级数 $\sum_{n=1}^{\infty} u_n$ 发散.

例 2 判别级数 $\sum_{n=1}^{\infty} \sin\frac{1}{n}$ 的敛散性.

解 因为 $\lim_{n\to\infty}\frac{\sin\frac{1}{n}}{\frac{1}{n}}=1$，而级数 $\sum_{n=1}^{\infty} \frac{1}{n}$ 发散，根据比较审敛法的极限形式，级数 $\sum_{n=1}^{\infty} \sin\frac{1}{n}$ 发散.

例 3 判别级数 $\sum_{n=1}^{\infty} \ln\left(1+\frac{1}{n^2}\right)$ 的敛散性.

解 因为 $\lim_{n\to\infty}\frac{\ln\left(1+\frac{1}{n^2}\right)}{\frac{1}{n^2}}=1$，而级数 $\sum_{n=1}^{\infty} \frac{1}{n^2}$ 收敛，根据比较审敛法的极限形式，级数 $\sum_{n=1}^{\infty} \ln\left(1+\frac{1}{n^2}\right)$ 收敛.

利用比较审敛法时，需选取一个已知敛散性的级数作为比较基准，常选等比级数或 p 级数.

定理 4（比值审敛法，达朗贝尔判别法） 若正项级数 $\sum_{n=1}^{\infty} u_n$ 的后项与前项之比的极限等于 ρ，即

$$\lim_{n\to\infty}\frac{u_{n+1}}{u_n}=\rho,$$

则当 $\rho<1$ 时级数收敛；当 $\rho>1\left(\text{或}\lim\limits_{n\to\infty}\dfrac{u_{n+1}}{u_n}=\infty\right)$时级数发散；当 $\rho=1$ 时级数可能收敛也可能发散，本判别法失效.

例 4 判别级数 $\sum\limits_{n=1}^{\infty}\dfrac{1}{n!}$ 的敛散性.

解 $\lim\limits_{n\to\infty}\dfrac{u_{n+1}}{u_n}=\lim\limits_{n\to\infty}\dfrac{n!}{(n+1)!}=\lim\limits_{n\to\infty}\dfrac{1}{n+1}=0<1$，

根据比值审敛法可知所给级数收敛.

例 5 判别级数 $\sum\limits_{n\to 1}^{\infty}\dfrac{1}{(2n-1)\cdot 2n}$ 的敛散性.

解 $\lim\limits_{n\to\infty}\dfrac{u_{n+1}}{u_n}=\lim\limits_{n\to\infty}\dfrac{(2n-1)\cdot 2n}{(2n+1)\cdot(2n+2)}=1$，比值审敛法失效. 因为

$$\frac{1}{(2n-1)\cdot 2n}<\frac{1}{n^2},$$

而级数 $\sum\limits_{n=1}^{\infty}\dfrac{1}{n^2}$ 收敛，所以由比较审敛法可知所给级数收敛.

定理 5（根值审敛法，柯西判别法） 设 $\sum\limits_{n=1}^{\infty}u_n$ 是正项级数，如果它的一般项 u_n 的 n 次根的极限等于 ρ，即

$$\lim_{n\to\infty}\sqrt[n]{u_n}=\rho,$$

则当 $\rho<1$ 时级数收敛；当 $\rho>1$（或 $\lim\limits_{n\to\infty}\sqrt[n]{u_n}=+\infty$）时级数发散；当 $\rho=1$ 时级数可能收敛也可能发散.

例 6 证明级数 $1+\dfrac{1}{2^2}+\dfrac{1}{3^3}+\cdots+\dfrac{1}{n^n}+\cdots$是收敛的.

解 因 $\lim\limits_{n\to\infty}\sqrt[n]{u_n}=\lim\limits_{n\to\infty}\sqrt[n]{\dfrac{1}{n^n}}=\lim\limits_{n\to\infty}\dfrac{1}{n}=0<1$，故根据根值审敛法，所给级数收敛.

二、交错级数及其审敛法

交错级数 若 $u_n>0$，则称级数 $\sum\limits_{n=1}^{\infty}(-1)^{n-1}u_n$ 为交错级数.

定理 6（莱布尼茨定理） 如果交错级数 $\sum\limits_{n=1}^{\infty}(-1)^{n-1}u_n$ 满足条件：

(1) $u_n\geqslant u_{n+1}$ $(n=1,2,\cdots)$； (2) $\lim\limits_{n\to\infty}u_n=0$，

则级数收敛，且其和 $s\leqslant u_1$，其余项 r_n 的绝对值 $|r_n|\leqslant u_{n+1}$.

例 7 判别级数 $\sum\limits_{n=1}^{\infty}(-1)^n\dfrac{1}{n}$ 的敛散性.

解 级数满足条件：(1) $u_n=\dfrac{1}{n}>u_{n+1}=\dfrac{1}{n+1}$ $(n=1,2,\cdots)$，(2) $\lim\limits_{n\to\infty}u_n=\lim\limits_{n\to\infty}\dfrac{1}{n}=0$，根据交错级数审敛法可知所给级数收敛.

三、绝对收敛与条件收敛

定义 1 设 $\sum\limits_{n=1}^{\infty}u_n$ 为一般常数项级数，

（1）若级数 $\sum\limits_{n=1}^{\infty}|u_n|$ 收敛，则称级数 $\sum\limits_{n=1}^{\infty}u_n$ **绝对收敛**；

（2）若级数 $\sum\limits_{n=1}^{\infty}u_n$ 收敛，而级数 $\sum\limits_{n=1}^{\infty}|u_n|$ 发散，则称级数 $\sum\limits_{n=1}^{\infty}u_n$ **条件收敛**.

例 8 判别级数 $\sum\limits_{n=1}^{\infty}\dfrac{(-1)^{n-1}}{n^p}(p>0)$ 的敛散性.

解 由 $\sum\limits_{n=1}^{\infty}\left|\dfrac{(-1)^{n-1}}{n^p}\right|=\sum\limits_{n=1}^{\infty}\dfrac{1}{n^p}$，易见当 $p>1$ 时，级数绝对收敛；当 $0<p\leqslant 1$ 时，由莱布尼茨定理知 $\sum\limits_{n=1}^{\infty}\dfrac{(-1)^{n-1}}{n^p}$ 收敛，但是 $\sum\limits_{n=1}^{\infty}\dfrac{1}{n^p}$ 发散，故级数条件收敛.

定理 7 如果级数 $\sum\limits_{n=1}^{\infty}u_n$ 绝对收敛，则级数 $\sum\limits_{n=1}^{\infty}u_n$ 必定收敛.

注 级数 $\sum\limits_{n=1}^{\infty}|u_n|$ 发散，不能断定级数 $\sum\limits_{n=1}^{\infty}u_n$ 也发散．但是，如果用比值法或根值法判定级数 $\sum\limits_{n=1}^{\infty}|u_n|$ 发散，则可以断定级数 $\sum\limits_{n=1}^{\infty}u_n$ 必定发散．这是因为，此时 $|u_n|$ 不趋向于零，从而 u_n 也不趋向于零，因此级数 $\sum\limits_{n=1}^{\infty}u_n$ 也是发散的.

例 9 判别级数 $\sum\limits_{n=1}^{\infty}\dfrac{\sin n}{n^2}$ 的敛散性.

解 因为 $\left|\dfrac{\sin n}{n^2}\right|\leqslant\dfrac{1}{n^2}$，而级数 $\sum\limits_{n=1}^{\infty}\dfrac{1}{n^2}$ 收敛，故级数 $\sum\limits_{n=1}^{\infty}\left|\dfrac{\sin n}{n^2}\right|$ 收敛，由定理7可知，所给级数收敛.

习题 11-2

1. 利用比较审敛法或其极限形式判别下列级数的敛散性：

（1）$\sum\limits_{n=1}^{\infty}\dfrac{1}{2n-1}$；（2）$\sum\limits_{n=1}^{\infty}\dfrac{n+1}{n^2+1}$；（3）$\sum\limits_{n=1}^{\infty}\dfrac{1}{(n+1)(n+4)}$；

（4）$\sum\limits_{n=1}^{\infty}\dfrac{1}{1+a^n}(a>0)$；（5）$\sum\limits_{n=1}^{\infty}\sin\dfrac{\pi}{2^n}$.

2. 利用比值判别法判别下列级数的敛散性：

（1）$\sum\limits_{n=1}^{\infty}\dfrac{3^n}{n\cdot 2^n}$；（2）$\sum\limits_{n=1}^{\infty}\dfrac{\sqrt{n}}{2^n}$；（3）$\sum\limits_{n=1}^{\infty}\dfrac{n^2}{3^n}$；

（4）$\sum\limits_{n=1}^{\infty}\dfrac{2^n\cdot n!}{n^n}$；（5）$\sum\limits_{n=1}^{\infty}\dfrac{1}{\sqrt{n^2+1}}\left(\dfrac{2}{3}\right)^n$；（6）$\sum\limits_{n=1}^{\infty}\dfrac{2n-1}{2^n}$.

3. 判别下列级数是绝对收敛，条件收敛，还是发散.

(1) $\sum_{n=1}^{\infty}(-1)^n\frac{1}{\sqrt{2n+1}}$；(2) $\sum_{n=1}^{\infty}\frac{(-1)^n}{n^3}$；　(3) $\sum_{n=1}^{\infty}(-1)^{n+1}\sqrt{\frac{n}{n+1}}$；

(4) $\sum_{n=1}^{\infty}(-1)^n\frac{n}{3^{n-1}}$；　(5) $\sum_{n=1}^{\infty}(-1)^n\frac{1}{\ln n}$；　(6) $\sum_{n=1}^{\infty}\frac{(-1)^{n-1}n^3}{2^n}$.

第三节　幂　级　数

【课前导读】

前面介绍的是常数项级数，从本节开始介绍函数项级数．第三节的幂级数和第五节的傅里叶级数都是函数项级数，函数项级数重点研究函数的级数表示．本节运用正项级数的比值审敛法，研究幂级数的收敛半径和收敛域，同时介绍幂级数的运算及其性质.

一、函数项级数的概念

给定一个定义在区间 I 上的函数列 $\{u_n(x)\}$，表达式

$$u_1(x)+u_2(x)+u_3(x)+\cdots+u_n(x)+\cdots=\sum_{n=1}^{\infty}u_n(x) \tag{11.3.1}$$

称为定义在区间 I 上的**函数项级数**，记为 $\sum_{n=1}^{\infty}u_n(x)$.

对于区间 I 内的一定点 x_0，若常数项级数 $\sum_{n=1}^{\infty}u_n(x_0)$ 收敛，则称点 x_0 是级数 $\sum_{n=1}^{\infty}u_n(x)$ 的**收敛点**. 若常数项级数 $\sum_{n=1}^{\infty}u_n(x_0)$ 发散，则称点 x_0 是级数 $\sum_{n=1}^{\infty}u_n(x)$ 的**发散点**.

函数项级数 $\sum_{n=1}^{\infty}u_n(x)$ 的所有收敛点构成的全体称为它的**收敛域**，所有发散点构成的全体称为它的**发散域**.

$\sum u_n(x)$ 是 $\sum_{n=1}^{\infty}u_n(x)$ 的简便记法，以下不再重述.

在收敛域上，函数项级数 $\sum u_n(x)$ 的和是 x 的函数 $s(x)$，$s(x)$ **称为函数项级数 $\sum u_n(x)$ 的和函数**，并写成 $s(x)=\sum u_n(x)$. 该函数的定义就是级数的收敛域，并写成

$$s(x)=u_1(x)+u_2(x)+u_3(x)+\cdots+u_n(x)+\cdots.$$

函数项级数 $\sum u_n(x)$ 的前 n 项的部分和记作 $s_n(x)$，即

$$s_n(x)=u_1(x)+u_2(x)+u_3(x)+\cdots+u_n(x). \tag{11.3.2}$$

在收敛域上有 $\lim\limits_{n\to\infty}s_n(x)=s(x)$ 或 $s_n(x)\to s(x)$ $(n\to\infty)$.

函数项级数 $\sum u_n(x)$ 的和函数 $s(x)$ 与部分和 $s_n(x)$ 的差 $r_n(x)=s(x)-s_n(x)$ 称为**函数项级数 $\sum u_n(x)$ 的余项**. 函数项级数 $\sum u_n(x)$ 的余项记为 $r_n(x)$，它是和函数 $s(x)$ 与部分和 $s_n(x)$ 的差 $r_n(x)=s(x)-s_n(x)$. 在收敛域上有 $\lim\limits_{n\to\infty}r_n(x)=0$.

二、幂级数及其收敛性

函数项级数中简单而常见的一类级数就是各项都是幂函数的函数项级数，这种形式的级数称为**幂级数**，它的形式是

$$\sum_{n=0}^{\infty} a_n x^n = a_0 + a_1 x + a_2 x^2 + \cdots + a_n x^n + \cdots, \tag{11.3.3}$$

其中常数 a_0，a_1，a_2，…，a_n，…叫作**幂级数的系数**.

例如：$\sum_{n=0}^{\infty} x^n = 1 + x + x^2 + \cdots + x^n + \cdots$，

$\sum_{n=0}^{\infty} \frac{x^n}{n!} = 1 + x + \frac{1}{2!}x^2 + \cdots + \frac{1}{n!}x^n + \cdots$.

注　幂级数的一般形式是

$$a_0 + a_1(x-x_0) + a_2(x-x_0)^2 + \cdots + a_n(x-x_0)^n + \cdots,$$

经变换 $t=x-x_0$ 就得 $a_0+a_1t+a_2t^2+\cdots+a_nt^n+\cdots$.

对于给定的幂级数，它的收敛域是怎样的呢？

显然，当 $x=0$ 时，幂级数 $\sum_{n=0}^{\infty} a_n x^n$ 收敛于 a_0，这说明幂级数的收敛域总是非空的．再来考查幂级数

$$\sum_{n=0}^{\infty} x^n = 1 + x + x^2 + \cdots + x^n + \cdots$$

的收敛域. 这个级数是等比级数，公比为 x. 当 $|x|<1$ 时，它是收敛的；当 $|x|\geqslant 1$ 时，它是发散的. 因此它的收敛域为 $(-1,1)$，在收敛域内有

$$\frac{1}{1-x} = 1 + x + x^2 + x^3 + \cdots + x^n + \cdots = \sum_{n=0}^{\infty} x^n \qquad (|x|<1). \tag{11.3.4}$$

定理 1（阿贝尔定理）　如果级数 $\sum_{n=0}^{\infty} a_n x^n$ 当 $x=x_0$（$x_0\neq 0$）时收敛，则满足不等式 $|x|<|x_0|$ 的一切 x 使该幂级数绝对收敛. 反之，如果级数 $\sum_{n=0}^{\infty} a_n x^n$ 当 $x=x_0$ 时发散，则满足不等式 $|x|>|x_0|$ 的一切 x 使该幂级数发散.

简要证明　设 $\sum_{n=0}^{\infty} a_n x^n$ 在点 x_0 收敛，则有 $\lim\limits_{n\to\infty} a_n x_0^n=0$，即数列 $\{a_n x_0^n\}$ 有界，于是存在一个常数 M，使得 $|a_n x_0^n|\leqslant M$ $(n=0,1,2,\cdots)$. 因为

$$|a_n x^n| = \left|a_n x_0^n \cdot \frac{x^n}{x_0^n}\right| = |a_n x_0^n| \cdot \left|\frac{x}{x_0}\right|^n \leqslant M \cdot \left|\frac{x}{x_0}\right|^n.$$

而当 $|x|<|x_0|$ 时，等比级数 $\sum_{n=0}^{\infty} M\cdot\left|\frac{x}{x_0}\right|^n$ 收敛，所以级数 $\sum_{n=0}^{\infty} |a_n x^n|$ 收敛，也就是级数 $\sum_{n=0}^{\infty} a_n x^n$ 绝对收敛.

定理的第二部分可用反证法证明.

推论　如果幂级数 $\sum_{n=0}^{\infty} a_n x^n$ 不是仅在点 $x=0$ 一点处收敛，也不是在整个数轴上都收敛，

则必有一个完全确定的正数 R 存在，使得

（1）当 $|x|<R$ 时，幂级数绝对收敛；

（2）当 $|x|>R$ 时，幂级数发散；

（3）当 $x=R$ 与 $x=-R$ 时，幂级数可能收敛也可能发散.

正数 R 通常称为幂级数 $\sum\limits_{n=0}^{\infty}a_nx^n$ 的**收敛半径**. 开区间 $(-R,R)$ 称为幂级数 $\sum\limits_{n=0}^{\infty}a_nx^n$ 的**收敛区间**. 再由幂级数在 $x=\pm R$ 处的收敛性就可以决定它的收敛域. 幂级数 $\sum\limits_{n=0}^{\infty}a_nx^n$ 的收敛域是 $(-R,R)$，$[-R,R)$，$(-R,R]$，$[-R,R]$ 之一.

规定：若幂级数 $\sum\limits_{n=0}^{\infty}a_nx^n$ 只在 $x=0$ 收敛，则规定收敛半径 $R=0$；若幂级数 $\sum\limits_{n=0}^{\infty}a_nx^n$ 对一切 x 都收敛，则规定收敛半径 $R=+\infty$，这时收敛域为 $(-\infty,+\infty)$.

定理 2　如果 $\lim\limits_{n\to\infty}\left|\dfrac{a_{n+1}}{a_n}\right|=\rho$，其中 a_n，a_{n+1} 是幂级数 $\sum\limits_{n=0}^{\infty}a_nx^n$ 相邻两项的系数，则该幂级数的收敛半径

$$R=\begin{cases}+\infty, & \rho=0,\\ \dfrac{1}{\rho}, & \rho\neq 0,\\ 0, & \rho=+\infty.\end{cases}$$

证明　对式（11.3.3）幂级数的各项取绝对值，可得正项级数

$$\sum_{n=0}^{\infty}|a_nx^n|=|a_0|+|a_1x|+|a_2x^2|+\cdots+|a_nx^n|+\cdots,\tag{11.3.5}$$

由于 $\lim\limits_{n\to\infty}\dfrac{|u_{n+1}|}{|u_n|}=\lim\limits_{n\to\infty}\left|\dfrac{a_{n+1}x^{n+1}}{a_nx^n}\right|=\lim\limits_{n\to\infty}\left|\dfrac{a_{n+1}}{a_n}\cdot x\right|=\lim\limits_{n\to\infty}\left|\dfrac{a_{n+1}}{a_n}\right|\cdot|x|$，设 $\lim\limits_{n\to\infty}\left|\dfrac{a_{n+1}}{a_n}\right|=\rho$，根据正项级数的比值审敛法，当

$$\rho\cdot|x|<1\tag{11.3.6}$$

时，式（11.3.5）的正项级数收敛，从而式（11.3.3）的幂级数也收敛，根据 ρ 值的不同，有下列结论：

（1）当 $\rho=0$ 时，x 取任何值，式（11.3.6）都成立，因此收敛半径 $R=+\infty$；

（2）当 $\rho\neq0$（也不是 $+\infty$）时，仅在 $|x|<\dfrac{1}{\rho}$ 内，式（11.3.6）成立，因此收敛半径 $R=\dfrac{1}{\rho}$；

（3）当 $\rho=+\infty$ 时，仅在 $x=0$ 处，式（11.3.6）成立，因此收敛半径 $R=0$.

求幂级数 $\sum\limits_{n=0}^{\infty}a_nx^n$ 收敛半径和收敛域的步骤：

（1）求 $\lim\limits_{n\to\infty}\left|\dfrac{a_{n+1}}{a_n}\right|=\rho$，根据 ρ 值确定收敛半径 R；

（2）当 $R\neq0$ 也不是 $+\infty$ 时，判别常数项级数 $\sum\limits_{n=0}^{\infty}a_nR^n$ 和 $\sum\limits_{n=0}^{\infty}a_n(-R)^n$ 的敛散性；

（3）给出幂级数的收敛域.

例 1　求幂级数

$$\sum_{n=1}^{\infty}(-1)^{n-1}\frac{x^n}{n}=x-\frac{x^2}{2}+\frac{x^3}{3}-\cdots+(-1)^{n-1}\frac{x^n}{n}+\cdots$$

的收敛半径与收敛域.

解　因为$\rho=\lim\limits_{n\to\infty}\left|\dfrac{a_{n+1}}{a_n}\right|=\lim\limits_{n\to\infty}\dfrac{\frac{1}{n+1}}{\frac{1}{n}}=1$，所以收敛半径为$R=\dfrac{1}{\rho}=1$.

当$x=1$时，幂级数成为$\sum\limits_{n=1}^{\infty}(-1)^{n-1}\dfrac{1}{n}$，是收敛的；

当$x=-1$时，幂级数成为$\sum\limits_{n=1}^{\infty}\left(-\dfrac{1}{n}\right)$，是发散的. 因此，收敛域为$(-1,1]$.

例 2　求幂级数$\sum\limits_{n=0}^{\infty}\dfrac{x^n}{n!}$的收敛域.

解　因为

$$\rho=\lim_{n\to\infty}\left|\frac{a_{n+1}}{a_n}\right|=\lim_{n\to\infty}\left|\frac{\frac{1}{(n+1)!}}{\frac{1}{n!}}\right|=\lim_{n\to\infty}\left|\frac{n!}{(n+1)!}\right|=\lim_{n\to\infty}\left|\frac{1}{n+1}\right|=0,$$

所以收敛半径$R=+\infty$，从而收敛域是$(-\infty，+\infty)$.

例 3　求幂级数$\sum\limits_{n=0}^{\infty}n!x^n$的收敛域.

解　因为

$$\rho=\lim_{n\to\infty}\left|\frac{a_{n+1}}{a_n}\right|=\lim_{n\to\infty}\left|\frac{(n+1)!}{n!}\right|=\lim_{n\to\infty}|n+1|=+\infty,$$

所以收敛半径$R=0$，即级数仅在$x=0$处收敛.

例 4　求幂级数$\sum\limits_{n=1}^{\infty}\dfrac{(x-1)^n}{2^n n}$的收敛域.

解　令$t=x-1$，上述级数变为$\sum\limits_{n=1}^{\infty}\dfrac{t^n}{2^n n}$. 因为$\rho=\lim\limits_{n\to\infty}\left|\dfrac{a_{n+1}}{a_n}\right|=\lim\limits_{n\to\infty}\dfrac{2^n\cdot n}{2^{n+1}\cdot(n+1)}=\dfrac{1}{2}$，所以收敛半径$R=2$.

当$t=2$时，级数成为$\sum\limits_{n=1}^{\infty}\dfrac{1}{n}$，此级数发散；当$t=-2$时，级数成为$\sum\limits_{n=1}^{\infty}\dfrac{(-1)^n}{n}$，此级数收敛. 因此级数$\sum\limits_{n=1}^{\infty}\dfrac{t^n}{2^n n}$的收敛域为$-2\leqslant t<2$，即$-2\leqslant x-1<2$，可得$-1\leqslant x<3$，所以原级数的收敛域为$[-1，3)$.

幂级数$\sum\limits_{n=0}^{\infty}a_n x^n$的收敛区间关于$x=0$对称，利用代换的方法，可知幂级数$\sum\limits_{n=0}^{\infty}a_n\cdot(x-x_0)^n$的收敛区间关于$x=x_0$对称. 若在幂级数中只有偶次幂项或只有奇次幂项（即存在缺少某些幂次的级数，例如$\sum\limits_{n=0}^{\infty}a_n x^{3n}$等），定理2不能直接应用，应该用比值审敛法确定收敛半径，如例5所示.

例 5　求幂级数$\sum\limits_{n=0}^{\infty}\dfrac{n}{2^n}x^{2n+1}$的收敛半径.

解　因为幂级数中只有奇次幂项，由比值审敛法，得

$$\lim_{n\to\infty}\left|\frac{\frac{n+1}{2^{n+1}}x^{2(n+1)+1}}{\frac{n}{2^n}x^{2n+1}}\right|=\lim_{n\to\infty}\left|\frac{n+1}{2n}x^2\right|=\lim_{n\to\infty}\left|\frac{n+1}{2n}\right||x^2|=\frac{1}{2}|x|^2,$$

当$\frac{1}{2}|x|^2<1$，即$|x|<\sqrt{2}$时，级数收敛，所以收敛半径$R=\sqrt{2}$.

三、幂级数的运算

设幂级数

$$\sum_{n=0}^{\infty}a_nx^n=a_0+a_1x+a_2x^2+\cdots+a_nx^n+\cdots$$

及

$$\sum_{n=0}^{\infty}b_nx^n=b_0+b_1x+b_2x^2+\cdots+b_nx^n+\cdots$$

分别在区间（$-R,R$）及（$-R',R'$）内收敛，对于这两个幂级数，在（$-R,R$）与（$-R'$，R'）中较小的区间内，可以进行下列四则运算：

加法：
$$\sum_{n=0}^{\infty}a_nx^n+\sum_{n=0}^{\infty}b_nx^n=\sum_{n=0}^{\infty}(a_n+b_n)x^n;$$

减法：
$$\sum_{n=0}^{\infty}a_nx^n-\sum_{n=0}^{\infty}b_nx^n=\sum_{n=0}^{\infty}(a_n-b_n)x^n;$$

乘法：
$$\left(\sum_{n=0}^{\infty}a_nx^n\right)\cdot\left(\sum_{n=0}^{\infty}b_nx^n\right)=a_0b_0+(a_0b_1+a_1b_0)x+(a_0b_2+a_1b_1+a_2b_0)x^2+\cdots+(a_0b_n+a_1b_{n-1}+\cdots+a_nb_0)x^n+\cdots.$$

幂级数的和函数有下列重要性质：

性质 1　幂级数$\sum_{n=0}^{\infty}a_nx^n$的和函数$s(x)$在其收敛域$I$上连续.

性质 2　幂级数$\sum_{n=0}^{\infty}a_nx^n$的和函数$s(x)$在其收敛域$I$上可积，并且有逐项积分公式

$$\int_0^x s(x)\mathrm{d}x=\int_0^x\left(\sum_{n=0}^{\infty}a_nx^n\right)\mathrm{d}x=\sum_{n=0}^{\infty}\int_0^x a_nx^n\mathrm{d}x=\sum_{n=0}^{\infty}\frac{a_n}{n+1}x^{n+1}\quad(x\in I),$$

逐项积分后得到的幂级数和原级数有相同的收敛半径.

性质 3　幂级数$\sum_{n=0}^{\infty}a_nx^n$的和函数$s(x)$在其收敛区间（$-R,R$）内可导，并且有逐项求导公式

$$s'(x)=\left(\sum_{n=0}^{\infty}a_nx^n\right)'=\sum_{n=0}^{\infty}(a_nx^n)'=\sum_{n=1}^{\infty}na_nx^{n-1}\quad(|x|<R),$$

逐项求导后得到的幂级数和原级数有相同的收敛半径.

由式（11.3.4）可知，当$|x|<1$时，幂级数$\sum_{n=0}^{\infty}x^n$的和函数为$\frac{1}{1-x}$，这个结论可以作为公式应用．运用这一结论及和函数的性质，可以求解更多幂级数的和函数.

例如，对式（11.3.4）两边求导，可得

$$\sum_{n=1}^{\infty} nx^{n-1}=\frac{1}{(1-x)^2}\quad(|x|<1),$$

上式也可写为
$$\sum_{n=0}^{\infty}(n+1)x^n=\frac{1}{(1-x)^2}\quad(|x|<1).$$

再如，令式（11.3.4）中 $x=-t$，可得

$$\sum_{n=0}^{\infty}(-t)^n=\frac{1}{1+t}\quad(|t|<1),$$

上式也可写为
$$\sum_{n=0}^{\infty}(-1)^n x^n=\frac{1}{1+x}\quad(|x|<1).\tag{11.3.7}$$

例 6 求幂级数 $\sum\limits_{n=0}^{\infty}\frac{1}{n+1}x^n$ 的和函数.

解 求得幂级数的收敛域为 $[-1,1)$. 设和函数为 $s(x)$，即 $s(x)=\sum\limits_{n=0}^{\infty}\frac{1}{n+1}x^n$，$x\in[-1,1)$. 显然 $s(0)=1$. 利用性质 3，对式 $xs(x)=\sum\limits_{n=0}^{\infty}\frac{1}{n+1}x^{n+1}$ 两边求导得

$$[xs(x)]'=\sum_{n=0}^{\infty}\left(\frac{1}{n+1}x^{n+1}\right)'=\sum_{n=0}^{\infty}x^n=\frac{1}{1-x}\quad(|x|<1),$$

对上式从 0 到 x 积分，得

$$xs(x)=\int_0^x\frac{1}{1-x}\mathrm{d}x=-\ln(1-x).$$

于是，当 $x\neq0$ 时，有 $s(x)=-\frac{1}{x}\ln(1-x)$. 从而 $s(x)=\begin{cases}-\frac{1}{x}\ln(1-x), & x\in[-1,0)\cup(0,1),\\ 1, & x=0.\end{cases}$

例 7 求级数 $\sum\limits_{n=0}^{\infty}(n+1)^2x^n$ 的和函数.

解 因为 $\lim\limits_{n\to\infty}\left|\frac{a_{n+1}}{a_n}\right|=\lim\limits_{n\to\infty}\left|\frac{(n+2)^2}{(n+1)^2}\right|=1$，故所给级数的收敛半径 $R=1$，

易见当 $x=\pm1$ 时，级数发散，所以级数的收敛域为 $(-1,1)$，设和函数为 $s(x)$，即

$$s(x)=\sum_{n=0}^{\infty}(n+1)^2x^n\qquad(|x|<1),$$

又 $s(0)=0$，利用性质 2，上式两端逐项积分，得

$$\int_0^x s(x)\mathrm{d}x=\sum_{n=0}^{\infty}(n+1)x^{n+1}=x\sum_{n=0}^{\infty}(x^{n+1})'=x\left(\sum_{n=0}^{\infty}x^{n+1}\right)'=x\left(\frac{x}{1-x}\right)'=\frac{x}{(1-x)^2}.$$

所以，$s(x)=\left(\frac{x}{(1-x)^2}\right)'=\frac{1+x}{(1-x)^3}$.

习题 11-3

1. 求下列幂级数的收敛域：

(1) $\sum\limits_{n=1}^{\infty}(-1)^n\frac{x^n}{n^2}$；　(2) $\sum\limits_{n=1}^{\infty}\frac{x^n}{n\cdot3^n}$；　(3) $\sum\limits_{n=1}^{\infty}\frac{x^n}{2\cdot4\cdot\cdots\cdot(2n)}$；

(4) $\sum\limits_{n=1}^{\infty}\frac{2^n}{n^2+1}x^n$；　(5) $\sum\limits_{n=1}^{\infty}\frac{2n-1}{2^n}x^{n-1}$；　(6) $\sum\limits_{n=1}^{\infty}\frac{(n+2)}{3^n}x^{2n}$；

(7) $\sum\limits_{n=1}^{\infty}\frac{(x-2)^n}{n^2}$；　(8) $\sum\limits_{n=1}^{\infty}\frac{(x-5)^n}{\sqrt{n}}$；　(9) $\sum\limits_{n=1}^{\infty}(-1)^n\frac{x^{2n+1}}{2n+1}$.

2. 求下列幂级数的和函数：

(1) $\sum\limits_{n=1}^{\infty}nx^{n-1}$；　(2) $\sum\limits_{n=1}^{\infty}\frac{x^{4n+1}}{4n+1}$；　(3) $\sum\limits_{n=1}^{\infty}\frac{x^{2n-1}}{2n-1}$.

3. 求幂级数 $\sum\limits_{n=0}^{\infty}\frac{x^{2n+1}}{n!}$ 的和函数，并求数项级数 $\sum\limits_{n=0}^{\infty}\frac{2n+1}{n!}$ 的和.

第四节　函数展开成幂级数

【课前导读】

上节我们讨论了幂级数的收敛域以及幂级数在收敛域上的和函数，但在许多应用中，遇到的却是反问题，对于某个复杂的函数$\left(\text{比如超越函数 } e^{x^2},\int_0^1 e^{-x^2}dx \text{ 等}\right)$，能否用简单的幂函数表示. 如果能，如何表示. 本节我们介绍函数在给定区间内展开成幂级数的问题.

一、泰勒级数的概念

假设函数 $f(x)$ 在点 x_0 的某邻域 $U(x_0)$ 内能展开成幂级数，即有

$$f(x)=a_0+a_1(x-x_0)+a_2(x-x_0)^2+\cdots+a_n(x-x_0)^n+\cdots,\quad x\in U(x_0),\tag{11.4.1}$$

则根据和函数的性质，$f(x)$ 在 $U(x_0)$ 内具有任意阶导数，对式（11.4.1）两端求任意阶导，可得 $f^{(n)}(x_0)=n!\,a_n$ $(n=0,1,2,\cdots)$，于是

$$a_n=\frac{f^{(n)}(x_0)}{n!}\quad(n=0,1,2,\cdots)\tag{11.4.2}$$

这就表明，若 $f(x)$ 在点 x_0 的某邻域 $U(x_0)$ 内能展开成幂级数，则 $f(x)$ 在 $U(x_0)$ 内展开的幂级数为

$$\begin{aligned}f(x)&=f(x_0)+f'(x_0)(x-x_0)+\frac{f''(x_0)}{2!}(x-x_0)^2+\cdots+\frac{f^{(n)}(x_0)}{n!}(x-x_0)^n+\cdots\\&=\sum_{n=0}^{\infty}\frac{f^{(n)}(x_0)}{n!}(x-x_0)^n,x\in U(x_0).\end{aligned}\tag{11.4.3}$$

式（11.4.3）右端的幂级数称为 $f(x)$ **在点 x_0 处的泰勒（Taylor）级数**，式（11.4.3）称为 $f(x)$ **在点 x_0 处的泰勒（Taylor）展开式.**

$f(x)$ 在点 x_0 处的泰勒（Taylor）展开式也可以表示为

$$f(x)=p_n(x)+R_n(x),$$

其中 $p_n(x)=f(x_0)+f'(x_0)(x-x_0)+\frac{f''(x_0)}{2!}(x-x_0)^2+\cdots+\frac{f^{(n)}(x_0)}{n!}(x-x_0)^n$，称为**泰勒多项式**；$R_n(x)=\frac{f^{(n+1)}(\xi)}{(n+1)!}(x-x_0)^n$（$\xi$ 介于 x_0 与 x 之间），称为**余项.**

依据以上讨论可知式（11.4.3）成立的充要条件，由下面定理给出.

定理 设函数 $f(x)$ 在点 x_0 的某一邻域 $U(x_0)$ 内具有各阶导数，则 $f(x)$ 在该邻域内能展开成泰勒级数的**充分必要条件**是 $f(x)$ 的泰勒公式中余项 $R_n(x)$ 当 $n\to\infty$ 时极限为零，即

$$\lim_{n\to\infty} R_n(x) = 0 \quad (x \in U(x_0)).$$

在式（11.4.3）中，取 $x_0=0$，得

$$\begin{aligned} f(x) &= f(0) + f'(0)\cdot x + \frac{f''(0)}{2!}x^2 + \cdots + \frac{f^{(n)}(0)}{n!}x^n + \cdots \\ &= \sum_{n=0}^{\infty} \frac{f^{(n)}(0)}{n!}x^n \quad (x \in U(0)) \end{aligned} \tag{11.4.4}$$

式（11.4.4）右端的幂级数称为 $f(x)$ **在点 x_0 处的麦克劳林（Maclaurin）级数**，式（11.4.4）称为 $f(x)$ **在点 x_0 处的麦克劳林（Maclaurin）展开式**.

展开式的唯一性：如果函数 $f(x)$在 $u(x_0)$内能展开为幂级数，则这个幂级数的展开式唯一，是以 $x-x_0$ 为的幂级数，必为泰勒展开式（11.4.3）．当 $x_0=0$ 时，若 $f(x)$在 $u(0)$内能展开成幂级数，则这个幂级数是以 x 为的幂级数，必为麦克劳林级数（11.4.4）.

注 $u(x_0)$的另一个表示形式为 $|x-x_0|<r(r>0)$.

二、函数展开成幂级数

1. *直接展开法*

函数 $f(x)$ 展开成 x 的幂级数，可以按下列步骤进行：

（1）求出 $f(x)$ 的各阶导数 $f'(x)$，$f''(x)$，…，$f^{(n)}(x)$，…；

（2）求函数及其各阶导数在 $x=0$ 处的值：$f(0)$，$f'(0)$，$f''(0)$，…，$f^{(n)}(0)$，…；

（3）写出幂级数 $f(0)+f'(0)x+\dfrac{f''(0)}{2!}x^2+\cdots+\dfrac{f^{(n)}(0)}{n!}x^n+\cdots$，并求出收敛半径 R；

（4）考查当 x 在区间（$-R,R$）内时余项 $R_n(x)$ 的极限

$$\lim_{n\to\infty} R_n(x) = \lim_{n\to\infty} \frac{f^{(n+1)}(\xi)}{(n+1)!}x^{n+1} \quad (\xi\text{在 }0\text{ 与 }x\text{ 之间})$$

是否为零．如果为零，则函数 $f(x)$ 在区间（$-R,R$）内的幂级数展开式为

$$f(x) = f(0) + f'(0)x + \frac{f''(0)}{2!}x^2 + \cdots + \frac{f^{(n)}(0)}{n!}x^n + \cdots \quad (-R<x<R).$$

例 1 将函数 $f(x)=e^x$ 展开成 x 的幂级数.

解 由 $f^{(n)}(x)=e^x$，得 $f^{(n)}(0)=1(n=0,1,2,\cdots)$，于是 $f(x)$ 的麦克劳林级数为

$$1 + x + \frac{1}{2!}x^2 + \cdots + \frac{1}{n!}x^n + \cdots,$$

该级数的收敛半径为 $R=+\infty$.

对于任何有限的数 x，ξ（ξ 介于 0 与 x 之间），有

$$|R_n(x)| = \left|\frac{e^{\xi}}{(n+1)!}x^{n+1}\right| < e^{|x|}\,\frac{|x|^{n+1}}{(n+1)!}.$$

因 $e^{|x|}$ 有限，而 $\dfrac{|x|^{n+1}}{(n+1)!}$ 是收敛级数 $\displaystyle\sum_{n=0}^{\infty}\frac{|x|^{n+1}}{(n+1)!}$ 的一般项，所以

$$e^{|x|}\frac{|x|^{n+1}}{(n+1)!}\to 0 \quad (n\to\infty),$$

即有$\lim\limits_{n\to\infty}R_n(x)=0$，于是得展开式

$$e^x=1+x+\frac{x^2}{2!}+\frac{x^3}{3!}+\cdots+\frac{x^n}{n!}+\cdots=\sum_{n=0}^{\infty}\frac{x^n}{n!} \quad (-\infty<x<+\infty). \tag{11.4.5}$$

类似地，可得

$$\begin{aligned}\sin x&=x-\frac{x^3}{3!}+\frac{x^5}{5!}-\cdots+(-1)^n\frac{x^{2n+1}}{(2n+1)!}+\cdots\\&=\sum_{n=0}^{\infty}(-1)^n\frac{x^{2n+1}}{(2n+1)!} \quad (-\infty<x<+\infty).\end{aligned} \tag{11.4.6}$$

在第三节已经得到

$$\frac{1}{1-x}=1+x+x^2+x^3+\cdots+x^n+\cdots=\sum_{n=0}^{\infty}x^n \quad (|x|<1), \tag{11.4.7}$$

$$\begin{aligned}\frac{1}{1+x}&=1-x+x^2-x^3+\cdots+(-1)^nx^n+\cdots\\&=\sum_{n=0}^{\infty}(-1)^nx^n \quad (|x|<1).\end{aligned} \tag{11.4.8}$$

在例 1 中将函数展开成幂级数时，利用公式$a_n=\frac{f^{(n)}(0)}{n!}$计算幂级数的系数，最后考察余项$R_n(x)$是否趋于零，这种直接展开的方法计算量较大，$R_n(x)$是否趋于零的判定也很复杂．下面介绍间接展开法.

2. 间接展开法

间接展开法是利用一些已知的函数展开式，通过幂级数的运算（如四则运算、逐项求导、逐项积分）以及变量代换等，将所给函数展开成幂级数．这样做计算简单，避免研究余项.

式（11.4.5）～式（11.4.8）给出了几个已知的函数展开式，利用这几个函数展开式，运用幂级数的运算，可以求得更多函数的幂级数展开式．例如，

对式（11.4.6）两边求导，可得

$$\begin{aligned}\cos x&=1-\frac{x^2}{2!}+\frac{x^4}{4!}-\cdots+(-1)^n\frac{x^{2n}}{(2n)!}+\cdots\\&=\sum_{n=0}^{\infty}(-1)^n\frac{x^{2n}}{(2n)!} \quad (-\infty<x<+\infty).\end{aligned} \tag{11.4.9}$$

对式（11.4.8）两边从 0 到 x 积分，可得

$$\begin{aligned}\ln(1+x)&=x-\frac{x^2}{2}+\frac{x^3}{3}-\frac{x^4}{4}+\cdots+(-1)^n\frac{x^{n+1}}{n+1}+\cdots\\&=\sum_{n=0}^{\infty}(-1)^n\frac{x^{n+1}}{n+1} \quad (-1<x\leqslant 1).\end{aligned} \tag{11.4.10}$$

将式（11.4.8）中的 x 换成 x^2，可得

$$\begin{aligned}\frac{1}{1+x^2}&=1-x^2+x^4-x^6+\cdots+(-1)^nx^{2n}+\cdots\\&=\sum_{n=0}^{\infty}(-1)^nx^{2n} \quad (|x|<1).\end{aligned} \tag{11.4.11}$$

对式（11.4.11）两边从0到x积分，可得

$$\arctan x = x - \frac{x^3}{3} + \frac{x^5}{5} - \cdots + (-1)^n \frac{x^{2n+1}}{2n+1} + \cdots$$
$$= \sum_{n=0}^{\infty} (-1)^n \frac{x^{2n+1}}{2n+1} \quad (|x| \leqslant 1). \tag{11.4.12}$$

将式（11.4.5）中的x换成$x\ln a$，可得

$$a^x = 1 + x\ln a + \frac{x^2(\ln a)^2}{2!} + \cdots + \frac{x^n(\ln a)^n}{n!} + \cdots$$
$$= \sum_{n=0}^{\infty} \frac{x^n(\ln a)^n}{n!} \quad (-\infty < x < +\infty). \tag{11.4.13}$$

将以上已知函数的幂级数展开式作为公式，根据函数要展开成的幂的形式，首先将问题中的x变换为要展开成的幂的形式；其次通过等价变换，使得函数的表达式形式与公式中函数的表达式形式相同；最后依据公式给出相应的幂级数.

例 2　将函数$f(x)=\dfrac{1}{3+x}$展开成x的幂级数.

解　利用式（11.4.8），可得

$$f(x) = \frac{1}{3+x} = \frac{1}{3} \cdot \frac{1}{1+\dfrac{x}{3}} = \frac{1}{3}\sum_{n=0}^{\infty} (-1)^n \left(\frac{x}{3}\right)^n = \sum_{n=0}^{\infty} (-1)^n \frac{x^n}{3^{n+1}} \quad (|x| < 3).$$

例 3　将函数$f(x)=\dfrac{x+1}{x-2}$展开成$x+1$的幂级数.

解　利用式（11.4.7），可得

$$f(x) = \frac{x+1}{x-2} = (x+1) \cdot \frac{1}{(x+1)-3} = -\frac{x+1}{3} \cdot \frac{1}{1-\dfrac{x+1}{3}}$$
$$= -\frac{(x+1)}{3}\sum_{n=0}^{\infty}\left(\frac{x+1}{3}\right)^n = -\sum_{n=0}^{\infty} \frac{(x+1)^{n+1}}{3^{n+1}} \quad (|x+1| < 3).$$

例 4　将函数$f(x)=\sin x$展开成$x-\dfrac{\pi}{4}$的幂级数.

解　因为

$$\sin x = \sin\left[\frac{\pi}{4} + \left(x - \frac{\pi}{4}\right)\right] = \frac{\sqrt{2}}{2}\left[\cos\left(x - \frac{\pi}{4}\right) + \sin\left(x - \frac{\pi}{4}\right)\right],$$

并且有

$$\cos\left(x - \frac{\pi}{4}\right) = 1 - \frac{1}{2!}\left(x - \frac{\pi}{4}\right)^2 + \frac{1}{4!}\left(x - \frac{\pi}{4}\right)^4 - \cdots \quad (-\infty < x < +\infty),$$

$$\sin\left(x - \frac{\pi}{4}\right) = \left(x - \frac{\pi}{4}\right) - \frac{1}{3!}\left(x - \frac{\pi}{4}\right)^3 + \frac{1}{5!}\left(x - \frac{\pi}{4}\right)^5 - \cdots \quad (-\infty < x < +\infty),$$

所以 $\sin x=\dfrac{\sqrt{2}}{2}\left[1+\left(x-\dfrac{\pi}{4}\right)-\dfrac{1}{2!}\left(x-\dfrac{\pi}{4}\right)^2-\dfrac{1}{3!}\left(x-\dfrac{\pi}{4}\right)^3+\cdots\right] \quad (-\infty<x<+\infty).$

例 5　将函数$f(x)=\dfrac{1}{x^2+4x+3}$展开成$x-1$的幂级数.

解　$f(x)=\frac{1}{x^2+4x+3}=\frac{1}{(x+1)(x+3)}=\frac{1}{2(x+1)}-\frac{1}{2(x+3)}$

$$=\frac{1}{2[2+(x-1)]}-\frac{1}{2[4+(x-1)]}=\frac{1}{4\left(1+\frac{x-1}{2}\right)}-\frac{1}{8\left(1+\frac{x-1}{4}\right)},$$

利用式（11.4.8），可得

$$\frac{1}{4\left(1+\frac{x-1}{2}\right)}=\frac{1}{4}\sum_{n=0}^{\infty}(-1)^n\left(\frac{x-1}{2}\right)^n=\sum_{n=0}^{\infty}(-1)^n\frac{(x-1)^n}{2^{n+2}}\quad(|x-1|<2),$$

$$\frac{1}{8\left(1+\frac{x-1}{4}\right)}=\frac{1}{8}\sum_{n=0}^{\infty}(-1)^n\left(\frac{x-1}{4}\right)^n=\sum_{n=0}^{\infty}(-1)^n\frac{(x-1)^n}{2^{2n+3}}\quad(|x-1|<4),$$

所以

$$f(x)=\sum_{n=0}^{\infty}(-1)^n\frac{(x-1)^n}{2^{n+2}}-\sum_{n=0}^{\infty}(-1)^n\frac{(x-1)^n}{2^{2n+3}}$$

$$=\sum_{n=0}^{\infty}(-1)^n\left(\frac{1}{2^{n+2}}-\frac{1}{2^{2n+3}}\right)(x-1)^n\quad(|x-1|<2).$$

三、函数的幂级数展开式的应用

1. 近似计算

利用函数展开成的幂级数，在展开式的有效区间内，某点的函数值可以近似地利用展开成的幂级数进行计算.

例 6　求 $\sin 9°$的近似值，并估计误差.

解　首先将角度化为弧度，$9°=\frac{\pi}{180}\times 9=\frac{\pi}{20}$（弧度）.

在式（11.4.6）中，令 $x=\frac{\pi}{20}$，得

$$\sin\frac{\pi}{20}=\frac{\pi}{20}-\frac{1}{3!}\left(\frac{\pi}{20}\right)^3+\frac{1}{5!}\left(\frac{\pi}{20}\right)^5-\cdots+(-1)^n\frac{1}{(2n+1)!}\left(\frac{\pi}{20}\right)^{2n+1}+\cdots$$

右端为收敛的交错级数，各项的绝对值单调减少.

若取级数的前两项之和作为 $\sin\frac{\pi}{20}$的近似值，即

$$\sin\frac{\pi}{20}\approx\frac{\pi}{20}-\frac{1}{3!}\left(\frac{\pi}{20}\right)^3\approx 0.157\,080-0.000\,646=0.156\,43,$$

误差（也称为**截断误差**）为

$$|r_2|\leqslant\frac{1}{5!}\left(\frac{\pi}{20}\right)^5<\frac{1}{120}\cdot 0.2^5<\frac{1}{300\,000},$$

即误差不超过10^{-5}.

例 7　求 $\ln 2$ 的近似值，要求误差不超过10^{-4}.

解　在式（11.4.10）中，令 $x=1$，得

$$\ln 2 = 1 - \frac{1}{2} + \frac{1}{3} - \frac{1}{4} + \cdots + (-1)^n \frac{1}{n+1} + \cdots$$

右端为收敛的交错级数，各项的绝对值单调减少.

若取级数的前 n 项之和作为 $\ln 2$ 的近似值，误差 $|r_n| \leqslant \frac{1}{n+1}$，要求误差不超过$10^{-4}$，则需要取级数的前 10 000 项进行计算，这样计算量太大，下面给出用收敛较快的级数来代替它.

在式（11.4.10）

$$\ln(1+x) = x - \frac{x^2}{2} + \frac{x^3}{3} - \frac{x^4}{4} + \cdots + (-1)^n \frac{x^{n+1}}{n+1} + \cdots \quad (-1 < x \leqslant 1)$$

中将 x 换成$-x$，得

$$\ln(1-x) = -x - \frac{x^2}{2} - \frac{x^3}{3} - \frac{x^4}{4} - \cdots - \frac{x^{n+1}}{n+1} + \cdots \quad (-1 \leqslant x < 1).$$

由以上两式，可得

$$\begin{aligned} \ln \frac{1+x}{1-x} &= \ln(1+x) - \ln(1-x) \\ &= 2\left(x + \frac{x^3}{3} + \frac{x^5}{5} + \cdots + \frac{x^{2n+1}}{2n+1} + \cdots\right) \quad (-1 < x < 1). \end{aligned}$$

令$\frac{1+x}{1-x}=2$，则 $x=\frac{1}{3}$，将 $x=\frac{1}{3}$代入上式，得

$$\ln 2 = 2\left[\frac{1}{3} + \frac{1}{3}\left(\frac{1}{3}\right)^3 + \frac{1}{5}\left(\frac{1}{3}\right)^5 + \cdots + \frac{1}{2n+1}\left(\frac{1}{3}\right)^{2n+1} + \cdots\right]$$

若取级数的前四项之和作为 $\ln 2$ 的近似值，即

$$\ln 2 \approx 2\left[\frac{1}{3} + \frac{1}{3}\left(\frac{1}{3}\right)^3 + \frac{1}{5}\left(\frac{1}{3}\right)^5 + \frac{1}{7}\left(\frac{1}{3}\right)^7\right] \approx 0.693\ 1,$$

其误差 $|r_4| < \frac{2}{3^{11}} < \frac{1}{70\ 000}$，满足误差不超过$10^{-4}$的要求.

利用幂级数不仅可以计算一些函数值的近似值，也可以计算一些积分的近似值．即若被积函数在积分区间上能够展开成幂级数，把这个幂级数逐项积分，用积分后的级数就可以求出定积分的近似值．例如计算积分$\int_0^1 \frac{\sin x}{x} \mathrm{d}x$ 的近似值.

2. 微分方程的幂级数解法

这里仅介绍求解一阶线性微分方程

$$\frac{\mathrm{d}y}{\mathrm{d}x} = f(x, y), \tag{11.4.14}$$

满足初始条件$y|_{x=x_0} = y_0$ 的特解.

根据初始条件$y|_{x=x_0} = y_0$，可设所求特解可展开成的幂级数为

$$y = y_0 + a_1(x - x_0) + a_2(x - x_0)^2 + \cdots + a_n(x - x_0)^n + \cdots, \tag{11.4.15}$$

其中 $a_1, a_2, \cdots, a_n, \cdots$是待定常数.

将式（11.4.15）代入式（11.4.14）中，得恒等式，利用对应项系数相等，确定待定常数 $a_1, a_2, \cdots, a_n, \cdots$.

例 8　求方程$\frac{\mathrm{d}y}{\mathrm{d}x}=-y-x$满足$y|_{x=0}=2$的特解.

解　依据初始条件$y|_{x=0}=2$，设方程的特解为

$$y=2+a_1x+a_2x^2+\cdots+a_nx^n+\cdots,$$

由此得 $y'=a_1+2a_2x+\cdots+na_nx^{n-1}+\cdots$.

将 y 及 y' 展开的幂级数代入方程，得

$$a_1+2a_2x+\cdots+na_nx^{n-1}+\cdots=-2-(a_1+1)x-a_2x^2-\cdots-a_nx^n-\cdots,$$

利用对应项系数相等，可得

$$a_1=-2,a_2=\frac{1}{2},a_3=-\frac{1}{3!},\cdots,a_n=(-1)^n\frac{1}{n!}\ (n\geqslant 2),$$

于是，得

$$\begin{aligned}y&=2-2x+\frac{1}{2!}x^2-\frac{1}{3!}x^3+\cdots+(-1)^n\frac{1}{n!}x^n+\cdots\\&=1-x+\left[1-x+\frac{1}{2!}x^2-\frac{1}{3!}x^3+\cdots+(-1)^n\frac{1}{n!}x^n+\cdots\right]=1-x+\mathrm{e}^{-x},\end{aligned}$$

这就是所求特解.

3. 欧拉公式

当 x 为实数时，我们有

$$\mathrm{e}^x=1+x+\frac{x^2}{2!}+\cdots+\frac{x^n}{n!}+\cdots.$$

现在我们把它推广到纯虚数情形，为此，定义 $\mathrm{e}^{\mathrm{i}x}$ 如下（其中 x 为实数）：

$$\begin{aligned}\mathrm{e}^{\mathrm{i}x}&=1+\mathrm{i}x+\frac{(\mathrm{i}x)^2}{2!}+\cdots+\frac{(\mathrm{i}x)^n}{n!}+\cdots\\&=\left(1-\frac{x^2}{2!}+\frac{x^4}{4!}-\cdots\right)+\mathrm{i}\left(x-\frac{x^3}{3!}+\frac{x^5}{5!}-\cdots\right),\end{aligned}$$

即有

$$\mathrm{e}^{\mathrm{i}x}=\cos x+\mathrm{i}\sin x. \tag{11.4.16}$$

用 $-x$ 替换 x，得

$$\mathrm{e}^{-\mathrm{i}x}=\cos x-\mathrm{i}\sin x, \tag{11.4.17}$$

从而

$$\cos x=\frac{\mathrm{e}^{\mathrm{i}x}+\mathrm{e}^{-\mathrm{i}x}}{2},\quad \sin x=\frac{\mathrm{e}^{\mathrm{i}x}+\mathrm{e}^{-\mathrm{i}x}}{2\mathrm{i}}. \tag{11.4.18}$$

式（11.4.16）~式（11.4.18）统称为**欧拉公式**. 在式（11.4.16）中，令 $x=\pi$，即得到著名的欧拉公式

$$\mathrm{e}^{\mathrm{i}\pi}+1=0.$$

这个公式被认为是**数学领域中最优美的结果之一**，很多人认为它具有不亚于神的力量，因为它在一个简单的方程中，把算术基本常数（0 和 1）、几何基本常数（π）、分析常数（e）和复数（i）联系在一起.

习题 11-4

1. 将下列函数展开成 x 的幂级数，并求其成立的区间：

（1）$f(x)=\frac{1}{x-2}$；　　（2）$f(x)=\ln(3+x)$；　　（3）$f(x)=\mathrm{e}^{-2x}$；

（4）$f(x)=2\cos^2x$；（5）$f(x)=\dfrac{1}{6-x-x^2}$；（6）$f(x)=\dfrac{x}{x^2+9}$.

2. 将函数 $f(x)=\cos x$ 展开成 $x-\dfrac{\pi}{4}$ 的幂级数.

3. 将函数 $f(x)=\dfrac{1}{1+x}$ 展开成 $x-3$ 的幂级数.

4. 将函数 $f(x)=\ln(3x-x^2)$ 展开成 $x-1$ 的幂级数.

5. 将函数 $f(x)=\dfrac{1+x}{1-x^3}$ 展开成 x 的幂级数.

6. 利用函数的幂级数展开式求下列各数的近似值：

（1）$\cos 2°$（误差不超过 0.000 1）；（2）$\ln 3$（误差不超过 0.000 1）.

7. 利用幂级数求方程 $y'+y+x=-2$ 满足 $y|_{x=0}=0$ 的特解.

第五节　傅里叶级数

【课前导读】

上节讨论了函数展开成幂级数，即用幂级数表示函数．法国数学家傅里叶认为，任何周期函数都可以用正弦函数和余弦函数构成的无穷级数来表示．本节讨论的傅里叶级数是由三角函数构成的，重点研究如何把周期函数展开为傅里叶级数.

周期函数反映了客观世界中的周期运动，正弦函数是常见的周期函数，例如，描述简谐振动的函数 $y=A\sin(\omega t+\varphi)$，是以 $\dfrac{2\pi}{\omega}$ 为周期的正弦函数，其中 y 表示动点的位置；t 表示时间；A 为振幅；ω 为角频率；φ 为初相．在实际问题中，还会遇到非正弦函数的周期函数，例如，电子技术中以 T 为周期的矩形波函数（见图 11-5-1）.

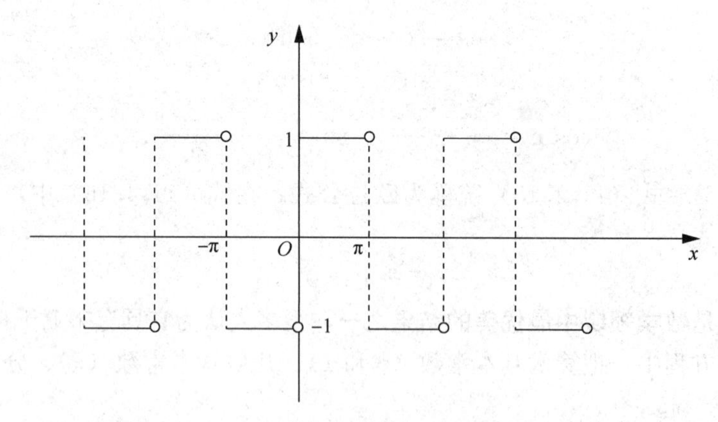

图 11-5-1

在电工学上，将周期为 $T\left(=\dfrac{2\pi}{\omega}\right)$ 的函数 $f(t)$ 用正弦函数表示为

$$f(t)=A_0+\sum_{n=1}^{\infty}A_n\sin(n\omega t+\varphi_n),\tag{11.5.1}$$

称为**谐波分析**，其中 A_0 称为 $f(t)$ 的直流分量；$A_1\sin(\omega t+\varphi_1)$ 称为一次谐波（又称基波）；

$A_n\sin(n\omega t+\varphi_n)$ 称为 n（$n\geqslant 2$）次谐波．其物理意义是把周期运动看成许多不同频率的简谐振动的叠加.

为了讨论方便，进行如下变换：因为

$$A_n\sin(n\omega t+\varphi_n)=A_n\sin\varphi_n\cos n\omega t+A_n\cos\varphi_n\sin n\omega t,$$

并且令 $\frac{a_0}{2}=A_0$，$a_n=A_n\sin\varphi_n$，$b_n=A_n\cos\varphi_n$，$\omega=\frac{\pi}{l}$（即 $T=2l$），则式（11.5.1）右端的级数可改写为

$$\frac{a_0}{2}+\sum_{n=1}^{\infty}\left(a_n\cos\frac{n\pi t}{l}+b_n\sin\frac{n\pi t}{l}\right), \tag{11.5.2}$$

形如式（11.5.2）的级数称为**三角级数**.

在式（11.5.2）中，令 $\frac{\pi t}{l}=x$，可得

$$\frac{a_0}{2}+\sum_{n=1}^{\infty}(a_n\cos nx+b_n\sin nx), \tag{11.5.3}$$

这样把以 $2l$ 为周期的三角级数转化为以 2π 为周期的三角级数．下面主要讨论以 2π 为周期的三角级数.

一、周期为 2π 的周期函数的傅里叶级数

我们称函数系

$$1,\cos x,\sin x,\cos 2x,\sin 2x,\cdots,\cos nx,\sin nx,\cdots$$

为**三角函数系**．容易验证，三角函数系有下面的重要性质：如果 m，n 是正整数，则

$$\int_{-\pi}^{\pi}\cos nx\mathrm{d}x=0 \quad (n=1,2,\cdots),$$

$$\int_{-\pi}^{\pi}\sin nx\mathrm{d}x=0 \quad (n=1,2,\cdots),$$

$$\int_{-\pi}^{\pi}\sin kx\cos nx\mathrm{d}x=0 \quad (k,n=1,2,\cdots),$$

$$\int_{-\pi}^{\pi}\sin kx\sin nx\mathrm{d}x=0 \quad (k,n=1,2,\cdots,k\neq n),$$

$$\int_{-\pi}^{\pi}\cos kx\cos nx\mathrm{d}x=0 \quad (k,n=1,2,\cdots,k\neq n).$$

三角函数系的这个性质称为**三角函数系的正交性**.

三角函数系中，任何两个相同的函数的乘积在区间 $[-\pi,\pi]$ 上的积分不等于零，即

$$\int_{-\pi}^{\pi}1^2\mathrm{d}x=2\pi,$$

$$\int_{-\pi}^{\pi}\cos^2 nx\,\mathrm{d}x=\pi \quad (n=1,2,\cdots),$$

$$\int_{-\pi}^{\pi}\sin^2 nx\,\mathrm{d}x=\pi \quad (n=1,2,\cdots).$$

1. 以 2π 为周期的函数展开成傅里叶级数

问题　设 $f(x)$ 是周期为 2π 的周期函数，且能展开成三角级数：

$$f(x)=\frac{a_0}{2}+\sum_{k=1}^{\infty}(a_k\cos kx+b_k\sin kx). \tag{11.5.4}$$

那么系数 a_0，a_1，b_1，…与函数 $f(x)$ 之间存在着怎样的关系？

假定式（11.5.4）右端的级数可逐项积分．先求 a_0，对式（11.5.4）从 $-\pi$ 到 π 积分，即

$$\int_{-\pi}^{\pi}f(x)\mathrm{d}x=\int_{-\pi}^{\pi}\frac{a_0}{2}\mathrm{d}x+\sum_{n=1}^{\infty}\left(a_n\int_{-\pi}^{\pi}\cos kx\mathrm{d}x+b_n\int_{-\pi}^{\pi}\sin kx\mathrm{d}x\right)$$

根据三角函数系的正交性，等式右端除第一项之外，其余各项均为零，所以

$$a_0=\frac{1}{\pi}\int_{-\pi}^{\pi}f(x)\mathrm{d}x. \tag{11.5.5}$$

其次求 a_n，用 $\cos nx$ 乘以式（11.5.4）两端，再从 $-\pi$ 到 π 积分，即

$$\int_{-\pi}^{\pi}f(x)\cos nx\mathrm{d}x=\frac{a_0}{2}\int_{-\pi}^{\pi}\cos nx\mathrm{d}x+\sum_{n=1}^{\infty}\left(a_n\int_{-\pi}^{\pi}\cos nx\cos kx\mathrm{d}x+b_n\int_{-\pi}^{\pi}\cos nx\sin kx\mathrm{d}x\right),$$

根据三角函数系的正交性，等式右端除 $k=n$ 的一项之外，其余各项均为零，所以

$$\int_{-\pi}^{\pi}f(x)\cos nx\mathrm{d}x=a_n\int_{-\pi}^{\pi}\cos^2 nx\mathrm{d}x=a_n\pi,$$

即

$$a_n=\frac{1}{\pi}\int_{-\pi}^{\pi}f(x)\cos nx\mathrm{d}x\quad(n=1,2,3,\cdots). \tag{11.5.6}$$

最后求 b_n，用 $\sin nx$ 乘以式（11.5.4）两端，再从 $-\pi$ 到 π 积分，可得

$$b_n=\frac{1}{\pi}\int_{-\pi}^{\pi}f(x)\sin nx\mathrm{d}x\quad(n=1,2,3,\cdots). \tag{11.5.7}$$

由式（11.5.5）、式（11.5.6）、式（11.5.7）所求得的系数 a_0、a_1、b_1、…称为函数 $f(x)$ 的**傅里叶（Fourier）系数**．将这些系数代入式（11.5.4）右端，所得的三角级数

$$\frac{a_0}{2}+\sum_{n=1}^{\infty}(a_n\cos nx+b_n\sin nx)$$

称为**函数 $f(x)$ 的傅里叶（Fourier）级数.**

问题 一个定义在 $(-\infty,+\infty)$ 内的周期为 2π 的函数 $f(x)$，如果它在一个周期上可积，则一定可以作出 $f(x)$ 的傅里叶级数．然而，函数 $f(x)$ 的傅里叶级数是否一定收敛？如果它收敛，它是否一定收敛于函数 $f(x)$？一般来说，这两个问题的答案都不是肯定的.

$f(x)$ 满足什么条件可以展开为傅里叶级数？下面的收敛定理给出一个重要结论.

定理（收敛定理，狄利克雷充分条件） 设 $f(x)$ 是周期为 2π 的周期函数，如果它满足：在一个周期内连续或只有有限个第一类间断点，在一个周期内至多只有有限个极值点，则 $f(x)$ 的傅里叶级数收敛，并且

(1) 当 x 是 $f(x)$ 的连续点时，级数收敛于 $f(x)$；

(2) 当 x 是 $f(x)$ 的间断点时，级数收敛于 $\frac{1}{2}[f(x-0)+f(x+0)]$.

例 1 设 $f(x)$ 是周期为 2π 的周期函数（见图 11-5-1），它在 $[-\pi,\pi)$ 内的表达式为

$$f(x)=\begin{cases}-1, & -\pi\leqslant x<0,\\ 1, & 0\leqslant x<\pi.\end{cases}$$

将 $f(x)$ 展开成傅里叶级数.

解 所给函数满足收敛定理的条件，它在点 $x=k\pi(k=0,\pm1,\pm2,\cdots)$ 处不连续，在

其他点处连续，从而由收敛定理知道 $f(x)$ 的傅里叶级数收敛，并且当 $x=k\pi$ 时级数收敛于

$$\frac{1}{2}[f(x-0)+f(x+0)]=\frac{1}{2}(-1+1)=0,$$

当 $x\neq k\pi$ 时级数收敛于 $f(x)$. 傅里叶系数计算如下：

$$a_n=\frac{1}{\pi}\int_{-\pi}^{\pi}f(x)\cos nx\,\mathrm{d}x=\frac{1}{\pi}\int_{-\pi}^{0}(-1)\cos nx\,\mathrm{d}x+\frac{1}{\pi}\int_{0}^{\pi}1\cdot\cos nx\,\mathrm{d}x=0\quad(n=0,1,2,\cdots),$$

$$\begin{aligned}b_n&=\frac{1}{\pi}\int_{-\pi}^{\pi}f(x)\sin nx\,\mathrm{d}x=\frac{1}{\pi}\int_{-\pi}^{0}(-1)\sin nx\,\mathrm{d}x+\frac{1}{\pi}\int_{0}^{\pi}1\cdot\sin nx\,\mathrm{d}x\\&=\frac{1}{\pi}\left[\frac{\cos nx}{n}\right]_{-\pi}^{0}+\frac{1}{\pi}\left[-\frac{\cos nx}{n}\right]_{0}^{\pi}=\frac{1}{n\pi}[1-\cos n\pi-\cos n\pi+1]\\&=\frac{2}{n\pi}[1-(-1)^n]=\begin{cases}\dfrac{4}{n\pi}, & n=1,3,5,\cdots,\\0, & n=2,4,6,\cdots.\end{cases}\end{aligned}$$

于是 $f(x)$ 的傅里叶级数展开式为

$$f(x)=\frac{4}{\pi}\left[\sin x+\frac{1}{3}\sin 3x+\cdots+\frac{1}{2k-1}\sin(2k-1)x+\cdots\right]$$
$$(-\infty<x<+\infty;x\neq 0,\pm\pi,\pm 2\pi,\cdots).$$

2. 定义在 $[-\pi,\pi]$ 上的函数展开成傅里叶级数

设函数 $f(x)$ 只在 $[-\pi,\pi]$ 上有定义，并且满足收敛定理的条件，则 $f(x)$ 也可以展开成傅里叶级数. 可以在 $[-\pi,\pi)$ 或 $(-\pi,\pi]$ 外补充函数 $f(x)$ 的定义，使它拓广成周期为 2π 的周期函数 $F(x)$. 按照这种方式拓广函数的定义域的过程称为**周期延拓**. 再将 $F(x)$ 展开成傅里叶级数. 最后限制 x 在 $(-\pi,\pi)$ 内，此时 $F(x)=f(x)$，这样便得到 $f(x)$ 的傅里叶级数展开式.

例 2　将函数

$$f(x)=\begin{cases}-x, & -\pi\leqslant x<0,\\x, & 0\leqslant x\leqslant\pi\end{cases}$$

展开成傅里叶级数.

解　所给函数（见图 11-5-2）在区间 $[-\pi,\pi]$ 上满足收敛定理的条件，并且拓广为周期函数时，它在每一点 x 处都连续，因此拓广的周期函数的傅里叶级数在 $[-\pi,\pi]$ 上收敛于 $f(x)$.

傅里叶系数为

$$a_0=\frac{1}{\pi}\int_{-\pi}^{\pi}f(x)\mathrm{d}x=\frac{1}{\pi}\int_{-\pi}^{0}(-x)\mathrm{d}x+\frac{1}{\pi}\int_{0}^{\pi}x\mathrm{d}x=\pi;$$

$$\begin{aligned}a_n&=\frac{1}{\pi}\int_{-\pi}^{\pi}f(x)\cos nx\,\mathrm{d}x=\frac{1}{\pi}\int_{-\pi}^{0}(-x)\cos nx\,\mathrm{d}x+\frac{1}{\pi}\int_{0}^{\pi}x\cos nx\,\mathrm{d}x\\&=\frac{2}{n^2\pi}(\cos n\pi-1)=\begin{cases}-\dfrac{4}{n^2\pi}, & n=1,3,5,\cdots,\\0, & n=2,4,6,\cdots;\end{cases}\end{aligned}$$

$$b_n=\frac{1}{\pi}\int_{-\pi}^{\pi}f(x)\sin nx\,\mathrm{d}x=\frac{1}{\pi}\int_{-\pi}^{0}(-x)\sin nx\,\mathrm{d}x+\frac{1}{\pi}\int_{0}^{\pi}x\sin nx\,\mathrm{d}x=0\ (n=1,2,\cdots).$$

于是 $f(x)$ 的傅里叶级数展开式为

$$f(x)=\frac{\pi}{2}-\frac{4}{\pi}\left(\cos x+\frac{1}{3^2}\cos 3x+\frac{1}{5^2}\cos 5x+\cdots\right)(-\pi\leqslant x\leqslant\pi).$$

3. 正弦级数和余弦级数

一般地，一个函数的傅里叶级数既含有正弦项，又含有余弦项．但是，例 1 中函数的傅里叶级数只含有正弦项，例 2 中函数的傅里叶级数只含有余弦项．这是什么原因？实际上，这些情况与所给函数 $f(x)$ 的奇偶性有关.

周期为 2π 的函数 $f(x)$，式（11.5.5)、式（11.5.6)、式（11.5.7）是它的傅里叶系数计算公式．在对称区间上，奇函数的积分为零，偶函数的积分等于半区间上积分的两倍，因此，

（1）当 $f(x)$ 为奇函数时，$f(x)\cos nx$ 是奇函数，$f(x)\sin nx$ 是偶函数，故傅里叶系数为

$$a_n = 0 \quad (n = 0,1,2,\cdots),$$

$$b_n = \frac{2}{\pi}\int_0^{\pi} f(x)\sin nx\,\mathrm{d}x \quad (n = 1,2,3,\cdots).$$

因此奇函数的傅里叶级数是只含有正弦项的**正弦级数** $\sum\limits_{n-1}^{\infty} b_n \sin nx$.

（2）当 $f(x)$ 为偶函数时，$f(x)\cos nx$ 是偶函数，$f(x)\sin nx$ 是奇函数，故傅里叶系数为

$$a_n = \frac{2}{\pi}\int_0^{\pi} f(x)\cos nx\,\mathrm{d}x \quad (n = 0,1,2,3,\cdots),$$

$$b_n = 0 \quad (n = 1,2,\cdots).$$

因此偶函数的傅里叶级数是只含有余弦项的**余弦级数** $\frac{a_0}{2} + \sum\limits_{n=1}^{\infty} a_n \cos nx$.

例 3 设函数 $f(x)=x$，$-\pi \leqslant x < \pi$，将函数 $f(x)$ 展开成傅里叶级数.

解 所给函数（见图 11-5-3）在区间 $[-\pi, \pi)$ 上满足收敛定理的条件，并且拓广为以 2π 为周期的周期函数．周期函数在点 $x=(2k+1)\pi$（$k=0$，± 1，± 2，$\cdots$）处不连续，因此 $f(x)$的傅里叶级数在点 $x=(2k+1)\pi$ 处收敛于

$$\frac{1}{2}[f(\pi-0)+f(-\pi-0)] = \frac{1}{2}[\pi+(-\pi)] = 0.$$

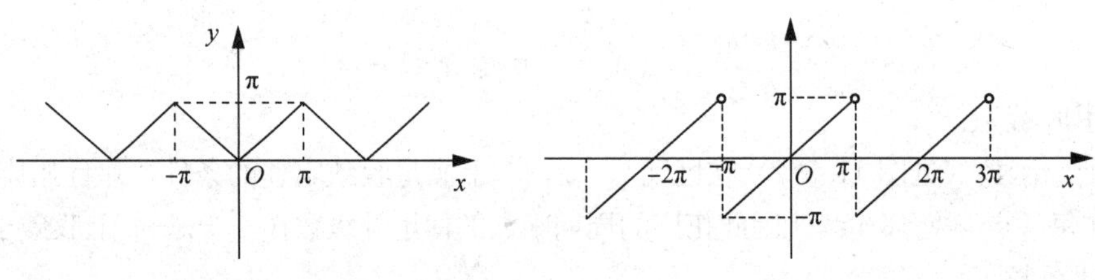

图 11-5-2　　图 11-5-3

$f(x)$ 是奇函数. 于是 $a_n=0$（$n=0,1,2,\cdots$），而

$$b_n = \frac{2}{\pi}\int_0^{\pi} f(x)\sin nx\,\mathrm{d}x = \frac{2}{\pi}\int_0^{\pi} x\sin nx\,\mathrm{d}x$$

$$= \frac{2}{\pi}\left[-\frac{x\cos nx}{n} + \frac{\sin nx}{n^2}\right]_0^{\pi} = -\frac{2}{n}\cos n\pi = \frac{2}{n}(-1)^{n+1} \quad (n = 1,2,3,\cdots).$$

所以 $f(x)$ 的傅里叶级数展开式为

$$f(x) = 2\left[\sin x - \frac{1}{2}\sin 2x + \frac{1}{3}\sin 3x - \cdots + (-1)^{n+1}\frac{1}{n}\sin nx\right]$$

$$= 2\sum_{n=1}^{\infty} (-1)^{n+1}\frac{1}{n}\sin nx \quad (-\pi \leqslant x < \pi).$$

在实际应用（如研究某种波动问题，热的传导、扩散问题）中，有时还需要把定义在区间 $[0,\pi]$ 上的函数 $f(x)$ 展开成正弦级数或余弦级数．解决方法：在开区间 $(-\pi,0)$ 内补充函数 $f(x)$ 的定义，得到定义在 $(-\pi,\pi]$ 上的函数 $F(x)$，使它在 $(-\pi,\pi)$ 上成为奇函数（或偶函数）．按这种方式拓广函数定义域的过程称为**奇延拓（或偶延拓）**．然后将奇延拓（或偶延拓）后的函数展开成傅里叶级数，这个级数必定是正弦级数（或余弦级数）．再限制 $x\in[0,\pi]$，此时，$F(x)\equiv f(x)$，便得到 $f(x)$ 的正弦级数（或余弦级数）展开式．

例如，将函数 $\varphi(x)=x\ (0\leqslant x\leqslant\pi)$ 作奇延拓，便得例 3 中的函数，按照例 3 结果，又

$$f(x)=2\sum_{n=1}^{\infty}(-1)^{n+1}\frac{1}{n}\sin nx,\quad (0\leqslant x\leqslant\pi).$$

将函数 $\varphi(x)$ 作偶延拓，便得例 2 中的函数，按照例 2 结果，有

$$f(x)=\frac{\pi}{2}-\frac{4}{\pi}\sum_{n=1}^{\infty}\frac{1}{(2n-1)^2}\cos(2n-1)x\quad (0\leqslant x\leqslant\pi).$$

二、周期为 $2l$ 的周期函数的傅里叶级数

我们所讨论的周期函数都是以 2π 为周期的．但是实际问题中所遇到的周期函数，它的周期不一定是 2π．怎样把周期为 $2l$ 的周期函数 $f(x)$ 展开成三角级数呢？

问题：我们希望能把周期为 $2l$ 的周期函数 $f(x)$ 展开成三角级数，为此我们先把周期为 $2l$ 的周期函数 $f(x)$ 变换为周期为 2π 的周期函数．

由 $-l\leqslant x\leqslant l$，可得 $-\pi\leqslant\frac{x\pi}{l}\leqslant\pi$，令 $t=\frac{x\pi}{l}$，则 $x=\frac{l}{\pi}t$，$f(x)=f\left(\frac{l}{\pi}t\right)=F(t)$，则 $F(t)$ 是以 2π 为周期的函数．这是因为

$$F(t+2\pi)=f\left[\frac{l}{\pi}(t+2\pi)\right]=f\left(\frac{l}{\pi}t+2l\right)=f\left(\frac{l}{\pi}t\right)=F(t),$$

并且它满足收敛定理的条件，$F(t)$ 可展开成傅里叶级数：

$$F(t)=\frac{a_0}{2}+\sum_{n=1}^{\infty}(a_n\cos nt+b_n\sin nt),$$

其中 $a_n=\frac{1}{\pi}\int_{-\pi}^{\pi}F(t)\cos nt\mathrm{d}t\ (n=0,1,2,\cdots)$；$b_n=\frac{1}{\pi}\int_{-\pi}^{\pi}F(t)\sin nt\mathrm{d}t\ (n=1,2,\cdots)$．

从而有如下定理：

定理 设周期为 $2l$ 的周期函数 $f(x)$ 满足收敛定理的条件，则它的傅里叶级数展开式为

$$f(x)=\frac{a_0}{2}+\sum_{n=1}^{\infty}\left(a_n\cos\frac{n\pi x}{l}+b_n\sin\frac{n\pi x}{l}\right),$$

其中系数 a_n,b_n 为

$$a_n=\frac{1}{l}\int_{-l}^{l}f(x)\cos\frac{n\pi x}{l}\mathrm{d}x\quad (n=0,1,2,\cdots),$$

$$b_n=\frac{1}{l}\int_{-l}^{l}f(x)\sin\frac{n\pi x}{l}\mathrm{d}x\quad (n=1,2,\cdots).$$

（1）当 $f(x)$ 为奇函数时，

$$f(x)=\sum_{n=1}^{\infty}b_n\sin\frac{n\pi x}{l},$$

其中 $b_n=\frac{2}{l}\int_{0}^{l}f(x)\sin\frac{n\pi x}{l}\mathrm{d}x\ (n=1,2,3,\cdots)$．

（2）当 $f(x)$ 为偶函数时，

$$f(x)=\frac{a_0}{2}+\sum_{n=1}^{\infty}a_n\cos\frac{n\pi x}{l},$$

其中

$$a_n=\frac{2}{l}\int_0^l f(x)\cos\frac{n\pi x}{l}\mathrm{d}x\quad(n=0,1,2,\cdots).$$

例 4 设 $f(x)$ 是周期为 4 的周期函数，它在 $[-2,2)$ 内的表达式为

$$f(x)=\begin{cases}0, & -2\leqslant x<0,\\ h, & 0\leqslant x\leqslant 2,\end{cases}\quad(\text{常数 } h\neq 0)$$

将 $f(x)$ 展开成傅里叶级数.

解 这里 $l=2$.

$$a_n=\frac{1}{2}\int_0^2 h\cos\frac{n\pi x}{2}\mathrm{d}x=\left[\frac{h}{n\pi}\sin\frac{n\pi x}{2}\right]_0^2=0\quad(n=1,2,3,\cdots);$$

$$a_0=\frac{1}{2}\int_0^2 h\mathrm{d}x=h;$$

$$b_n=\frac{1}{2}\int_0^2 h\sin\frac{n\pi x}{2}\mathrm{d}x=\left[-\frac{h}{n\pi}\cos\frac{n\pi x}{2}\right]_0^2$$

$$=\frac{h}{n\pi}(1-\cos n\pi)=\begin{cases}\dfrac{2h}{n\pi}, & n=1,3,5,\cdots,\\ 0, & n=2,4,6,\cdots.\end{cases}$$

于是

$$f(x)=\frac{h}{2}+\frac{2h}{\pi}\left[\sin\frac{\pi x}{2}+\frac{1}{3}\sin\frac{3\pi x}{2}+\cdots+\frac{1}{2n-1}\sin\frac{(2n-1)\pi x}{2}+\cdots\right],$$

$$(-\infty\leqslant x<\infty, x\neq 0,\pm 2,\pm 4,\cdots).$$

在 $x=0$，±2，±4，…处，$f(x)=\dfrac{h}{2}$.

习题 11-5

1. 设 $f(x)$ 是以 2π 为周期的周期函数，将 $f(x)$ 展开成傅里叶级数，其中 $f(x)$ 在 $[-\pi,\pi]$ 上的表达式为

（1）$f(x)=\begin{cases}x, & -\pi\leqslant x<0,\\ 0, & 0\leqslant x<\pi;\end{cases}$　　（2）$f(x)=x^2$.

2. 将 $f(x)=x+1$（$0\leqslant x\leqslant\pi$）分别展开成以 2π 为周期的正弦级数和余弦级数.

3. 将函数 $f(x)=1$（$0\leqslant x\leqslant\pi$）展开成正弦函数.

4. 求 $f(x)=x^2-x$（$-2<x\leqslant 2$）的傅里叶级数.

5. 在指定区间内把下列函数展开成傅里叶级数：

（1）$f(x)=2\sin\dfrac{x}{3}(-\pi\leqslant x\leqslant\pi)$；　　（2）$f(x)=1-x^2\left(-\dfrac{1}{2}\leqslant x\leqslant\dfrac{1}{2}\right)$.

总习题十一

1. 判断下列级数的敛散性，若收敛求其和：

(1) $\sum_{n=1}^{\infty}\frac{1}{(3n-2)(3n+1)}$；　　(2) $\sum_{n=1}^{\infty}\frac{1}{1+2+3+\cdots+n}$.

2. 求级数$\frac{1}{3}+\frac{3}{3^2}+\frac{5}{3^3}+\cdots+\frac{2n-1}{3^n}+\cdots$的和.

3. 判断下列级数的敛散性：

(1) $\sum_{n=1}^{\infty}\frac{1}{(n+1)^2}$；　　(2) $\sum_{n=1}^{\infty}\frac{1}{\sqrt{n+3}}$；　　(3) $\sum_{n=1}^{\infty}\frac{5^n}{n!}$；

(4) $\sum_{n=1}^{\infty}\left(\frac{n}{n+2}\right)^n$；　　(5) $\sum_{n=1}^{\infty}\frac{n\sin^2\frac{n\pi}{2}}{3^n}$；　　(6) $\sum_{n=1}^{\infty}(n+1)^2\tan\frac{\pi}{3^n}$；

(7) $\sum_{n=1}^{\infty}\left(-\frac{3}{2}\right)^n$；　　(8) $\sum_{n=1}^{\infty}\frac{1}{n+2}\left(\frac{3}{4}\right)^n$.

4. 讨论下列级数是绝对收敛还是条件收敛：

(1) $\sum_{n=1}^{\infty}\frac{(-1)^n}{(n+2)^2}$；　　(2) $\sum_{n=1}^{\infty}\frac{(-1)^n}{\sqrt{3(n+1)}}$；

(3) $\sum_{n=1}^{\infty}\frac{(-1)^n}{n+5}$；　　(4) $\sum_{n=1}^{\infty}(-1)^n\frac{\sin\frac{\pi}{n+1}}{\pi^{n+1}}$.

5. 求下列幂级数的收敛区间：

(1) $\sum_{n=1}^{\infty}\frac{2^n+5^n}{n}x^n$；　　(2) $\sum_{n=1}^{\infty}\frac{3^nx^n}{n}$；

(3) $\sum_{n=1}^{\infty}\frac{(x-2)^n}{n^2}$；　　(4) $\sum_{n=1}^{\infty}\frac{nx^{2n}}{2^n}$.

6. 将下列幂级数的和函数：

(1) $\sum_{n=0}^{\infty}\frac{1}{n+1}\left(\frac{x}{3}\right)^{n+1}$；　　(2) $\sum_{n=0}^{\infty}\frac{x^{2n}}{n!}$.

7. 将函数 $f(x)=\frac{x-2}{x+1}$展开成 $x-2$ 的幂级数.

8. 将函数 $f(x)=\frac{1}{x^2-2x-3}$展开成 x 的幂级数.

9. 将函数 $f(x)=\begin{cases}1, & 0\leqslant x\leqslant h,\\ 0, & h<x\leqslant\pi,\end{cases}$展开成正弦级数.

习题参考答案

第七章答案

习题 7-1

1. （1）一阶；（2）二阶；（3）一阶；（4）三阶.
2. （1）不是；（2）是；（3）是；（4）是.
3. 略.
4. （1）略；（2）$y=3e^{2x}$.
5. $\frac{dI}{dt}+\frac{R}{L}I=\frac{E}{L}$，$I\big|_{t=0}=0$.

习题 7-2

1. （1）；（2）；（4）；（5）.
2. （1）$y=-\frac{2}{x^2+C}$；（2）$\tan y=x+C$；
   （3）$y=Cx$；（4）$x^2-y^2=C$；
   （5）$2^x+2^{-y}=C$；（6）$\sin y=-\frac{1}{3}\cos 3x+C$；
   （7）$y=e^{Cx}$；（8）$\arcsin y=\arcsin x+C$.
3. （1）$(x^2+y^2)^3=Cx^2$；（2）$y=xe^{Cx+1}$；
   （3）$x^3-2y^3=Cx$.
4. （1）$e^y=\frac{1}{2}(e^{2x}+1)$；（2）$x^2y=4$；（3）$y^2=2x^2(2+\ln x)$.
5. $R=R_0e^{-0.000\,433t}$（t 以年为单位）.
6. $xy=6$.

习题 7-3

1. （1）$y=1+Ce^{-x}$；（2）$y=\frac{5}{3}+Ce^{-3x}$；
   （3）$y=\frac{1}{2}+Ce^{-x^2}$；（4）$y=Ce^{2x}-\frac{x}{2}-\frac{5}{4}$；
   （5）$y=x^3(x+C)$；（6）$y=Cx+x\ln\ln x$；
   （7）$y=(x^2+1)(x+C)$；（8）$y=-\frac{1}{2}\cos x+\frac{C}{\cos x}$；
   （9）$\rho=\frac{1}{3}+Ce^{-3\theta}$；（10）$I=\frac{E}{R}+Ce^{-\frac{R}{L}t}$.

2. (1) $y=e^{-x}(x+2)$; (2) $r=\cos\theta(-2\cos\theta+7)$;

(3) $y=\frac{2}{3}+\frac{1}{3}e^{-3x}$; (4) $y=\frac{1}{x}(\sin x-1)$.

3. $y=\frac{1}{2}x-\frac{1}{4}+\frac{1}{4}e^{-2x}$.

4. (1) $y(Ce^{-x}-2)=1$; (2) $y^5\left(\frac{5}{2}x^3+Cx^5\right)=1$;

(3) $ye^{x^2}(x+C)=1$; (4) $\sqrt{y}=(1+x^2)(\arctan x+C)$.

5. (1) $x=e^y(y+C)$; (2) $y=\tan(x+C)-x$;

(3) $(x-y)^2=-2x+C$.

习题 7-4

1. (1) $y=\frac{1}{3}x^3+\frac{1}{4!}x^4+\frac{1}{2}C_1x^2+C_2x+C_3$; (2) $y=\frac{1}{9}e^{3x}-\sin x+C_1x+C_2$;

(3) $y=x\arctan x-\frac{1}{2}\ln(1+x^2)+C_1x+C_2$; (4) $y=xe^x+C_1e^x+C_2$;

(5) $y=C_1\ln|x|+C_2$; (6) $y^3=C_1x+C_2$.

2. (1) $y=-2x+2e^x+1$; (2) $y=\sqrt{2x-x^2}$;

(3) $y=\left(\frac{1}{2}x+1\right)^4$.

3. $y=\frac{x^3}{6}+\frac{x}{2}+1$.

习题 7-5

1. (1) 无关;(2) 无关;(3) 无关;(4) 无关;(5) 相关;(6) 相关;(7) 相关;(8) 无关.
2. $y=(C_1+C_2x)e^{x^2}$.
3. $y=C_1\cos\omega x+C_2\sin\omega x$.
4. $y=C_1(x^2-3)+C_2x^2(1-e^x)$.
5. 略.

习题 7-6

1. (1) $y=C_1e^{-2x}+C_2e^{-3x}$; (2) $y=C_1e^{-x}+C_2e^{4x}$;

(3) $y=C_1+C_2e^{5x}$; (4) $y=C_1e^x+C_2xe^x$;

(5) $y=C_1e^{2x}+C_2xe^{2x}$; (6) $y=C_1\cos x+C_2\sin x$;

(7) $y=C_1\cos 2x+C_2\sin 2x$; (8) $y=e^{-4x}(C_1\cos 3x+C_2\sin 3x)$;

(9) $y=e^{2x}(C_1\cos x+C_2\sin x)$; (10) $y=C_1e^{2x}+C_2e^{-2x}+C_3\cos 3x+C_4\sin 3x$;

(11) $y=C_1e^{4x}+C_2\cos x+C_3\sin x$.

2. (1) $y=-2e^{-3x}+3e^{-x}$; (2) $y=-1+2e^{2x}$;

(3) $y=2\cos 5x+3\sin 5x$.

习题 7-7

1. （1） $y^* = b_0x + b_1$；（2） $y^* = b_0x^2 + b_1x$；
   （3） $y^* = b_0e^x$；（4） $y^* = (b_0x^2 + b_1x + b_2)e^x$；
   （5） $y^* = b_0\cos 2x + b_1\sin 2x$；（6） $y^* = x(b_0\cos x + b_1\sin x)$.

2. （1） $y = C_1e^{-2x} + C_2e^x + \frac{2}{3}xe^x$；
   （2） $y = C_1 + C_2e^{-\frac{5}{2}x} + \frac{1}{3}x^3 - \frac{3}{5}x^2 + \frac{7}{25}x$；
   （3） $y = C_1e^{-x} + C_2e^{-2x} + \left(\frac{3}{2}x^2 - 3x\right)e^{-x}$；
   （4） $y = (C_1 + C_2x)e^{3x} + \frac{1}{2}x^2\left(\frac{1}{3}x + 1\right)e^{3x}$；
   （5） $y = C_1\cos 2x + C_2\sin 2x + \frac{1}{3}x\cos x + \frac{2}{9}\sin x$；
   （6） $y = C_1\cos x + C_2\sin x + \frac{1}{2}e^x + \frac{1}{2}x\sin x$.

3. （1） $\tilde{y} = -5e^x + \frac{7}{2}e^{2x} + \frac{5}{2}$；（2） $\tilde{y} = e^x - e^{-x} + e^x(x^2 - x)$.

4. $\alpha = -3$，$\beta = 2$，$\gamma = -1$，$y = C_1e^x + C_2e^{2x} + xe^x$.

总 习 题 七

1. （1） 2；
   （2） $y = e^{-\int P(x)dx}\left(\int Q(x)e^{\int P(x)dx}dx + C\right)$；
   （3） $y = C_1x + C_2xe^x$；
   （4） $y = C_1(x - x^2) + C_2(x - 1) + x$（答案不唯一）；
   （5） $y'' + 5y' = 0$.

2. （1） $y = e^{-x}(\sin x + C)$；（2） $\ln(1 + y^2) = 2\arctan x + C$；
   （3） $y = \frac{1}{x}e^{Cx}$；（4） $y = C_1e^x + C_2e^{2x} - (x^2 + 2x)e^x$；
   （5） $y = C_1e^{2x} + C_2e^{-2x} + \frac{x}{4}e^{2x}$；（6） $y = C_1e^x + C_2\cos 2x + C_3\sin 2x$；
   （7） $y = \frac{C_1}{x^2} + C_2$.

3. （1） $y = \frac{x}{3}\left(\ln x - \frac{1}{3}\right)$；（2） $y = \frac{1}{5}x^3 + \sqrt{x}$；（3） $y = \sqrt{x + 1}$.

4. $t = 6\ln 3$（年）.

5. $s = 1.05$（km）.

第八章答案

习题 8-1

1. $t^2 f(x, y)$.
2. (1) $\{(x,y) \mid y^2-2x+1>0\}$;
   (2) $\{(x,y) \mid x+y>0, x-y>0\}$;
   (3) $\{(x,y) \mid x\geqslant 0, y\geqslant 0, x^2\geqslant y\}$;
   (4) $\{(x,y) \mid y-x>0, x\geqslant 0, x^2+y^2<1\}$;
   (5) $\{(x,y,z) \mid r^2<x^2+y^2+z^2\leqslant R^2\}$;
   (6) $\{(x,y,z) \mid x^2+y^2-z^2\geqslant 0, x^2+y^2\neq 0\}$.
3. (1) 1; (2) 1; (3) $-\frac{1}{4}$; (4) -2; (5) 2; (6) $\frac{1}{2}$; (7) $\frac{3}{8}\pi^2$; (8) $\frac{\pi}{8}$; (9) 1.
4. 略.
5. $\{(x,y) \mid y^2-2x=0\}$.

习题 8-2

1. (1) $z_x = 3x^2y-y^3$, $z_y = x^3-3y^2x$;
   (2) $s_u = \frac{u^2-v^2}{u^2v}$, $s_v = \frac{v^2-u^2}{uv^2}$;
   (3) $z_x=\frac{1}{2x\sqrt{\ln(xy)}}$, $z_y=\frac{1}{2y\sqrt{\ln(xy)}}$;
   (4) $z_x=y[\cos(xy)-\sin(2xy)]$, $z_y=x[\cos(xy)-\sin(2xy)]$;
   (5) $z_x=-y^2\sin(xy^2)$, $z_y=-2xy\sin(xy^2)$;
   (6) $z_x = 2x$, $z_y = 2\mathrm{e}^{2y}$;
   (7) $z_x=\mathrm{e}^{x+y}+2xy$, $z_y=\mathrm{e}^{x+y}+x^2$;
   (8) $z_x=-\frac{y}{x^2+y^2}$, $z_y=-\frac{x}{x^2+y^2}$;
   (9) $u_x=2x$, $u_y=2y$, $u_z=2z$;
   (10) $z_x=\frac{2}{y}\csc\frac{2x}{y}$, $z_y=-\frac{2x}{y^2}\csc\frac{2x}{y}$.
2. 略.
3. 略.
4. (1) $\frac{\partial^2 z}{\partial x^2}=12x^2-8y^2$, $\frac{\partial^2 z}{\partial y^2}=12y^2-8x^2$, $\frac{\partial^2 z}{\partial x\partial y}=-16xy$;
   (2) $\frac{\partial^2 z}{\partial x^2}=\frac{2xy}{(x^2+y^2)^2}$, $\frac{\partial^2 z}{\partial y^2}=-\frac{2xy}{(x^2+y^2)^2}$, $\frac{\partial^2 z}{\partial x\partial y}=\frac{y^2-x^2}{(x^2+y^2)^2}$;
   (3) $\frac{\partial^2 z}{\partial x^2}=-8\cos(4x+6y)$, $\frac{\partial^2 z}{\partial y^2}=-18\cos(4x+6y)$, $\frac{\partial^2 z}{\partial x\partial y}=-12\cos(4x+6y)$;
   (4) $\frac{\partial^2 z}{\partial x^2}=-\frac{1}{(x+y^2)^2}$, $\frac{\partial^2 z}{\partial y^2}=\frac{2(x-y^2)}{(x+y^2)^2}$, $\frac{\partial^2 z}{\partial x\partial y}=\frac{-2y}{(x+y^2)^2}$;

（5）$\frac{\partial^2 z}{\partial x^2}=2\cos(x+y)-x\sin(x+y)$，$\frac{\partial^2 z}{\partial y^2}=-x\sin(x+y)$，$\frac{\partial^2 z}{\partial x\partial y}=\cos(x+y)-x\sin(x+y)$；

（6）$\frac{\partial^2 z}{\partial x^2}=y(y-1)x^{y-2}$，$\frac{\partial^2 z}{\partial y^2}=x^y(\ln x)^2$，$\frac{\partial^2 z}{\partial x\partial y}=(1+y\ln x)x^{y-1}$.

5. $\frac{\pi}{4}$.

6. $f_{xx}(0,0,1)=2$，$f_{xz}(1,0,2)=2$，$f_{yz}(0,-1,0)=0$，$f_{zzx}(2,0,1)=0$.

习题 8-3

1. （1）$\left(y+\frac{1}{y}\right)\mathrm{d}x+x\left(1-\frac{1}{y^2}\right)\mathrm{d}y$；　（2）$-\frac{1}{x}\mathrm{e}^{\frac{y}{x}}\left(\frac{y}{x}\mathrm{d}x-\mathrm{d}y\right)$；

（3）$\frac{2}{x^2+y^2}(x\mathrm{d}x+y\mathrm{d}y)$；　（4）$2xyz\mathrm{d}x+(x^2z-2\sin 2y)\mathrm{d}y+x^2y\mathrm{d}z$；

（5）$-\frac{x}{(x^2+y^2)^{\frac{3}{2}}}(y\mathrm{d}x-x\mathrm{d}y)$；　（6）$yzx^{yz-1}\mathrm{d}x+zx^{yz}\cdot\ln x\mathrm{d}y+yx^{yz}\cdot\ln x\mathrm{d}z$.

2. $\frac{1}{3}\mathrm{d}x+\frac{2}{3}\mathrm{d}y$.

3. 0.25e.

4. 2.039.

5. −5 cm.

6. 42.7.

习题 8-4

1. $\frac{\partial z}{\partial x}=4x$，$\frac{\partial z}{\partial y}=4y$.

2. $\frac{\partial z}{\partial x}=\frac{x}{y^2}\left[2\ln(3x-2y)+\frac{3x}{3x-2y}\right]$，$\frac{\partial z}{\partial y}=\frac{-2x^2}{y^2}\left[\frac{\ln(3x-2y)}{y}+\frac{1}{3x-2y}\right]$.

3. $\mathrm{e}^{\sin t-2t^3}(\cos t-6t^2)$.

4. $\mathrm{e}^{ax}\sin x$.

5. $\frac{\partial^2 z}{\partial x^2}=2f'+4x^2f''$，$\frac{\partial^2 z}{\partial x\partial y}=4xyf''$，$\frac{\partial^2 z}{\partial y^2}=2f'+4y^2f''$.

6. 略.

7. （1）$\frac{\partial u}{\partial x}=2xf_1'+y\mathrm{e}^{xy}f_2'$，$\frac{\partial u}{\partial y}=-2yf_1'+x\mathrm{e}^{xy}f_2'$；

（2）$\frac{\partial u}{\partial x}=\frac{1}{y}f_1'$，$\frac{\partial u}{\partial y}=-\frac{x}{y^2}f_1'+\frac{1}{z}f_2'$，$\frac{\partial u}{\partial z}=-\frac{y}{z^2}f_2'$.

习题 8-5

1. $\frac{y^2-\mathrm{e}^x}{\cos y-2xy}$.

2. $\frac{x+y}{x-y}$.

3. $\dfrac{\partial z}{\partial x}=\dfrac{yz-\sqrt{xyz}}{\sqrt{xyz}-xy}$，$\dfrac{\partial z}{\partial y}=\dfrac{xz-2\sqrt{xyz}}{\sqrt{xyz}-xy}$.

4. $\dfrac{\partial z}{\partial x}=\dfrac{z}{x+z}$，$\dfrac{\partial z}{\partial y}=\dfrac{z^2}{y(x+z)}$.

5. $\dfrac{2y^2ze^z-2xy^3z-y^2z^2e^z}{(e^z-xy)^3}$.

6. $\dfrac{z(z^4-2xyz^2-x^2y^2)}{(z^2-xy)^3}$.

7. 略.

8. (1) $\dfrac{dy}{dx}=-\dfrac{x(6z+1)}{2y(3z+1)}$，$\dfrac{dz}{dx}=\dfrac{x}{3z+1}$；

(2) $\dfrac{\partial u}{\partial x}=\dfrac{\sin v}{e^u(\sin v-\cos v)+1}$，$\dfrac{\partial u}{\partial y}=\dfrac{-\cos v}{e^u(\sin v-\cos v)+1}$，$\dfrac{\partial v}{\partial x}=\dfrac{\cos v-e^u}{u[e^u(\sin v-\cos v)+1]}$，

$\dfrac{\partial v}{\partial y}=\dfrac{\sin v+e^u}{u[e^u(\sin v-\cos v)+1]}$.

习题 8-6

1. 切线：$\dfrac{x-\left(\dfrac{\pi}{2}-1\right)}{1}=\dfrac{y-1}{1}=\dfrac{z-2\sqrt{2}}{\sqrt{2}}$，法平面：$x+y+\sqrt{2}z=\dfrac{\pi}{2}+4$.

2. 切线：$\dfrac{x-\dfrac{1}{2}}{1}=\dfrac{y-2}{-4}=\dfrac{z-1}{8}$，法平面：$2x-8y+16z-1=0$.

3. 切线：$\dfrac{x-1}{16}=\dfrac{y-1}{9}=\dfrac{z-1}{-1}$，法平面：$16x+9y-z=24$.

4. $P_1(-1, 1, -1)$ 及 $P_2\left(-\dfrac{1}{3},\dfrac{1}{9},-\dfrac{1}{27}\right)$.

5. 切平面：$x+2y-4=0$，法线：$\begin{cases}\dfrac{x-2}{1}=\dfrac{y-1}{2},\\ z=0.\end{cases}$

6. 切平面：$ax_0x+by_0y+cz_0z=1$；法线：$\dfrac{x-x_0}{ax_0}=\dfrac{y-y_0}{by_0}=\dfrac{z-z_0}{cz_0}$.

7. 切平面：$4x+2y-z-5=0$；法线：$\dfrac{x-2}{4}=\dfrac{y-1}{2}=\dfrac{z-5}{-1}$.

8. 切平面：$x+y-2z=0$；法线：$\dfrac{x-1}{1}=\dfrac{y-1}{1}=\dfrac{z-1}{-2}$.

习题 8-7

1. $1+3\sqrt{3}$.

2. $\dfrac{\sqrt{2}}{3}$.

3. $\sqrt{2}$.

4. $\frac{16}{3}$.

5. $\mathbf{grad}f(0,0,0)=3\boldsymbol{i}-2\boldsymbol{j}-6\boldsymbol{k}$，$\mathbf{grad}f(1,0,1)=5\boldsymbol{i}-\boldsymbol{j}$.

6. $(2,-2,4)$.

7. 增长最快的方向：$\vec{n}=\frac{1}{\sqrt{21}}(2,-4,1)$，方向导数为$\sqrt{21}$；

增长最慢的方向：$-\vec{n}=\frac{1}{\sqrt{21}}(-2,4,-1)$，方向导数为$-\sqrt{21}$.

8. 方向导数最大的方向：$\vec{n}=(0,1,2)$，方向导数为$\sqrt{5}$.

习题 8-8

1. （1）极小值 $f(0,0)=5$；（2）极大值 $f(1,1)=1$；

（3）极小值 $f\left(\frac{1}{2},-1\right)=-\frac{\mathrm{e}}{2}$；（4）极大值 $f(3,2)=36$；

（5）极大值 $f(2,-2)=8$；（6）极小值 $f\left(\frac{4}{3},\frac{9}{2}\right)=18$；

（7）极大值 $f(-4,-2)=8\mathrm{e}^{-2}$；

（8）极大值 $f(0,0)=0$；极小值 $f(2,2)=-8$.

2. 极大值：$z\left(\frac{1}{2},\frac{1}{2}\right)=\frac{1}{4}$.

3. 当两边都是$\frac{l}{\sqrt{2}}$时，可得最大的周长.

总 习 题 八

1. （1）充分，必要；（2）必要，充分；（3）充分；（4）充分.

2. $\{(x,y)\mid 0<x^2+y^2<1,\ y^2\leqslant 4x\}$，$\frac{\sqrt{2}}{\ln\frac{3}{4}}$.

3. 略.

4. $z_x=\frac{1}{x+y^2}$，$z_y=\frac{2y}{x+y^2}$，$z_{xx}=-\frac{1}{(x+y^2)^2}$，$z_{yy}=\frac{2(x-y^2)}{(x+y^2)^2}$，$z_{xy}=-\frac{2y}{(x+y^2)^2}$.

5. $\Delta z=0.028$，$\mathrm{d}z=0.03$.

6. $\frac{\partial^2 z}{\partial x\partial y}=x\mathrm{e}^{2y}f''_{uu}+\mathrm{e}^y f''_{uy}+x\mathrm{e}^y f''_{xu}+f''_{xy}+\mathrm{e}^y f'_u$.

7. $\frac{\partial z}{\partial x}=(v\cos v-u\sin v)\mathrm{e}^{-u}$，$\frac{\partial z}{\partial y}=(u\cos v+v\sin v)\mathrm{e}^{-u}$.

8. 切线方程$\begin{cases}x=a,\\ by-az=0;\end{cases}$法平面方程为 $ay+bz=0$.

9. $(-3,-1,3)$，$\frac{x+3}{1}=\frac{y+1}{3}=\frac{z-3}{1}$.

10. $\frac{\partial u}{\partial n}=\frac{2}{\sqrt{\frac{x_0^2}{a^4}+\frac{y_0^2}{b^4}+\frac{z_0^2}{c^4}}}$.

11. $\left(\frac{4}{5},\frac{3}{5},\frac{35}{12}\right)$.

12. 当 $p_1=80$，$p_2=120$ 时，总利润最大，最大利润为 60.5.

第九章答案

习题 9-1

1. $\iint\limits_D \mu(x,y)\mathrm{d}\sigma$.

2. $I_1=4I_2$.

3. (1) $\iint\limits_D (x+y)^2\mathrm{d}\sigma \geqslant \iint\limits_D (x+y)^3\mathrm{d}\sigma$；　(2) $\iint\limits_D (x+y)^3\mathrm{d}\sigma \geqslant \iint\limits_D (x^2+y^2)\mathrm{d}\sigma$；

(3) $\iint\limits_D \ln(x+y)\mathrm{d}\sigma \geqslant \iint\limits_D [\ln(x+y)]^2\mathrm{d}\sigma$；　(4) $\iint\limits_D [\ln(x+y)]^2\mathrm{d}\sigma \geqslant \iint\limits_D \ln(x+y)\mathrm{d}\sigma$.

4. (1) $0\leqslant I\leqslant 2$；(2) $0\leqslant I\leqslant \pi^2$；(3) $2\leqslant I\leqslant 8$；(4) $36\pi\leqslant I\leqslant 100\pi$.

习题 9-2

1. (1) $\frac{8}{3}$；(2) $\frac{20}{3}$；(3) $\frac{6}{55}$；(4) $\frac{64}{15}$；(5) $\mathrm{e}-\mathrm{e}^{-1}$；(6) $-\frac{3}{2}\pi$.

2. (1) $\int_0^1\mathrm{d}x\int_x^1 f(x,y)\mathrm{d}y$；　(2) $\int_0^4\mathrm{d}x\int_{\frac{x}{2}}^{\sqrt{x}} f(x,y)\mathrm{d}y$；

(3) $\int_{-1}^1\mathrm{d}x\int_0^{\sqrt{1-x^2}} f(x,y)\mathrm{d}y$；　(4) $\int_0^1\mathrm{d}y\int_{\mathrm{e}^y}^{\mathrm{e}} f(x,y)\mathrm{d}x$；

(5) $\int_0^9\mathrm{d}y\int_{\frac{y}{3}}^{\sqrt{y}} f(x,y)\mathrm{d}x$；　(6) $\int_1^2\mathrm{d}x\int_x^{2x} f(x,y)\mathrm{d}y$.

3. $\iint\limits_{x^2+y^2\leqslant 1} |1-x-y|\,\mathrm{d}x\mathrm{d}y$.

4. (1) $4\frac{1}{2}$；(2) $\frac{7}{2}$；(3) $\frac{17}{6}$.

5. (1) $\frac{1}{4\pi}$；(2) $\frac{1}{2}$；(3) $\begin{cases}3x, & 0\leqslant x\leqslant 1,\\ 0, & \text{其他};\end{cases}$ (4) $\frac{5}{18}$.

习题 9-3

1. (1) $0\leqslant r\leqslant a, 0\leqslant\theta\leqslant 2\pi$；　(2) $0\leqslant r\leqslant 2\cos\theta$，$-\frac{\pi}{2}\leqslant\theta\leqslant\frac{\pi}{2}$；

(3) $a\leqslant r\leqslant b$，$0\leqslant\theta\leqslant 2\pi$；　(4) $0\leqslant r\leqslant\frac{1}{\cos\theta+\sin\theta}$，$0\leqslant\theta\leqslant\frac{\pi}{2}$.

2. (1) $\sqrt{2}-1$；　(2) $\frac{1}{8}\pi a^4$.

3. (1) $\pi(\mathrm{e}^4-1)$；　(2) $\frac{\pi}{4}(2\ln 2-1)$；

(3) $\frac{2}{3}\pi(b^3-a^3)$；　(4) $\frac{3}{64}\pi^2$；

（5）$\frac{\pi}{8}(\pi-2)$.

4. （1）$\frac{1}{3}\pi^4$；（2）$\frac{7}{3}\ln 2$；（3）$\frac{1}{2}\pi ab$（提示：$x=a\rho\cos\theta$，$y=b\rho\sin\theta$）.

5. 略.

习题 9-4

1. （1）$\int_0^1 dx\int_0^{1-x} dy\int_0^{xy} f(x,y,z)dz$；（2）$\int_{-1}^1 dx\int_{-\sqrt{1-x^2}}^{\sqrt{1-x^2}} dy\int_{x^2+y^2}^1 f(x,y,z)dz$.

2. $\frac{3}{2}$.

3. （1）$\frac{1}{364}$；（2）$\frac{1}{48}$；（3）$\frac{\pi}{4}$.

4. （1）$\frac{7\pi}{12}$；（2）$\frac{16\pi}{3}$；（3）$\frac{3\pi}{2}$.

5. （1）$\frac{4\pi}{5}$；（2）$\frac{7\pi}{6}$；（3）$\frac{59}{480}\pi R^5$.

习题 9-5

1. $\frac{1}{2}\sqrt{(ab)^2+(bc)^2+(ac)^2}$.

2. $16R^2$.

3. 12π.

4. $\frac{\pi^5}{40}$.

5. $k\pi R^4$.

6. $\left(0,\ \frac{4b}{3\pi}\right)$.

7. （1）$\left(0,0,\frac{3}{4}\right)$；（2）$\left(\frac{2a}{5},\frac{2a}{5},\frac{7a^2}{30}\right)$.

8. $\frac{1}{2}\pi\rho(b^4-a^4)$.

9. $I_x=\frac{1}{3}ab^3$，$I_y=\frac{1}{3}a^3b$.

10. $\frac{44\rho}{105}$.

11. $\frac{4}{9}\pi R^6$.

12. $\boldsymbol{F}=2\pi G\rho m(H-\sqrt{R^2+(a+H)^2}+\sqrt{R^2+a^2})$.

总 习 题 九

1. （1）$e-e^{-1}$；（2）0；（3）$\frac{9}{4}$；（4）$\frac{1}{3}R^3\left(\pi-\frac{4}{3}\right)$；（5）$\frac{\pi}{4}R^4+9\pi R^2$；（6）$\pi R^3$.

2. (1) $\int_0^1 \mathrm{d}y \int_{2-y}^{1+\sqrt{1-y^2}} f(x,y)\mathrm{d}x$； (2) $\int_0^1 \mathrm{d}y \int_{y^2}^{y} f(x,y)\mathrm{d}x$.

3. $\frac{3}{32}\pi a^4$.

4. $\sqrt{\frac{2}{3}}R$.

第十章答案

习题 10-1

1. (1) $2\pi a^{2\pi+1}$； (2) $\sqrt{2}$；
   (3) $\frac{1}{12}(5\sqrt{5}+6\sqrt{2}-1)$； (4) $\mathrm{e}^a\left(2+\frac{\pi}{4}a\right)-2$；
   (5) $\frac{\sqrt{3}}{2}(1-\mathrm{e}^{-2})$； (6) $\frac{256}{15}a^3$；
   (7) $2\pi^2a^3(1+2\pi^2)$； (8) 9.

2. 重心在扇形的对称轴上且与圆心距离$\frac{a\sin\varphi}{\varphi}$处.

3. (1) 5；(2) $\sqrt{3}$.

习题 10-2

1. (1) $\frac{34}{3}$ (2) 11；(3) 14；(4) $\frac{32}{3}$.

2. (1) $-\frac{56}{15}$；(2) $-\frac{14}{15}$；(3) 0；(4) -2π；(5) $\frac{k^3\pi^3}{3}-a^2\pi$；(6) 13.

3. $-|\boldsymbol{F}|R$.

习题 10-3

1. (1) $\frac{1}{30}$；(2) 8.

2. $\frac{3}{8}\pi a^2$.

3. $-\pi$.

4. (1) $\frac{5}{2}$；(2) 6.

5. (1) 12；(2) 0；(3) $\frac{\pi^2}{4}$.

6. (1) $\frac{1}{2}x^2+2xy+\frac{1}{2}y^2$；(2) x^2y；(3) $y^2\sin x+x^2\cos y$.

习题 10-4

1. (1) $\frac{13}{3}\pi$；(2) $\frac{149}{30}\pi$；(3) $\frac{111}{10}\pi$.

2. (1) $\frac{1+\sqrt{2}}{2}\pi$；(2) 9π.

3. (1) $4\sqrt{61}$；(2) $-\frac{27}{4}$；(3) $\pi a(a^2-h^2)$；(4) $2\pi\arctan\frac{h}{R}$.

4. $\frac{4}{3}\rho_0\pi a^4$.

习题 10-5

1. 略.

2. (1) $\frac{2}{105}\pi R^7$；(2) $\frac{3}{2}\pi$；(3) $\frac{1}{2}$；(4) $\frac{1}{8}$.

3. $\frac{1}{4}$.

习题 10-6

1. (1) $3a^4$；(2) $\frac{6}{5}\pi a^5$；(3) $-\frac{2\pi a^5}{5}$.

2. (1) 0；(2) 108π.

3. (1) $2(x+y+z)$；(2) $ye^{xy}-x\sin(xy)-2xz\sin(xz^2)$.

4. $\frac{2}{3}hR^3+\frac{\pi}{8}h^2R^2$.

5. 0.

6. $2\pi R^3$.

7. $\frac{12}{5}\pi R^5$.

习题 10-7

1. (1) $-9\sqrt{3}\pi$；(2) 2π；(3) -20π.

2. (1) 2π；(2) 12π.

3. (1) $(2,4,6)$；(2) $(-y^2\cos z,-z^2\cos x,-x^2\cos y)$.

4. $-\sqrt{3}\pi a^2$.

5. (1) 0；(2) -4.

6. 略.

总 习 题 十

1. (1) $\int_\Gamma (P\cos\alpha+Q\cos\beta+R\cos\gamma)\mathrm{d}S$，切向量；

(2) $\iint_\Sigma (P\cos\alpha+Q\cos\beta+R\cos\gamma)\mathrm{d}S$，法向量.

2. (1) $\frac{1}{12}(5\sqrt{5}+6\sqrt{2}-1)$；(2) $\frac{256}{15}a^3$；

(3) $\frac{1}{35}$；(4) πa^2；(5) e^2+5.

3. $y=\sin x$.

4. (1) 0；(2) 2π；(3) -2π.

5. 236.

6. (1) $4\sqrt{61}$；(2) πa^3；(3) $-\frac{\pi}{4}h^4$；(4) $2\pi R^3$；(5) $\frac{2}{15}$.

7. $\left(0,0,\frac{a}{2}\right)$.

第十一章答案

习题 11-1

1. (1) $(-1)^{n-1}\frac{1}{2n-1}$；(2) $(-1)^{n-1}\frac{n^2}{(n+1)^2}$；

(3) $\frac{x^{n/2}}{2\cdot 4\cdot \cdots \cdot (2n)}$；(4) $(-1)^{n-1}\frac{a^{n+1}}{2n+1}$.

2. (1) 收敛；(2) 收敛.

3. (1) 收敛；(2) 发散；(3) 发散；(4) 发散；(5) 发散；(6) 发散.

4. $\frac{aq^n}{1-q}$.

5. $\frac{1}{4}$.

习题 11-2

1. (1) 发散；(2) 发散；(3) 收敛；(4) $a>1$ 收敛，$0<a\leqslant 1$ 发散；(5) 收敛.

2. (1) 发散；(2) 收敛；(3) 收敛；(4) 收敛；(5) 收敛；(6) 收敛.

3. (1) 条件收敛；(2) 绝对收敛；(3) 发散；(4) 绝对收敛；(5) 条件收敛；(6) 绝对收敛.

习题 11-3

1. (1) $[-1,1]$；(2) $[-3,3)$；(3) $(-\infty,+\infty)$；(4) $\left[-\frac{1}{2},\frac{1}{2}\right]$；

(5) $(-2,2)$；(6) $(-\sqrt{3},\sqrt{3})$；(7) $[1,3]$；(8) $[4,6)$；(9) $(-1,1]$.

2. (1) $\frac{1}{(1-x)^2}$ $(-1<x<1)$；

(2) $\frac{1}{4}\ln\frac{1+x}{1-x}+\frac{1}{2}\arctan x-x$ $(-1<x<1)$；

(3) $\frac{1}{2}\ln\frac{1+x}{1-x}$ $(-1<x<1)$.

3. xe^{x^2}，3e.

习题 11-4

1. (1) $-\sum\limits_{n=0}^{\infty}\dfrac{x^n}{2^{n+1}},(-2,2)$；

(2) $\ln 3+\sum\limits_{n=0}^{\infty}\dfrac{(-1)^n}{n+1}\cdot\dfrac{x^{n+1}}{3^{n+1}},(-3,3]$；

(3) $\sum\limits_{n=0}^{\infty}\dfrac{(-1)^n}{n!}2^n x^n,(-\infty,+\infty)$；

(4) $1+\sum\limits_{n=0}^{\infty}(-1)^n\dfrac{x^{2n}\cdot 4^n}{(2n)!},(-\infty,+\infty)$；

(5) $\sum\limits_{n=0}^{\infty}\left[\dfrac{1}{2^{n+1}}+(-1)^n\dfrac{1}{3^{n+1}}\right]x^n,(-2,2)$；

(6) $\sum\limits_{n=0}^{\infty}(-1)^n\dfrac{1}{3^{2(n+1)}}x^{2n+1},(-3,3)$.

2. $\dfrac{\sqrt{2}}{2}\sum\limits_{n=0}^{\infty}(-1)^n\left[\dfrac{1}{(2n)!}\left(x-\dfrac{\pi}{4}\right)^{2n}-\dfrac{1}{(2n-1)!}\left(x-\dfrac{\pi}{4}\right)^{2n+1}\right]$.

3. $\sum\limits_{n=0}^{\infty}(-1)^n\dfrac{(x-3)^n}{4^{n+1}},(-1,7)$.

4. $\ln 2+\sum\limits_{n=1}^{\infty}\left[(-1)^{n-1}-\dfrac{1}{2^n}\right]\dfrac{(x-1)^n}{n},(0,2]$.

5. $\sum\limits_{n=1}^{\infty}n^2x^{n-1},(-1,1)$.

6. (1) 0.999 4；(2) 1.098 6.

7. $y=-1-x+\mathrm{e}^{-x}$.

习题 11-5

1. (1) $f(x)=-\dfrac{\pi}{4}+\left(\dfrac{2}{\pi}\cos x+\sin x\right)-\dfrac{1}{2}\sin 2x+\left(\dfrac{2}{3^2\pi}\cos 3x+\dfrac{1}{3}\sin 3x\right)-\dfrac{1}{4}\sin 4x+\left(\dfrac{2}{5^2\pi}\cos 5x+\dfrac{1}{5}\sin 5x\right)-\cdots$ $(-\infty<x<+\infty,x\neq\pm\pi,\pm 3\pi,\cdots)$；

(2) $f(x)=\dfrac{\pi^2}{3}+4\sum\limits_{n=1}^{\infty}\dfrac{(-1)^n}{n^2}\cos nx,x\in(-\infty,+\infty)$.

2. $f(x)$ 的正弦级数展开式为

$$x+1=\frac{2(\pi+2)}{\pi}\sum_{n=1}^{\infty}\left[\frac{1}{2n-1}\sin(2n-1)x-\frac{\pi}{2(\pi+2)n}\sin 2nx\right]\ (0<x<\pi)；$$

$f(x)$ 的余弦级数展开式为

$$x+1=\frac{\pi}{2}+1-\frac{4}{\pi}\sum_{n=1}^{\infty}\frac{1}{(2n-1)^2}\cos(2n-1)x\ (0\leqslant x\leqslant\pi).$$

3. $f(x)=1=\dfrac{4}{\pi}\left[\sin x+\dfrac{1}{3}\sin 3x+\cdots+\dfrac{1}{2k-1}\sin(2k-1)x+\cdots\right]\ (0<x<\pi)$.

4. $\frac{4}{3}+\frac{16}{\pi^2}\sum_{n=1}^{\infty}\frac{(-1)^n}{n^2}\cos\frac{n\pi}{2}x+\frac{4}{\pi}\sum_{n=1}^{\infty}\frac{(-1)^n}{n}\sin\frac{n\pi}{2}x$.

5. (1) $\frac{18\sqrt{3}}{\pi}\sum_{n=1}^{\infty}(-1)^{n-1}\frac{n\sin(nx)}{9n^2-1},(-\pi,\pi)$;

(2) $\frac{11}{12}+\frac{1}{\pi^2}\sum_{n=1}^{\infty}(-1)^{n+1}\frac{\cos(2n\pi x)}{n^2},\left(-\frac{1}{2},\frac{1}{2}\right)$.

总习题十一

1. (1) 收敛，和为$\frac{1}{3}$；(2) 收敛，和为 2.

2. 1.

3. (1) 收敛；(2) 发散；(3) 收敛；(4) 发散；(5) 收敛；(6) 收敛；(7) 发散；(8) 收敛.

4. (1) 绝对收敛；(2) 条件收敛；(3) 条件收敛；(4) 绝对收敛.

5. (1) $\left(-\frac{2}{5},\frac{2}{5}\right)$；(2) $\left(-\frac{1}{3},\frac{1}{3}\right)$；(3) $(1,3)$；(4) $(-\sqrt{2},\sqrt{2})$.

6. (1) $-3\ln(3-x)\quad(|x|<3)$；(2) e^{2x}.

7. $\sum_{n=0}^{\infty}(-1)^n\frac{(x-2)^{n+1}}{3^{n+1}}\quad(|x-2|<3)$.

8. $-\frac{1}{4}\sum_{n=0}^{\infty}\left[\frac{1}{3^{n+1}}+(-1)^n\right]x^n\quad(|x|<1)$.

9. $f(x)=\frac{2}{\pi}\sum_{n=1}^{\infty}\frac{1-\cos nh}{n}\sin nx\quad(x\in(0,h)\cup(h,\pi])$.